U0160526

雄安新区湿地修复建设
和生态功能提升技术

龚家国　王　浩　任　政等　著

科学出版社

北　京

内 容 简 介

本书是国家重点研发计划课题"雄安新区湿地修复建设和生态功能提升技术与示范"（2018YFC0506904）等研究成果的总结。针对新时期雄安新区湿地修复建设和生态功能提升存在的问题与需求，系统研究了高速城镇化条件下雄安新区河流湿地生态修复和保护技术、淀区（湖泊）湿地生态系统修复保护技术、城区湿地系统构建和功能提升技术，提出了雄安新区湿地系统总体格局优化与配置方案，以及湿地生态需水与水量保障方案。

本书可供生态环境及水文水资源相关领域的科研人员、大学教师和研究生，以及从事水生态修复、水资源保护、流域水资源规划与管理的技术人员参考。

图书在版编目（CIP）数据

雄安新区湿地修复建设和生态功能提升技术 / 龚家国等著. —北京：科学出版社，2023.10
 ISBN 978-7-03-076405-8

 Ⅰ.①雄… Ⅱ.①龚… Ⅲ.①沼泽化地–生态恢复–研究–雄安新区
Ⅳ.①P942.223.78

中国国家版本馆 CIP 数据核字（2023）第 181669 号

责任编辑：张 菊 / 责任校对：邹慧卿
责任印制：徐晓晨 / 封面设计：无极书装

科 学 出 版 社 出版
北京东黄城根北街 16 号
邮政编码：100717
http://www.sciencep.com

北京九州迅驰传媒文化有限公司 印刷
科学出版社发行 各地新华书店经销
*
2023 年 10 月第 一 版 开本：720×1000 1/16
2023 年 10 月第一次印刷 印张：19 1/2
字数：390 000
定价：248.00 元
（如有印装质量问题，我社负责调换）

前　　言

　　建设雄安新区是国家重大决策。《河北雄安新区规划纲要》明确指出，雄安新区建设坚持生态优先、绿色发展。雄安新区湿地修复建设和功能提升是雄安新区生态建设的重要内容与任务，为践行"世界眼光、国际标准、中国特色、高点定位"的建设要求，需要一方面秉承先进理念，引进生态修复等先进湿地修复保护和构建技术；另一方面针对雄安新区湿地特点和建设需求创新研发先进适用的新技术、新方法。

　　雄安新区湿地类型多样，主要包括河流、湖泊（白洋淀）和城区湿地3种类型。其中，北部为南拒马河、大清河。中部潴龙河、孝义河、唐河、府河、漕河、萍河、瀑河及白沟引河等入白洋淀后从赵王新河下泄汇入大清河。湖泊湿地主要为白洋淀。该区域虽然区位条件优越，但也存在水资源超载、水环境恶化、湿地退化、植被单一、围堤围埝众多、景观破碎、水动力不足、生态功能退化等生态环境问题。城区湿地现状则主要为坑塘、池塘和沟渠等，随着雄安新区建设，城区需要构建生态宜居的现代化城市生态水系。因此，研发高速城镇化条件下河流湖泊湿地修复与保护技术、新型城镇化背景下城市湿地生态系统构建与功能提升技术等成为雄安新区生态建设亟待解决的关键科技问题。

　　本书紧密围绕"生态"和"宜居"两大核心目标，研究雄安新区河流湿地的水质、水量、生态系统类型和结构等特征，分析白洋淀及河流湿地生态系统空间分布格局、群落结构、水文及水环境等方面的历史演变过程，明晰雄安新区湿地退化的关键驱动因素和胁迫因子；并在问题分析的基础上，综合研发了"流动的河、蓝色的河、绿色的河"生态修复和保护技术体系、湖泊湿地健康生态水文节律识别与重构方法、基于微地形营造和立体植被配置的强人类活动湖泊湿地生境营造技术、基于多维功能需求的新型城市湿地系统构建技术方法、淀区芦苇综合利用评估技术等一系列新技术、新方法，综合形成了由雄安新区河流湿地、湖泊湿地生态修复和保护技术、城区湿地系统构建和功能提升技术等构成的雄安新区湿地修复建设与生态功能提升技术体系，提出了雄安新区湿地系统总体格局优化与配置方案，以及湿地生态需水与水量保障方案，以期为雄安新区湿地修复建设和生态功能提升提供科技支撑，保障雄安新区建设目标顺利实现和可持续发展，同时为区域湿地修复保护和建设提供借鉴。

本书共分为6章。第1章国内外研究现状，由龚家国、杨苗、王英等执笔；第2章雄安新区河流湿地生态修复和保护技术与示范，由龚家国、任政、王英、田博、伊丽等执笔；第3章雄安新区白洋淀湿地生态系统演变和修复保护技术与示范，由龚家国、任政、尹迎身、伊丽、杨苗、杨帆、王英等执笔；第4章雄安新区城区湿地系统构建和功能提升技术与示范，由龚家国、杨帆、王英、汪梦涵等执笔；第5章雄安新区湿地系统总体格局优化与配置，由龚家国、王浩、杨苗、伊丽等执笔；第6章总结与展望，由王浩、龚家国、王英、杨苗、尹迎身、汪梦涵、田博等执笔。全书由龚家国统稿，王浩定稿。

特别感谢赵勇教授级高工、严岩研究员、严登华教授级高工、刘敬泽教授、马子川教授、郑元润研究员、鲁帆教授级高工、牛存稳教授级高工、李传哲教授级高工、舒俭民研究员、周伟教授、常智慧教授、王辉民研究员、史作民研究员、刘金铜研究员、崔建升教授、余国安研究员、钱金平教授、王庆明高工、杨泽凡高工、付萧然博士等在研究过程中给予的指导和帮助。

本书获得了国家重点研发计划课题"雄安新区湿地修复建设和生态功能提升技术与示范"（2018YFC0506904）、第二次全国污染源普查项目课题"海河区第二亚区农业面源污染物入水体负荷核算方法及系数体系构建"、河北省地下水压采第三方评估项目、科学技术部基础资源调查专项课题"地下水饮用水源地基础资源环境数据库及知识管理系统"等项目的资助。

受时间和作者水平所限，书中不足之处在所难免，恳请读者批评指正。

作　者
2023年7月于北京

目　录

| 1 | 　国内外研究现状

1.1　河流湿地生态修复和保护

1.1.1　河流湿地生态评价

河流生态系统是河流生物与环境相互作用的统一体，具有动态、开放、连续等特点（栾建国和陈文祥，2004），在水流和生物-物理-化学的相互作用下促进流域的物质循环与能量流动（Redfield et al.，1963），河流生态系统具有供水、输沙、防洪、涵养水源等多种生态服务功能（Karr and Chu，2000）。近年来，随着我国国民经济的持续快速发展，在开发利用流域水资源的过程中，由于保护不够或滥加利用，河流生态系统普遍退化严重（Song et al.，2018；Mao et al.，2018），水资源利用量加大、水污染加剧、河岸带植被乱砍滥伐等现象频发，很多河流同时面临水质/量、结构和功能等多方面的问题（Shan et al.，2002），影响了河流的自然和社会功能，失去了河流的自身价值，危及河流健康。因此，河流生态评价引起了广泛的研究和重视。

关于河流健康评价，澳大利亚、美国、英国、南非等许多国家相继建立了相对成熟的调查方法与评价体系，我国也于 2010 年出版了《河流健康评估指标、标准与方法 V1.0》，用于指导全国河流健康评价试点工作，为我国河流健康评价的研究提供了重要参考。在此基础上，一些专家、学者针对不同流域情况开展了大量河流健康评价实证研究。韩春华（2018）基于对闸控河流健康概念与内涵的全面分析，构建了水系连通性、生态流量满足程度、水质、富营养化指数、污水处理率等 20 项指标，对沙颍河典型断面进行河流健康评价，并在河流健康评价基础上进行了流域内需水预测与水资源优化配置。魏春凤（2018）建立了涵盖水文水资源、水生生物、河岸带物理结构及社会服务功能等的评价指标体系，并利用这一综合评价指标体系对松花江干流 2006 年和 2015 年的河流健康状况进行了评价。陈歆等（2019）基于拉萨河生态环境和社会经济发展特点，构建了包含水文、水质、生物、生境、服务功能 5 个要素 12 个指标的河流健康评价指标体系，为拉萨河流域河流管理、保护工作提供参考。王炬光（2016）对夏秋两季海河流域的底栖动物现状进行了全面调查，并根据群落结构特征及该流域底栖动物的耐污值，采用底栖动物完整性指数（B-IBI）对海河流域河流健康进行了评价，得到的结论是海河平原地区河流健康状况稍好于山区，但是流域内河流的整体健康状况不佳。王晖文（2010）根据对河北省六大河流水系的现状分析，运用综合指数法对河流生态健康状况进行了合理的评价分析，总结得出六大河系生态受损的主要原因。

雄安新区在大清河流域内，邻近白洋淀，雄安新区建设对白洋淀流域生态环境提出了更高的要求。近几十年来，由于白洋淀流域气候向暖干方向发展，降水和径流呈现明显的减少趋势，加之上游水库拦蓄及巨大地下水漏斗的存在，流域生态健康受损严重。淀是生态恢复的核心，河是生态恢复的纽带，入淀河流生态状况的好坏直接关系着淀区及流域的生态修复，因此研究入淀河流的生态问题、生态需水及其修复对于整个雄安新区的生态修复及功能提升具有重要意义。

1.1.2 河流湿地生态修复

21 世纪前的河流湿地生态修复问题，国外学者提出了"近自然河溪治理""生态工程"的理念（Froelich，1988；Mitsch and Jrgrnsense，1989；Mitsch，2012），并进行了河流生态修复实践，如 1965 年德国的 Emst Bittmann 在莱茵河用芦苇和柳树进行生态护岸实验，可以视为最早的河流生态修复实践。

进入 21 世纪，随着城市河流生态工程技术的实践，其理论也得到了进一步的发展。2003 年，美国土木工程师协会提出有关"河流生态恢复"的相关定义；随后 Bernhardt 等（2005）提出河流生态修复的范围应包括河漫滩和流域，而不仅仅是河道本身；Palmer 等（2005）认为 21 世纪的河流生态修复要注重通过分析数据和经验得出未来河流生态修复需要努力的方向。其他学者对河流生态修复的研究也在不断深入，如 Jaehnig 等（2011）阐述了如何评价某一项河流生态修复成功与否；Becker 等（2013）认为河道修复设计应利用河流弯道建立蜿蜒弯曲形态，增强河流生态系统的生境多样性。

近几年，Naima（2013）认为，在不断发展的社会生态系统中，制定河流生态修复原则时，需要考虑提高应变能力和适应性。Kurth 和 Schirme（2014）总结了瑞士 30 年河流修复的措施与经验教训。Reich 和 Lake（2015）指出了极端水文事件对流动水域生态修复的影响，并提出如何减小极端水文事件的影响。

20 世纪 90 年代，我国就开始了河流生态修复方面的研究，刘树坤于 1999 年提出了"大水利"的理论框架，认为河流的开发应重视流域的综合整治与管理，发挥水的资源功能、环境功能和生态功能。进入 21 世纪后，河流生态修复和保护已经引起社会各界的重视，成为学术讨论的热点问题。董哲仁（2003）提出了"生态水工学"的概念，从生态系统需求角度，分析了以水工学为基础的治水工程的弊病。在此之后，我国对河流生态化的研究逐渐增多，众多学者在河道景观生态化中应用生态理念进行研究，如赵彦伟和杨志峰（2005）提出建立河流生态系统评价体系，通过量化的标准和措施对河流生态工程进行建设与评价；吴建寨等（2011）提出河流修复生态功能分区是对河流进行适应性生态修复的必要前提和基础，可为制定生态修复目标提供科学依据。近年来，学者主要从河流生态修复的具体措施和经验总结方面来研究，如徐菲等（2014）指出未来应制定包含河流历史及现状调查、修复目标制定、修复措施计划和实施、修复评价和监测四部分完整修复过程的技术规范。李焕利等（2015）概述了人工浮床国内外研究现状及工程应用实例，对人工浮床处理效果影响因素进行分析并展望发展前景。许珍等（2016）指出河流生态修复的关键在于水质的修复、生境的修复及有效的管理手段，并在此基础上提出了相应的河流生态修复措施。在此前研究的基础上，顾晋饴等（2019）对南方和北方城市河流生态修复中的共性技术进行了陈述，详细分析了南北方应用的生态修复技术中，具有差异化的调水改善水环境、生态护岸、人工湿地和人工浮床 4 项技术的适用性及应用条件。

1.2 湖泊湿地生态系统演变和修复保护

1.2.1 湿地景观格局演变研究进展

景观格局及其动态变化对湿地演化过程具有重要影响。景观格局和生态过程在不同尺度上存在着相互作用，不同生态过程的共同作用形成了现有的景观格局，而景观格局又在一定程度上影响着生态过程。目前国内外学者主要采用经验模型和数理统计模型对湿地景观格局演变的驱动力进行定量分析（Longa et al.，2006；Bao et al.，2007）。在数据充足的情况下，经验模型是分析景观格局演变与其最直接驱动力的有力工具。经验模型主要通过选取各种数学形式对过去几十年观测到的湿地景观格局变化数据进行分析，在一定的时空尺度上定量表征引起湿地景观发生演变的驱动力。数理统计模型是以概率论为基础，利用数学统计方法建立的模型，其中相关分析模型主要用于判定研究对象和驱动因素之间的疏密程度，主成分分析模型主要用于对驱动因素进行归类，回归分析模型可以用来定量分析各种驱动力对研究对象的影响程度（Veldkamp and Lambin，2001）。湿地景观格局演变是受自然与社会经济因素等内外部驱动力综合作用的结果。其中，气候、土壤、水文和自然灾害等被认为是主要的自然驱动因子，人口、技术、政策及文化等被认为是主要的社会经济驱动因子（傅伯杰等，2001）。定量分析引起湿地景观格局发生演变的驱动力的关键在于如何在一个模型中最大限度地表示这些驱动力，并且能够定量分析出各驱动力之间的相对重要性（傅伯杰等，2006）。但目前所应用的驱动力模型仍存在着简化现实并且仅关注少数几种驱动力的现象。

1.2.2 湖泊湿地保护与修复研究进展

总结国内外湖泊湿地修复的研究成果，湖泊湿地修复技术可分为物理措施、化学措施和生物措施三大类共 13 种（颜雄等，2017），见表 1-1。

表 1-1 湖泊湿地修复技术

分类	修复技术	描述	作用
物理措施	堤坝和水土工程	通过堤坝、沟渠和水流、水道、防洪和溢水设施对湿地进行水文控制	为湿地生态系统内生物创建良好的土壤和水环境
	隔离和覆盖	在污染底泥上放置一层或多层覆盖物，对污染底泥和水体进行隔离	切断底泥污染物和水体的交换通道
	人工增氧	人工方式对水体进行增氧	强化水体流动，促进污染物降解
	水体稀释	通过泵站等设施对城市湿地补水、换水	稀释降低营养盐浓度
	底泥疏浚	人工疏浚污染严重的河流或湖泊的底泥	处理湖泊河流的内源污染物
化学措施	投加化学药品	投加除藻剂	控制水华，改善水质
	投加沉磷剂	溶解态磷转化为固态磷	降低水体浊度
生物措施	生态护岸	采用生态材料建设湖泊护岸	过滤污染物、保护环境、行洪护岸
	人工湿地	人为将介质组成基质，植入植物的污水处理系统	净化污水、污水集中处理，使环境美化
	投加微生物	直接向水体中接入污染降解菌	抑制有害微生物的活动和生长
	生物操纵	增加浮游动物的生物量和增大其体型等	降低浮游植物的数量
	人工曝气	通过采用曝气方式向水体充氧，有助于水体复氧过程的加速	提高水体中的好氧微生物活力、改善水质
	水生植被恢复	恢复或重建水生植物群落	实现有效地净化富营养化水体

1.3　城市湿地系统构建和功能提升

1.3.1　城市湿地构建和功能提升技术

高度城市化使城市原有的自然生态本底和水文特征发生根本性的变化，继而面临越来越严重的生态环境压力。为了维持良好的城市环境质量，建设生态基础设施体系、构建生态安全网络格局，成为建设雄安新区需要优先解决的重点问题。作为城市生态系统的重要组成部分，城市湿地不仅为城市生态景观和休闲科普提供重要场所，还是高韧性城市建设的关键载体，在调蓄和净化水体、维持生态安全等方面发挥着不可替代的作用。

近年来，针对城市湿地的研究主要体现在城市湿地的生态功能和可持续利用、湿地景观格局变化及城市化影响、湿地生态系统服务功能与价值评估等方面。而从城市水环境多重功能与人文生态角度出发，城市湿地功能提升技术的研究主要体现在原位生态体系重构、河道缓冲带低影响开发（LID）及坡岸生态景观立体建设等方面。但是，由于城市群社会与经济结构的复杂性特征、完整湿地生态系统所需土地的紧缺性、水系网络的无序性、水质污染物比例失调的特征及单一技术的局限性等问题始终是城市水环境质量改善与技术发展的关键瓶颈。

近年来，围绕大气污染物干湿沉降的研究表明，我国北方地区，特别是京津冀地区经济高度发达、人类活动频繁，污染物（营养盐、重金属、有机物）通过大气的干湿沉降非常显著，已成为影响水环境质量的重要贡献源。另外，城市区域由于自然地表被大量改造为不透水性地面，降水产流系数增大，雨水对路面污染物质的冲刷作用使得城市地表径流成为影响城市水环境质量的第二大污染源。因此，如何实现低成本、生态化的雨水净化，成为我国环境领域的重点关注方向。高韧性城市是基于海绵城市的理念进行设计的，旨在通过自我净化系统使城市水环境得到生态恢复。城市湿地系统连接着城市微观水循环与宏观水环境，不仅承载了城市一系列的生态系统功能、管理城市暴雨径流，还能催生和协调各种自然生态过程，充分发挥自然界对污染物的降解作用，实现雨水的回收利用，最终为城市提供更好的人居环境。在中国，湿地对地表径流的净化效果主要通过生态滨岸、滨水绿岛的形式实现，但是由于绿色技术与材料的缺乏并未达到预期的效果。相关研究主要体现在既有工艺本土化及运行控制优化、新型蓝绿模块和材料的研发与升级、不同生态基础设施的优化配置等方面。

工程技术梯度集成、湿地功能植物配置及生物多层次作用耦合被认为是解决城市水环境综合治理问题的主要途径。其中湿地植物更是具备水质净化、生态修复与环境美化等多重功能。随着社会经济的发展，城市湿地逐渐成为人们休闲游憩的场所，其独特的湿地植物景观对城市整体的生态建设、可持续发展及人与自然和谐共生具有促进作用。现阶段对湿地生态系统植物配置的研究根据侧重点不同分为污水净化、生态效应与湿地景观三个方面。三者从自身需求出发，以水生植物为主要研究对象，依据植物本身的形态、特征等进行搭配，实现城市湿地目的功能的提高。然而，如何在确保城市湿地生态功能的同时构建出良好的景观效果，形成多层次、多季节、多色彩的植物群落配置，在当前的研究中依然处于空白状态，且没有一套较为完整的理论对其进行指导。

此外，湿地的生态功能性也使得其在应用过程中容易受到环境因素的影响，特别是在低温条件下人工湿地污染物去除效果降低是限制其广泛应用的一大技术瓶颈。新型功能微生物（如耐冷氨氧化功能菌）技术的发展使极端条件下湿地水环境治理有了新的突破。目前，对耐冷氨氧化功能菌群的研究主要集中在驯化、防范工艺运行过程中菌种的流失与淘汰、工艺运行条件等方面。王硕等（2020）将耐冷氨氧化功能菌群投加到人工湿地，湿地在冬季的净化效果显著提高。邢奕等（2007）分离纯化出耐冷细菌、耐冷放线菌和耐冷霉菌，发现 3 种菌株在 6℃对氨氮的去除率分别为 57.7%、59.0% 及 58.7%；相同条件下，投加混合菌种可使湿地氨氮的去除率提高到 67.2%。因此，城市湿地如何强化本土功能微生物作用研究对城市水系净化具有重要意义。

国内外研究现状与发展趋势表明以雄安为代表的高韧性城市不仅体现了持续性的水循环、城水林田湖特色，还对城市组团功能的完整性有明确的需求。许多学者对城市湿地的理念、各种单项功能的设计及效果已经进行了较为深入的研究，但是由于水文条件和城市建设的复杂性、人们需求的多样性，城市湿地如何科学合理系统地实现多种功能仍是急需解决的主要问题。这也决定了城市湿地系统构建与功能提升仅依靠单一技术工艺无法彻底实现，多元化技术集成应用及相应的生态基础设施完善是城市湿地系统整体功能得以实现的关键。

1.3.2 城市湿地构建和功能提升实践

在城市化的进程中，城市人口集聚、产业集中，使污染源增加，而水污染处理设施建设滞后，大量的生活污水和工业废水未经处理便排入河道，致使河道纳污负荷加大、水质恶化。因此要整治城市河道、恢复河道的自然生态、恢复其生物的多样性，首要的任务是截污、治污。截污、治污要从源头抓起，从长远来看，要通过经济、法律、行政等手段多管齐下，实施长效管理；要通过制定水资源保护规划，划分水功能区域，确定纳污总量，进行排污总量控制；要通过创建节水型城市，倡导节约用水，减少污水产出量；要通过技术投入，加大污水处理回用力度，提高污水利用率，改善城市水环境。从近期看，必须提高下水道的普及率，通过埋管截污，提高污水集中处理率，有条件的城市还宜实施雨污分流。

在城市河道整治中应注意河道的生态保护及城市的景观效应，尽量使城市河道景观接近自然景观。北京、上海、杭州、成都等城市在河道治理中遵循以下原则，收到了很好的效果：①尊重历史，传统与现代共存；②以人为本，提供沟通与交流的平台；③恢复生物多样性，回归自然；④以亲水为目的，与城市相协调的景观设计；⑤保护水质，扩大水面。

北京市1998年开始以建设"水清、流畅、岸绿、通航"的现代化水系为目标，对城市水系进行大规模的综合整治。例如，1998年昆玉河的综合整治工程、北京转河生态河道建设、凉水河干流综合整治及温榆河生态恢复工程及北京什刹海生态修复试验工程，使城市水环境得到明显改善。

上海市有黄埔河、苏州河、淀浦河等众多河道，近年来开展了整治与疏浚工作，以改善河道生态效果和河道景观。2003年起，上海掀起了城市绿地和城市河道整治建设的高潮，打造"东方水都"，生态河道建设成为其中重要的一部分。继浦东新区中心区域骨干河道张家浜成为上海首条生态景观河道，并获得"中国人居环境范例奖"后，又对畅塘港、八一河等6条主要河道进行了生态护岸的建设。

大连市致力于把河道建设得"水清、岸绿、景美"，使之成为集环保、旅游、生态、景观、休闲娱乐等功能于一体的现代化河道，经过多年的努力，成功改造了碧流河、英那河、大沙河、小寺河及浮渡河等河流河道。尤其是将原来有名的臭水河——马栏河改造成景观河道的工程更是生态河道建设的成功典范。

成都市府南河的整治，集防洪、排水、交通、绿化、生态、文化于一体，取得了很好的社会、经济、环保效益，提供了具有借鉴价值的城市建设模式。该项目获得了21世纪城市建设与环境国际大会的世界人居奖等3项国际大奖。

苏州市在城市建设中，保持了"三纵三横加一环"的河网水系及小桥流水的水城特色，保持了路河平行的基本格局和景观。杭州的东河、绍兴的环城河通过生态整治，也都以崭新的面貌展示在人们面前。

水利部自2004年开始，组织开展了水生态系统保护与修复相关工作，并选择不同类型的水生态系统开展试点。自2005年以来，水利部先后将桂林、武汉、无锡、莱州和丽水等城市作为水生态系统保护与修复试点地区。此后，不少省市纷纷开展了试点工作。水利部通过试点，探索水生态系统保护与修复的模式和技术，积累经验，为全面开展水生态系统保护与修复工作创造条件，在"十一五"

末，建立起水生态系统保护与修复的工作体系、技术规范体系和保障机制，以保障水资源的可持续利用。

1.4 湿地系统总体格局优化与配置

1.4.1 湿地系统调整影响因素研究进展

湿地系统调整主要受湿地物理、化学和生物等各项过程的影响。其中，物理过程方面的研究包括湿地水分或水流的运行机制；湿地植被影响的沉积过程与沉积通量；湿地开发前后局地与区域热量平衡等。化学过程方面的研究包括氮、磷等营养元素在湿地系统中的流动与转化；湿地温室气体循环机制及其对全球气候变化贡献的定量估算；湿地对重金属和其他有机无机污染物的吸收、螯合、转化和富集作用等。生物过程方面的研究包括湿地的净第一性生产力；湿地生物物种的生态适应；湿地有机质积累和分解速率；湿地生态系统的营养结构、物流和能量流动等。湿地发生与演化过程是指湿地系统的自然演替过程。目前在区域、景观尺度上对水文过程、生物地球化学过程等主要湿地生态过程的研究都取得了一定的成果。

（1）湿地水文过程研究

湿地水文过程是湿地形成、发育和演化的最基本过程与驱动机制，通常是指水文过程与生物动力过程之间的功能关系，包括生态水文物理过程、化学过程及其生态效应，其研究内容主要涉及湿地水文情势分析与机理、水文过程的参数特征和边际效应、湿地水文循环和湿地水量平衡等。

国内外已从湿地的生态过程、水系统与水过程等方面对湿地生态水文过程开展了大量研究。UNESCOIHP-V2.3、UNESCOIHP-V2.4生态水文专项研究计划（1995~2001年）重点研究了生态水文过程驱动下的湿地生态系统时空格局变化与生物响应；湿地水文格局改变对生物过程的影响及生物群落对水文变化过程的响应机制；各类湿地中营养元素循环与生态系统功能的关系，以及人类干扰对生态系统水文格局变化的影响及其生态后果等。一个特定湿地的水文周期或水文状况，可概括为下列3个因素的结果：进水与出水之间的平衡；景观的表面轮廓；地下土壤、地质和地下水条件。其中，第一个因素定义了湿地的水量预算，第二个和第三个因素界定了湿地的蓄水能力。某一湿地区域水分的收入一般来源于大气降水、地表径流和地下水补给，湿地水面蒸发及植物蒸腾、下渗是湿地水支出的主要形式。崔保山和杨志峰（2002）把湿地水文循环过程分为湿地植被对降水的再分配、湿地降水径流形成过程、湿地地表层径流、湿地蒸散发过程等。降水–地表水–地下水在湿地之间形成一个复杂的水文循环系统。

（2）湿地生物地球化学过程研究

生物作用、元素迁移和转化及随之引起的能量流动、营养物质的富集或分解等是湿地生物地球化学循环研究的主要内容。传统湿地生物地球化学研究以氮、磷及硝酸盐等常规水质参数分布及转化过程为主要内容，以水环境综合评价为重点。由于社会经济的迅猛发展，进入水体中的有机化合物不断增加，单纯依靠常规的生化需氧量（BOD_5）、化学需氧量（COD）和总有机碳（TOC）等综合指标已无法反映实际水环境状况。所以复合污染条件下，有毒有机污染物的来源、环境水平、多介质环境行为、生态毒理等方面的研究成为国际研究热点领域（杨志峰等，2006）。

目前，在湿地生物地球化学研究方面，侧重研究湿地生态系统物理、化学与生物过程、动态和机理、过程之间及过程与功能之间的关系。目前国内研究最多的就是利用人工湿地进行防污、控污、治污及去污等退化湿地恢复与重建。目前国内外对湿地元素化学循环过程侧重研究 C、N、S、P 等主量元素，Cd、As、Pb、Hg 等重金属元素与微量元素的迁移、转化和循环，元素循环与生态功能的关系，水质净化，农药迁移与降解过程和机理，淡水湿地的研究都取得了明显进展。目前，湿地水体污染与富营养化越来越严重。国内外对富营养化问题已有大量研究，主要集中在对 N、P、C、S 等元素循环的研究（姚志刚等，2006）。

（3）湿地景观格局与生态过程相互关系研究现状

景观格局的形成反映了不同的景观生态过程，与此同时景观格局又在一定程度上影响着景观的演变过程。景观格局与生态过程的相互关系及其尺度转换是国际景观生态学研究的热点领域。正确理解景观格局与生态过程的关系是进一步深化景观生态学研究的关键，但是由于景观格局和生态过程涉及不同的研究尺度，并且随着尺度的变化而变化，加上面状生态过程监测数据无法直接获得，导致很难定量描述景观格局与生态过程之间的关系（陈利项等，2003）。目前的研究主要还是零散的、经验式的、定性的居多，远没有达到系统化、定量化、理论化的高度。

在湿地系统格局与过程方面，尹澄清等（1995）研究了白洋淀水陆交错带对营养物质的截留作用和我国南方农村地区多水塘系统在截留农田中氮、磷及农药方面的重要作用；李秀珍等（2001）进行了不同景观格局对湿地养分去除功能的影响研究；还有滨海湿地人工沟渠网络对昆虫种群动态的影响研究等。在流域尺度上，土地利用格局与水文过程的关系一直是一个重要的研究课题，流域中的水文情势变化主要是人类土地利用的结果。土地利用及其管理的表现形式，通过加强或抑制土壤渗透过程，减少或增加河流流量产生过程，对流域水文情势产生重要影响（刘玉红和张卫国，2008）。流域中河流水文对土地利用变化极其敏感，当前流域尺度上生态格局变化的水文效应研究刚刚起步，还处于统计学规律的寻求和数理模型的建立阶段。流域生态格局变化对水质的影响主要是从非点源污染的角度加以研究，分析一定景观格局下非点源污染物负荷量的变化，而尚未考虑到流域的生态水文过程特别是流域的生态过程的影响（严登华等，2005）。近年来，我国学者已经开始研究通过优化湿地景观格局方法来控制非点源污染（高超等，2004）。

对湿地生态过程的研究，仅在小尺度生态系统开展是远远不够的。需要拓展到流域景观尺度上，运用"3S"技术和景观生态学原理对湿地景观格局与过程进行宏观综合研究，才能更好地把握湿地生态过程，实现对湿地养分、污染物的管理控制。也就是说，不仅要加强湿地内部结构–功能–过程的研究，而且还要开展不同湿地类型生态系统结构和功能的研究，以及不同区域内湿地与其他生态系统组合关系及其功能的研究。

1.4.2 湿地系统格局评价与优化方法

（1）生境退化程度评价方法与原理

InVEST 生物多样性模型对生境退化程度的计算，是建立在以下假设的基础之上，即生境类型对生态威胁因子的敏感度越大，那么该生境类型退化程度也就越大。因此，生境退化程度的大小与生境对威胁因子的敏感度、威胁因子个数、威胁因子影响距离及威胁因子权重等变量息息相关。土地覆盖类型 j 中栅格单元 x 的总体退化程度 D_{xj} 的计算表达式如下：

$$D_{xj} = \sum_{r=1}^{R} \sum_{y=1}^{Y_r} \left(\frac{W_r}{\sum\limits_{r=1}^{R} W_r} r_y i_{rxy} \beta_x S_{jr} \right) \tag{1-1}$$

式中，y 为威胁因子 r 所有的栅格单元；R 为威胁因子 r 的数量；Y_r 为威胁因子 r 栅格单元的总数；W_r 为威胁因子 r 的权重；r_y 为土地覆盖类型 y 栅格单元中威胁因子的个数；i_{rxy} 为威胁因子的最大影响距离；β_x 为栅格单元 x 的法律准入度水平（本节不考虑准入度因素，系统将自动给 β_x 赋值为 1，即完全准入）；S_{jr} 为土地覆盖类型 y 对威胁因子 r 的敏感度，取值范围为 $[0, 1]$。

（2）生境质量评价原理

Hall 等（1997）将"一个地区为生物生存和繁殖所提供的资源与条件"定义为生境。生境质量是指生态环境为生物个体和种群（本节仅考虑湿地植被及其他植被）持续生存提供适宜条件的能力。它在模型中是一个连续性变量，根据可供生物生存、繁殖、种群延续资源的多少，范围由低到高。高质量的生境斑块相对来说比较完整，在一定的时间范围内具有特定的结构和功能。生境质量的高低取决于人类对生境周边土地的利用方式和利用强度。一般而言，生境质量随着周边土地利用强度的提高而退化（Nelleman et al., 2001；McKinney, 2002；Forman, 2003）。

生境质量的计算是在生境退化程度的基础之上进行的。利用半饱和函数，可以将栅格单元的生境退化值转变为生境质量值。生境退化分值越大，生境质量分值越小。土地覆盖类型 j 中栅格单元 x 的生境质量 Q_{xj} 的计算公式如下所示：

$$Q_{xj} = H_j \left(1 - \frac{D_{xj}^z}{D_{xj}^z + k^z} \right) \tag{1-2}$$

式中，H_j 为土地覆盖类型 j 的生境适宜度（habitat）；D_{xj} 为土地覆盖类型 j 中栅格单元 x 的生境退化程度；z 为系统固有的换算系数，其值为 2.5；k 为半饱和系数，其值等于栅格单元分辨率大小的一半（本节景观栅格单元分辨率为 30m，故将 k 值设定为 15）。

（3）生境稀缺性评价原理

尽管生境质量在一定程度上可以帮助我们判别一个地区生物多样性的完整性和受危及程度，然而对景观中生境相对稀缺性的评估也是极其重要的。在当前许多保护区计划中，具有更高稀缺性的生境往往享有更高的保护优先权。因为对它们实施保护的机会是有限的，如果这些生境丧失的话，那么与之相联系的物种和生物过程也会逐渐消亡。

InVEST 模型中的生境稀缺性是一个相对的概念，并不等同于传统意义上我们所熟知的濒危生境或者自然保护区等。相对于基准土地覆盖格局对当前景观土地覆盖类型的稀缺性进行评估。换句话说，土地覆盖类型相对于景观某种理想或参照状态所呈现出的稀缺性，并不一定表示其有濒临灭绝的危险，而仅仅说明在过去分布比较丰富的土地覆盖类型现如今所面临的威胁。因此，InVEST 模型生境稀缺性研究对于分析景观尺度上土地覆盖类型格局变化具有一定的指导意义，还可以为管理者制定生境保护政策提供科学参考。

生境稀缺度计算首先是对各个土地覆盖类型 j 的变化指数 R_j 进行计算。计算表达式如下：

$$R_j = 1 - \frac{N_j}{N_{jbaseline}}$$ (1-3)

式中，N_j 为当前土地覆盖图中土地覆盖类型 j 的栅格单元数量；$N_{jbaseline}$ 为基准土地覆盖图中土地覆盖类型 j 的栅格单元数量。R_j 值越接近 1，说明当前土地覆盖类型的生物多样性保护功能与基准土地覆盖类型相似度越高。如果基准土地覆盖类型中没有 j 时，则设定 R_j 的值为 0。

在获得各个土地覆盖类型 j 的变化指数 R_j 之后，计算各土地覆盖类型 j 中栅格单元 x 的生境总体稀缺性 R_x。具体计算公式如下：

$$R_x = \sum_{x=1}^{x} \sigma_{xj} R_j$$ (1-4)

式中，σ_{xj} 为栅格单元 x 的当前土地覆盖类型是否为 j。若是，则 $\sigma_{xj}=1$；若不是，则 $\sigma_{xj}=0$。

1.4.3 湿地生态效益评估

（1）湿地生态系统服务

生态系统服务是指生态系统及生态过程所形成与所维持的人类赖以生存的自然环境条件和效用，包括对人类生存及生活质量有贡献的生态系统产品和生态系统功能。生态系统服务功能价值可以粗略地分为直接价值和间接价值。直接价值主要是指生态系统产品的可商品化价值，包括食品、医药、工农业原材料、景观娱乐等带来的直接价值，即物质生产功能。间接价值主要是指气候调节、水源涵养、生物多样性维持、文化教育等无法商业化的价值。湿地不仅类型多样，而且功能也是多方面的，同时在不同的自然地理、历史时期、社会经济条件下具有明显的效益和价值差异。这给科学、全面的湿地效益评价工作带来了困难，但湿地生态效益评价是湿地保护和合理利用的基础，学者们也一直在推进这方面的研究。

20 世纪 70 年代以来，生态系统服务功能开始成为一个科学术语，变成生态学与经济生态学中的重要研究方向。到了 90 年代，国际科学联合会环境委员会专门组织了一次会议，讨论怎么开展生物多样性的定量研究，如何促进生物多样性和生态系统服务功能关系的研究及生态系统服务功能经济价值评估方法的发展。比较具代表性的研究成果是 Daily（1997）主编的《自然的服务：社会对自然生态系统的依赖》和 Costanza 等（1997）在 *Nature* 发表的对全球生态系统服务价值的评估。关于 Costanza 等（1997）的研究成果，在价值的可计算性、价值计量方法方面也存在较大的争议，但仍被认为是决策支持的重要数据支撑，该研究成果也被后来的研究者普遍参考。2001 年启动的千年生态系统评估全面探讨了生态系统服务功能的概念、分类及评价，为研究生态系统与人类效益关系提供了重要依据。我国基于 Costanza 等（1997）的研究成果，多利用各种生态系统服务的单位价值量，乘以研究区面积得到研究区服务总价值，这种方法忽略了价值评价中的研究尺度问题，但过程简便且容易实现。陈仲新和张新时（2000）以植被分布图作为基础数据源，按照单位面积价值量对中国生态系统效益的价值进行了估算，得出我国湿地生态系统单位面积服务价值占全国生态系统服务价值的34%，单位面积生态服务价值处于各类生态系统中的首位。之后考虑到价值估算方法的可行性及中国生态系统的特殊环境特征，谢高地等（2015）针对 Costanza 等（1997）研究中对湿地价值估计过高的问题，通过价格调整，建立了我国陆地生态系统单位面积价格量表。

（2）湿地效益评价方法

国外湿地价值评价研究源于湿地效益评价工作的开展。根据生态经济学、环境经济学和资源经济学的研究成果，目前较为常用的主要评估方法可分为三类：①直接市场法，包括费用支出法、市场价值法、机会成本法、减轻损害费用支出法、影子工程法、替代费用法等；②替代市场法，包括旅行费用法和享乐价格法等；③模拟市场价值法。

白洋淀湿地生态系统服务价值评价近年来也有一些研究，但存在着诸多问题。张素珍等（2006）研究了保定市安新县境内的白洋淀湿地价值，将其生态功能分为类资源功能、生态环境功能和人文功能，并进行了定量计算。李建国等（2005）分析了白洋淀湿地生态服务功能的价值构成——直接利用价值、间接利用价值和非利用价值，估算了各项价值，并将白洋淀湿地与盘锦湿地、扎龙湿地和洞庭湖湿地的生态系统服务功能价值研究结果进行了比较，分析得出白洋淀湿地目前生态功能不健全，正向退化方向演变。以上两篇文章只静态地估算了白洋淀湿地的使用价值，未测算非使用价值，评价方法比较简单。后续研究成果在确定白洋淀湿地生态系统服务评估指标体系时多混淆生态系统中间服务和最终服务，造成生态系统服务价值重复计算。而且由于数据缺乏，现有研究无法定量揭示白洋淀生态系统服务的动态变化、权衡关系及驱动机制，制约了生态系统服务研究在管理层面应用的适宜性。江波等（2017）在评价指标体系中区分了中间服务和最终服务，避免了重复计算。

1.4.4　湿地景观格局优化与配置

（1）景观格局优化概念

景观格局是景观异质性在空间上的综合表现，是人类活动和环境干扰促动下的结果，同时景观格局反映一定社会形态下的人类活动和经济发展的状况。景观格局的复杂程度与社会的发展阶段是紧密联系的，人口增加、社会重大变革或国家政策变化都会在景观格局上表现出来。景观格局优化是在对景观格局、功能和过程综合理解的基础上，通过建立优化目标和标准，对各种景观类型在空间和数量上进行优化设计，使其产生最大景观生态效益（生态、经济和社会效益）和实现生态安全。景观格局优化首先要假设景观格局对景观中的物质、能量和信息流的产生、变化有决定性影响，同时这些生态流对景观格局有调整和维持作用。景观格局优化目标是通过调整优化景观组分、斑块的数量和空间分布格局，使各组分之间达到和谐、有序，以改善受胁受损的生态功能，提高景观总体生产力和稳定性，实现区域可持续发展。一般需要遵循整体生态功能优先原则、多目标原则、结构优化原则、尺度适宜原则、平衡原则等。最优景观格局"集聚间有离析"（aggregate-with-outliers）被认为是生态学意义上最优的景观格局，这一模式（原理）强调规划师应将土地利用分类集聚，并在发展区和建成区内保留小的自然斑块，同时沿主要的自然边界地带分布一些人类活动的"飞地"。

（2）景观格局优化方法

由于景观格局强烈影响景观中能量、物质的交换和流动，反过来生态流的作用又会改变现有的景观格局，使系统向更加稳定的自然状态变化，为了保持人工干扰格局的稳定，需要外界的能量来维持，所以达到生态、经济和社会综合效益最大的景观格局经常需要人类的干预和管理。景观格局优化的研究方法主要可分为三大类。第一类为概念模型，主要是以经验的或者已有理论的模式对景观的空间分布格局进行调整；第二类为数学模型，常用的有线性规划法、多目标规划法等；第三类为计算机空间模型，这主要是因为地理信息系统技术的出现，景观格局的功能和过程均能得到很好的体现。基于生物空间运动的潜在趋势与景观格局改变之间的关系，Knaapen 等（1992）和 Adriaensen 等（2003）提出了用最小累计阻力模型作为景观格局优化的依据。

基于概念模型、数学模型等传统生态模拟方法优化景观格局，仅考虑要素的空间分布、数量配置，难以实现景观格局优化的多目标要求。阻力面模型可以更好地揭示景观格局与生态过程和功能之间的联系，为景观格局优化提供一定的理论基础，在景观和区域生态管理与规划等方面都具有重大的理论和实践意义。国内外学者运用最小累计阻力模型分析公路网络路径、评价土地生态适宜性、模拟灾害蔓延趋势等均取得良好效果。尹发能和王学雷（2010）通过构建最小累计阻力模型对四湖流域进行景观格局优化研究，根据研究结果对流域内的城镇、水面、自然湖泊、旱地水田不同景观类型的面积和空间布局做出相应调整；李谦等（2014）通过该模型研究了南京市城镇土地利用方式，并通过土地整治改善了当地的生态环境；金妍等（2013）在研究河网水系保护方面采用了最小累计阻力模型，并取得了很好的研究成果。最小累计阻力模型还在生物多样性研究方面发挥了重要的作用，曲艺和栾晓峰（2010）通过该模型研究了东北虎栖息地，发现黑龙江东部山区作为核心栖息地对东北虎的保护和生存具有重要的作用；李纪宏和刘雪华（2006）同样利用该方法研究了大熊猫自然保护区，并进行了功能分区。

2 雄安新区河流湿地生态修复和保护技术与示范

2.1 河流湿地生态修复和保护目标与技术体系

雄安新区范围内河流基本情况为自北向南依次是大清河系北支白沟引河,南支萍河、瀑河、漕河、府河、唐河、孝义河和潴龙河。其中,白沟引河、瀑河、府河和孝义河为常年有水河流;萍河和漕河为季节性有水,但在有水的季节也常常出现断流;而唐河和潴龙河已经全部干涸。

通过对雄安新区孝义河、潴龙河、唐河、府河、瀑河、萍河、白沟引河等主要河流历史资料的收集分析、现场调查和河岸带土壤、河水水质等的实验检测,目前雄安新区河流湿地存在的主要问题有以下4个方面。

(1) 河流水量普遍不足

现场调查发现,雄安新区内白沟引河、瀑河、府河和孝义河为有水河流,其中只有府河为常年有水河流,其余河流干涸或断流,且河流水量较小,河湖连通格局不复存在。

(2) 河水水质尚有提升空间

自20世纪70年代以来,入淀河流由于接纳上游未达标工业、生活废污水,严重污染河流地表水和地下水,并导致河道底泥污染物蓄积,河水水质恶化。

(3) 河流防洪功能需更加重视

雄安新区河流湿地以季节性河流为主,夏季降水多且集中,强度大,产流快,河流洪、枯水流量变化大,洪水暴涨猛落,需要有一定的防洪措施。白沟引河、唐河新道有完善的河堤,上游建设水库,对河流水量进行调节控制,而其他河流部分河段护岸有待加强,缺少植物根系或其他固堤,不利于河流防洪的控制。

(4) 河流湿地生态系统结构有待优化,功能有待提升

雄安新区河流流经平原农田和居民区,部分河段护岸和河岸带狭窄甚至缺

失，其中乔木树种单一，灌木缺失，草本植物覆盖度不高，生态系统结构有待优化。雄安新区河流水质较差，水速较慢，水体富营养化，功能有待提升。

2.1.1 河流湿地生态水文过程

白沟引河的主要水源是安各庄水库，1970~2015年多年平均径流量2亿 m^3，2000年之后，由于上游拦河取水影响，水量急剧减少，2001~2015年平均径流量只有0.36亿 m^3。瀑河位于规划新城的西侧，主要来水为徐水县污水处理厂尾水，补水来源包括瀑河水库及南水北调中线，瀑河水库是一座以防洪、灌溉为主的中型综合利用水利枢纽，水库总库容达到0.975亿 m^3，防洪库容0.685亿 m^3，兴利库容0.29亿 m^3。南水北调中线干渠留有瀑河口门，设计规模为50 m^3/s。府河的来水主要是保定市污水处理厂尾水，补水途径包括上游的王快、西大洋水库，多年平均情况下通过府河入淀水量为0.24亿 m^3。漕河上游水源为龙门水库，在近淀河段河道被截断，通过汇入府河流入白洋淀。孝义河的主要来水是高阳县污水处理厂尾水，补水途径包括王快、西大洋水库，入淀量约0.1亿 m^3。

萍河同样位于规划新城的西侧，且通过北瀑河将两河水系连通，补水途径包括南水北调中线及瀑河水库，但是现状年萍河新区河段基本处于干涸断流状态。唐河河道常年处于干涸断流状态，上游的水库有西大洋水库，在平水年和枯水年份，需要优先保障白洋淀生态补水需求，补水不经过唐河渗漏严重河段；在丰水年份，西大洋水库入淀生态补水潜力0.81亿 m^3，可全部用于下游河道生态补水，改善下游河流生态环境，但近期此部分水量主要是通过河道回补地下水，难以保障入淀流量。潴龙河同样处于常年断流状态，但是潴龙河下游比邻引黄入冀补淀通道小白河，最近处两河相距仅10km。实施潴龙河与小白河连通工程，通过潴龙河引黄河水入淀，能有效改善淀区西南角马棚淀的水动力条件，同时一定程度上恢复潴龙河下游生态环境，为潴龙河流域水生态系统的整体恢复奠定基础。

2.1.2 国土空间利用与河流湿地功能需求分析

河流的生态功能一般概括分为栖息地功能、通道功能、过滤功能、屏障功能、源功能和汇功能6项功能。雄安新区8条入淀河流中潴龙河、唐河长期断流，漕河和萍河多为季节性河流，白沟引河、府河、孝义河、瀑河常有水。基于各条河流水资源和开发利用现状，充分考虑河流湿地现状本底条件、水生态恢复潜力和未来雄安新区的发展需求，整条河流按水文条件和功能需求划分为流动的河、蓝色的河、绿色的河；按河岸带自然结构状况、植被盖度和功能提升需求，构建健康合理的断面结构。

流动的河为河道内水体能够流动，且流量达到生态基流与环境流量要求的河流；蓝色的河为能够维持河流（河段）常年保持一定的水面，水质达到景观水体要求的河流；绿色的河为不能保障河道内常年有水，但需要进行河道疏浚与景观整治，实现河道通畅整洁、植被恢复的河流。一般健康的河流湿地断面结构（图2-1）是从交通路向河道方向，有灌木隔离屏障带、乔木林草混合带、铅丝石笼等护堤护岸工程带、河道内湿地和河槽等空间结构。

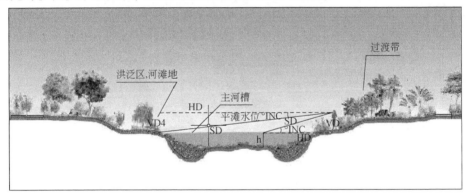

图2-1　河道健康断面结构示意图

2.1.3　河流湿地修复和保护目标

根据河流水文条件、植被、土壤，以及与城乡的相对关系等，将常年有水、补水有保障的河流划分为流动的河，其他河流确定为绿色的河，同时考虑城乡部位生态服务功能需求，在城乡及其上下游100m范围内设置蓝色的河段，具体见表2-1。

表2-1　河流湿地修复保护目标

河流	现状	恢复目标	面积/km²	河段长度/km	补水途径
白沟引河	流动的河	流动的河	2.501	14.092	安各庄水库
萍河	绿色的河	蓝色的河	1.697	10.294	南水北调中线、瀑河水库
瀑河	流动的河	流动的河	0.117	3.733	南水北调中线、瀑河水库
漕河	流动的河	流动的河	0.068	3.279	—
府河	流动的河	流动的河	0.111	2.916	王快-西大洋水库
唐河	绿色的河	蓝色的河	2.695	17.109	—
孝义河	流动的河	流动的河	0.159	2.487	王快-西大洋水库
潴龙河	绿色的河	蓝色的河	0.261	3.75	—

2.1.4 绿色的河生态修复技术体系

（1）河道生态修复技术

1）河道形态恢复技术

对受人类活动影响，河道中断或者变窄的干涸河流，要根据历史数据对河道进行疏通恢复；河流的平面形态要最大限度地保留原有的蜿蜒曲折之态，切忌采用传统裁弯取直形式；保证河流生态系统的横向结构和纵向连通性的特征。

对河床已经遭到取土破坏的河道，要恢复河床的原貌；对河道中堆积的废弃物堵塞河道的，要进行清理，恢复河道垂直结构。

对于具有行洪或者其他区域规划目标的河流，可根据区域规划要求设置更加合理的河流断面。

2）河道植被恢复技术

雄安新区干涸河流常年断流，部分河段存在河床黄沙裸露、沿岸喜水植物大片枯死、偶见污水和垃圾向河床随意排放等生态环境问题，可能成为区域沙尘暴与浮尘扬沙天气的风沙源。干涸河流部分河道已成为农业用地，种植桃、玉米等作物。

为避免木本植物及农作物阻滞行洪过程，在符合法规要求的情况下，在河床内可采取人工措施，选择退耕还草技术，使用无人机等在空中播撒混合草种，草种均选用中旱生草本，包括狗牙根、黑麦草、紫花苜蓿、灰绿藜、狗尾草等乡土物种，促进自然植被的恢复，同时确保河道的行洪功能。

可采用多年平均降水量估算河道内植被恢复需水量，采用上游水库弃水、农业节水、外部调水、雨水及灌溉水和污废水回用等多种水源，确保裸露河床全部得到浸润，并满足乡土植被种子萌发、根系延伸生长所需，确保植被得到一定程度的恢复。

当河道浸润生态输水方案实施以后，河床得到良好浸润，一些先锋草本植物便可在河床上发育与生长；而且输水后地下水位会有所上升，有利于其他乡土植被的发育及河床植被的生态演替。河道浸润输水的初水灌溉时间最好选择在每年的11月至翌年3月，冬季在河道表面形成一层薄冰或水沙冻层覆盖在河道表面，减少风季的起尘量。春季河床得到浸润，为草本植物提供水分，促进萌发和生长。

生态开始向良性循环发展且水源能得以保障时，就要恢复部分河道湿地，保证河道部分或全年流水，保证河内大多数水生生物成活及滩涂、两岸植被的最低水量需求。

（2）河岸生态修复技术

1）自然原型护岸技术

对于雄安新区无防洪压力、洪水冲刷力小、缓冲力大且具有多层河流横断面结构的河流区段，可以恢复自然河流特性，种植乔木、灌木和草本植被，配植柳树、水杨、白杨及芦苇、菖蒲等喜水植物，利用其根系稳固堤岸，营造生物防洪堤。

在行洪通道和护岸之间，设置宽度大于10m的疏林草地缓冲地带，随水流方向普遍种草，恢复植被；在行洪滩地建设柳树、杨树、榆树等绿化工程；可以采用柳+胡枝子+黑麦草的林灌草恢复技术，研究表明该技术具有较好的保水固沙效益。

2）石笼网柔性护岸技术

对于有一定防洪要求的河段，可以考虑采用石笼网柔性护岸技术。由钢丝编织成长方体形的石笼网箱，向石笼网箱里面填充石料。根据不同的护岸地区、等级和类别而选择不同的填料。常见填料有片石、卵石、碎石、砂砾土石等，所填料的大小一般是石笼网孔大小的1.5倍或2倍。也可以用其他材料，如砖块、废弃的混凝土等。在石笼网柔性护岸技术的基础上，配合乡土草灌植物群落结构的恢复。

3）工程生态型护岸技术

根据雄安新区规划要求，可能存在冲刷较严重、防洪要求较高的河段，可以采用块石干砌、石料缝隙中浆砌黏土或水泥土等工程措施，有效地保护河岸的结构稳定性和安全性；同时采用生态措施，维护好河岸的生态环境。

（3）河岸带生态修复技术

雄安新区干涸河流部分河岸带，受人为干扰较严重，河岸带结构不够明显。应根据雄安新区相关规划要求确定河岸带生态修复目标，采用常年有水河流河岸带生态修复技术进行修复和功能提升。

2.1.5 有水河段生态修复技术体系

（1）河道生态修复技术

河道生态修复主要是通过营造河道内湿地、浅滩、深潭和河槽（在平水期、枯水期时水流经过，蛇形），改造河道流向及河床的物理特性，创造出接近自然的流向和具有不同流速的水流。水体流动多样性营造出有利于鱼类等生长的河床，以有利于增加生物的多样性。此技术可以广泛应用在府河、瀑河等雄安新区河道狭窄、水流缓慢、水动力条件比较差的河段。

常见的河道生态修复材质主要有直径 0.8 ~ 10m 大小的自然石、钢筋混凝土框架。雄安新区常年有水的河流的入淀河段，水流缓慢且平稳，为淤泥质河床。因此，可以采用河道底泥营造河道内湿地。研究表明：劣 V 类水经过河道内湿地处理后水质可达Ⅳ类水，对氮磷等污染物的去除率是城市污水处理厂的 2 ~ 3 倍。河道内湿地不仅具有良好的经济效益，同时在提供水资源、涵养水源、降解污染物、提供栖息地、保护生物多样性和为人类提供生产、生活资源方面发挥着重要作用。

（2）河岸生态修复技术

1）自然原型护岸技术

自然原型护岸是指单纯种植植物保护河岸，利用植物的根、茎、叶来固堤，以保持自然河岸特性的护岸方法，此类生态护坡设计，多采用乔灌草混交模式，能有效促进植被复层结构的形成，有利于充分利用空间和营养，增加河岸的生物多样性。在各种护坡技术中，自然原型护岸的护坡作用最强，抗剪强度可达到治理前的 2 ~ 3 倍。

对于雄安新区防洪压力较小、河流洪水冲刷力小、缓冲力大的河流区段，可以采用此技术，恢复自然河流特性，种植乔木、灌木和草本植被，配植柳树、水杨、白杨及芦苇、菖蒲等喜水植物，利用其根系来稳固堤岸，营造生物防洪堤。

2）柳枝治理法

柳枝耐水、喜水、成活率高，河岸种植柳枝是最普遍、最常用的护岸方法之一。成活后的柳枝根部舒展且致密能压稳河岸，加之枝条柔韧、顺应水流，其抗洪、保护河岸的能力强。柳枝植被过滤带能显著削减径流中的泥沙，还能显著削减径流中化学需氧量（COD）、总磷（TP）含量，对总氮（TN）含量的削减效果不明显。繁茂的枝条为陆上昆虫提供了生息场所，浸入水中的柳枝、根系还为鱼类产卵和觅食、幼鱼避难等提供了场所。

柳树的品种繁多，低矮且耐水型的柳枝及其他水生植物可被插栽于蛇笼、面坡箱状石笼、土堤等处，应用十分广泛。

3）蛇笼护岸

将方形或圆柱形的钢丝笼内装满直径不太大的自然石头，利用其可塑性大、允许护堤坡面变形的特点作为边坡护岸及坡脚护底等，可形成具有特定抗洪能力并具高孔隙率、多流速变化带的护岸。其上筑设一定坡度的石堤，其间种植植被，加固堤岸。

单纯的蛇笼虽是优良的护岸材料，但由于其填石直径较小，空隙狭小，施工之后难以作为鱼的生存场所立即发挥生态效益；只有待泥沙淤积，茂密的水生植物（人工种植或自然生长）在其间生长之后，才能发挥作为鱼类和水生昆虫生存场所的多重效果。同时，植物繁茂的根须可紧缚土壤、增强抗洪能力，且在铁丝腐蚀前就裹住了石笼石材，石笼寿命得以延长。

4）直立式石笼网生态护岸

坡度较大的河岸，可将方形的钢丝笼内装满直径不太大的自然石头，形成直立式石笼网生态护岸。石笼的蜂巢状网格为双铰结构，连接非常紧密，同笼之间采用镀锌钢丝绑扎成一体，石笼在外力作用下就算有局部变形，也不影响石笼整体结构的完整性，即使结构中有一根丝断裂，也不会影响其结构。石笼作为柔性结构，有较好的延展性和柔性，可抵抗高强度压力，结构整体性好，抗变形能力强。

研究表明石笼护岸河段河水在卵石填料作用下，微生物的硝化作用更强，反硝化生物难以大量繁殖，NO_3-N 浓度大大增加；石笼卵石间孔隙为水生生物生长创造了条件，种植对磷吸收能力强的植物可以在很大程度上保持 TP 的高效去除；卵石较大的比表面积可以为微生物的附着提供大量场所，从而使得 TOC 去除率更高。

直立式石笼网生态护岸适用于河道狭窄、河道两岸建筑密集、拓宽河道有限，并涉及高额的拆迁费用的河段，如府河、瀑河等岸边紧靠居民点的河段。

5）河湾治理法

用丁坝等将原来较直的河岸人工形成河湾。河湾漫滩大小各异，形状、深度、底质也可富于变化。它是介于"普通河岸型"与"半沼泽、沼泽湿地型"之间的河岸，形成多种生物的空间，可为人们亲近自然提供较好的场所。

6）工程生态型修复模式

雄安新区规划中对防洪要求较高、可能存在冲刷较严重的河段，如果单纯采用自然方法难以满足防洪安全要求，必须采用一些工程措施，才能有效地保护河岸的结构稳定性和安全性，同时还必须采用生态措施，维护好河岸的生态环境。这种修复模式被称为工程生态型修复模式。

工程措施一般是利用当地河卵石、块石，干砌形成直立或具有一定坡度的护岸；对流速较大的河道，在施工时可在石料缝隙中浆砌黏土或水泥土等；或者使用天然石材、木材护底，采用石笼或木桩等护岸。在坡脚设置各种种植包，斜坡种植植被，实行乔灌结合，进一步美化堤岸。

根据堤岸边坡形态的不同，可以将整个堤岸边坡分为垂直面、斜面岸坡和消落带3个部分进行生态修复。垂直面可采用植被混凝土（腐殖质、水泥、干粉土、植被混凝土添加剂、保水剂及长效肥的混合）护坡绿化技术进行草种喷播；喷播完成后，在垂直面上扦插藤本植物。对于50°的堤岸斜面，采用柔性生态植物岸坡，在不破坏堤岸岸坡稳定的前提下，先在原浆砌石坡面上间断性地打孔直至基底土壤层，以保证土壤与种植基之间的水分、营养交换。对于堤岸消落带部分（宽度1.5~2m），考虑到抗冲刷性能及水浪可能带走种植基等因素，可采用土壤工程植被技术。

（3）河岸带生态修复技术

河岸带是指高低水位之间的河床及高水位之上直至河水影响完全消失为止的地带。河流具有纵向（上游—下游）、横向（河床—洪泛平原）、垂向（河川径流—地下水）和时间变化（如河岸生物群落演替及河岸形态变化）4个方向的结构，即四维结构特征。

河岸带发生着水陆生态系统间的物流、能流、信息流和生物流。河岸带植被是连接生境斑块的廊道，是面源污染进入河流的过滤器，对河岸侵蚀发挥着防护作用。河岸带对提供多样性生境、增强生物多样性和生态系统服务功能、稳定河岸、进行水土污染治理和保护、调节微气候和美化环境、开展旅游活动均具有重要的现实与潜在价值。

河岸带生态修复需要修复一定宽度的植被带，一般认为河岸带植被宽度在30m以上时，才能起到有效的降温、过滤、控制水土流失、提高生境多样性的作用。河岸带植被恢复多采用种植乡土植被、物种引入技术和生物工程措施。为提高河岸带植被恢复的存活率，一般需要对河岸带土壤结构及其氮、磷等营养条件进行改善。

研究表明，相对于自然植被模式，草灌配置模式更能起到保水固沙的效果。各植物配置模式的累积产流量中，草灌配置模式的累积产流量和产沙量较低，其中效果最佳的是早熟禾-胡枝子配置模式。河岸坡度在15%~25%，且种植密度达到75%以上时，对面源污染物质的净化效果较好。1974~2018年45年的降水资料显示，雄安新区境内多年平均降水量在500mm左右，汛期降水占全年总降水量的78%~81%。早熟禾-胡枝子配置技术可在丰水期有效保护河岸带，促进河岸带生态修复。

(4) 水质生态修复技术

1) 底泥疏浚技术

底泥疏浚是指采用工程方法将含有氮磷营养元素、重金属、藻类孢子等物质的底泥从河道中挖除,是治理污染河流的重要措施,可以减少底泥中的污染物向水体释放,遏制藻华的暴发。在河湖水体污染的大环境下,目前河湖清淤已经从过去提高排涝、防洪能力的水利清淤转变为减少河道内源污染、改善水质的环保清淤。根据河流底泥调查结果,对雄安新区河流中存在明显内源污染的河段可以采用此种技术。

目前,主要的清淤方式可分为干法清淤、湿法清淤及生态环保清淤。

A. 干法清淤

干法清淤法需修筑围堰并抽干河湖积水,分为人工/机械挖掘和水力冲填。

a. 人工/机械挖掘方法是在排干水的围堰作业区内,根据施工条件及工程特点,采用人工开挖或挖掘设备开挖。清挖出的底泥在工程项目现场设置堆场干化或直接由密封渣土车外运至处置场。

b. 水力冲填是在作业区排干水后,采用高压水枪冲刷底泥,将底泥扰动成泥浆,采用泥浆泵将泥浆吸出泵送,通过管道输送至工程项目现场设置的堆场或集浆池内。水力冲填河道水无须完全排干,因此也可称为半干式清淤。

干法清淤可以直接看见施工作业面,施工状况直观,质量易保证,但受天气影响大,且施工期间需将作业区河湖水排干,影响部分河湖功能,适用于流量较小的小型河湖。

B. 湿法清淤

湿法清淤无须进行围堰排水,通常清淤设备以清淤船作为施工平台在水面上进行底泥开挖,清挖底泥经过管道输送上岸堆积或进一步处理。湿法清淤主要分为机械式、水力式和气动泵式,代表清淤方式分别为抓斗式、绞吸式、气动泵式和耙吸式等。

a. 抓斗式清淤是利用抓斗深入水下抓取淤泥后,将淤泥直接卸入靠泊在挖泥船舷旁的驳泥船中,再通过驳泥船运输至淤泥堆场。抓斗抓取污泥含水率通常为60%左右。

b. 普通绞吸式清淤是利用绞刀的旋转切削底泥。形成的泥水混合物通过泵送设备将泥浆吸入吸泥管,再经全封闭管道输送至堆场中。绞吸底泥含水率通常为95%左右。

c. 气动泵式清淤是以压缩空气为动力吸排淤泥。利用真空泵筒吸泥,再利用压缩空气将泵筒中的淤泥排出,实现清淤的目的。气动泵清出的底泥浓度明显高于绞吸底泥，但此技术尚不成熟，不便于大规模清淤工程使用。

d. 耙吸式作业法是在船只上布置离心泵从水底将水和泥吸入泥仓，可以边航行边开挖，泥仓装满后行驶到抛泥区进行排泥。该方法具有船只操纵性好、不用抛锚定泊、对航行干扰小、运输距离不受限制等特点；缺点是土质较硬时挖不动，泥浆含水量高，工效比较低，对水域施工范围有要求；适用于底泥较软、施工区域范围广的河道、海域。

湿法清淤过程中不会对河道通航产生影响，施工不受天气影响。抓斗式对底泥扰动大，易造成河水的二次污染，绞吸式、气动泵式对底泥扰动小，环境影响小。

C. 生态环保清淤

生态环保清淤是由普通绞吸清淤技术改进发展出来的，以避免清淤作业对水利环境产生影响和改善水质为目标的清淤技术。环保绞吸式清淤船利用环保绞刀头进行全方位封闭式清淤，尽可能避免对底泥及水体的扰动，开挖后的淤泥通过大功率泥浆泵进入全封闭输泥管道输送至指定区域进一步处理。

生态环保清淤整个过程基本全封闭进行，且施工精度较高，防止超挖或欠挖，同时可实现薄层清淤而不扰动原生土，以免对水体造成二次污染，底泥清除率可达到95%以上；技术适用性强，可用于各种规模河道、湖泊及水库清淤工程，为现在常用的清淤技术。

2）曝气技术

曝气是指人工向水体中充入空气以提高水体中溶解氧的浓度，恢复和增强水体中好氧微生物的活力，更好地去除污染物，使河流水质得到改善。随着太阳能和自动控制技术的发展，基于太阳能和自动控制技术的机械曝气技术可以被广泛推广。对于雄安新区水流平缓、好氧性污染严重、水中溶解氧含量较低的河段可以采用此种技术。

根据所用曝气设备的类型不同，曝气技术可以分为以下几种类型。

A. 鼓风曝气

该曝气系统主要是通过鼓风机、空气输送管道和曝气装置向生化池底部输送氧气。空气从曝气装置通过，产生尺寸不同的气泡，气泡在上升及随水流循环流动的过程中与混合液接触并转移至其中，最后到达液面处破裂。曝气装置是鼓风曝气系统的重要装置，根据产生气泡的大小主要分为中大气泡（穿孔管曝气器）、微气泡（管式、盘式、橡胶膜片微孔曝气器）、水力剪切式（倒喷扩散器、射流曝气器等）空气扩散装置。

该曝气系统的优点体现在：操作比较简便，设备并不复杂，自动化程度较高。同时也存在较多的问题：中大孔扩散设备氧利用率较低；微孔曝气设备易堵塞；曝气膜片易撕裂。

B. 机械曝气

机械曝气是通过安装于池面的表面曝气器向池中混合液充氧。当曝气池的叶轮或涡轮曝气机转动时，混合液在以水幕、水滴形式与空气接触过程中完成氧转移，与池中混合液相溶，且随着混合液上下循环流动，气、液接触界面不断更新，提高氧的转移速率。机械曝气器按传动轴安装方向，分为竖轴式（泵型、倒伞型和平板型）和卧轴式（转刷曝气机和转碟曝气机）两类。

机械曝气系统相较于鼓风曝气设备具有明显的优越性，无须建造鼓风机房，需要布设的管道与曝气头也较少，安装较为简单，成本的投入也较低；但同样存在一些需要解决的问题，如能耗高、氧利用率低、可调节性低且运营维护费等成本较高。

C. 射流曝气

潜水射流曝气机主要由潜水泵、曝气器和进气管三部分组成，通过潜水泵产生水流，水流经过喷嘴加速，形成高速水流，与空气结合产生水气混合流。潜水射流曝气机可以使氧气的吸收率大大提高，且占地面积小，因此被广泛应用于水处理的过程中。射流曝气机既不是一种气泡扩散装置，也不是一种机械曝气设备，而是介于这二者之间的一种曝气设备，利用气泡扩散与水力剪切这两个作用达到曝气和混合的目的。

射流曝气具有如下优点：适应性强，造价低，设备简单，维修管理方便；较高的氧转移系数和氧利用率，混合搅拌作用强；污泥活性好，基质降解常数较高和沉淀性能好；占地面积小，气味和噪声小；适用于农村生活污水处理。

D. 旋流曝气器

可提升式旋流剪切曝气器在使用过程中，气体从底部进入，由于气提作用，气、水、泥混合液在筒内和筒外产生循环流动，气液在上升过程中，与筒内切割装置产生多次碰撞、切割，最终形成直径为 2mm 左右的微小气泡，气液充分混合及不断循环对流，增强了氧传递速率和利用率。

旋流曝气器具有氧利用率高、不结垢不堵塞、坚固耐用寿命长、运行维护简单、压力损失低节电明显、污泥量少等诸多优点，适用于不同水质状况的污水处理，市政污水和工业废水均可采用。

3) 生态浮床技术

生态浮床是在浮于水面的床体上种植植物，利用植物吸收水体中污染物的同时利用附着在植物根系上的微生物降解水中的污染物，从而进行有效的水体修复的技术，又被称为生物浮床、生物浮岛、人工浮岛等。浮床的主要功能可以归纳为 4 个方面：消波护岸、水质净化、创造生物生息空间、改善景观等作用。

A. 生态浮床的种类

依据接触方式，即按照所选植物和水是否接触将浮床分为干式浮床和湿式浮床；依据床体材料的不同分为有机高分子材料浮床和无机非金属材料浮床，如橡胶和塑料是广泛运用于浮床床体的有机高分子材料，无机非金属材料（陶瓷、混凝土等）则由于成本等原因还未大量使用；依据固定方法不同可将生态浮床分为重力型、杆定型和锚定型 3 类。

B. 生态浮床的结构

生态浮床大多由多个浮床单体拼接组合而成，为此，浮床的形状大都呈四方形，每个浮床单体的边长一般为 1~5m，但也有三角形、正六边形甚至圆形等不同单体形状组合而成的生态浮床。框架结构的生态浮床最为常见，其可分为 4 个组成部分，即浮床框架、植物浮床、水下固定装置和水生植被。

浮床框架：浮床框架要求坚固、耐用、抗风浪，目前已经使用的框体材料为PVC 管、不锈钢管、木材和毛竹等，由于不锈钢管质量大、价格贵，木材和毛竹容易腐烂等因素，目前使用最多的是无毒无污染、持久耐用、价格便宜、质量轻的 PVC 管。

植物浮床：用于植物生长的浮体称为浮床，一般由高分子轻质材料制成，由于聚苯乙烯泡沫板耐酸碱、抗腐蚀、质量轻、价格廉且容易打孔等特点，目前在植物浮床中广泛使用。

水下固定装置：目前浮床固定方式有 3 种，一般均利用绳索来固定生态浮床，且利用绳索的一定伸缩幅度便于生态浮床适应水位的变化。

水生植被：主要包括水稻、伞草、美人蕉、风车草、水芹菜、生菜、荷花、芦苇、香蒲、茭白、水葱、千屈菜等。研究表明：香菇草的除磷效果非常明显，TP 去除均值达到62.3%；鸢尾草在 TN 初始浓度为 19.5mg/L 时对 TP 的去除率最高，均值达到88.8%。

C. 生态浮床设计要点

影响浮床植物的生长、微生物的代谢和水生动物活动的因素都能够影响生态浮床的净化性能。因此，在生态浮床的设计中应着重关注浮床植物管理、浮床覆盖率、水体物化条件、水动力条件及基体结构等要点。

浮床植物管理着重于植物种类的选择和生态位的合理搭配。不同浮床植物对水体中特定污染物的去除效率不同，因此，针对治理水质选择适合的浮床植物非常关键。目前，大多数研究只针对单植物对水体的净化效果展开，却忽略了多种植物组合与植物生态位的搭配。所谓生态位，即是指物种间的相互依存、互为补充的关系。提高浮床植物的多样化和实现生态位的合理搭配，有利于生态浮床在一年四季均保持较高的净水效率。

浮床覆盖率也是影响其净化性能的主要因素之一。这是因为过高的浮床覆盖率易阻断水体的复氧作用，同时，浮床的遮光性抑制了水体中藻类及水生植物的光合作用。在实际应用中，当浮床占据地表水域面积的50%以上时，其净化性能就会因水体缺氧而下降。不仅如此，过大的浮床覆盖率也易阻碍航运，影响水体原有的交通功能。

水体的物化条件主要包括水体溶解氧（DO）、水温（WT）和水体 pH 等。较高的 DO 会制约细菌的反硝化作用，DO 过低又会导致植物根系的腐烂和水生动物的死亡，因而 DO 应根据水体的治理目标进行合理控制。WT 则对植物和微生物的影响较大，15～30℃的 WT 最适合植物和微生物的生长及代谢。浮床系统的最佳 pH 则为 6.5～8.5。研究表明，中性或弱碱性条件有利于植物根际区硝化细菌和亚硝化细菌的代谢活动；而当 pH>8 时，硝化和反硝化细菌的活性减弱，却有利于可溶性正磷酸盐的化学沉淀。

地表水体的水动力条件主要包括水流情况、风浪大小等。一般而言，水流过急或风浪过大不仅会对床体及植物产生破坏，还会缩短浮床净化污水的水力停留时间，进而导致净化效果的下降。

基体结构参数包括复杂性和稳定性，应尽量简化浮床结构的复杂度，避免造成施工和维护成本的升高；在简化的基础上，应兼顾结构的稳定性，保证基体在长期的水浪波动中不会出现松散、脱落等问题。

4）生态沉床技术

生态沉床是指以沉水植物群落的构建为核心，利用植物自身及其共生生物体系清除水体中污染物的系列技术。生态沉床技术被广泛应用于河流湿地生态修复工作中。

生态沉床填料基质对水质处理具有重要作用，常见的填料基质有炉渣和陶粒、有机填料、原生底泥、植物纤维等。炉渣和陶粒等无机填料理化性质相似，水处理作用效果较好。有机填料具有巨大的发展潜力，与无机填料对比有天然充足的营养盐、经济无污染等优点，但仍面临腐烂等问题。原生底泥通常作为植物生长基质，通过人工移栽的方法将沉水植物种植到水底的底泥层，可极大地节约工程费用。棕毛等植物纤维也可作为生态沉床基质材料，具有不易腐烂的特点，可为植物提供很好的固着载体，吸附水体中的悬浮物质，提高水质透明度，改善水体生境，是水体中生物良好的繁殖栖息场所。

5）生物膜技术

生物膜技术是指以天然材料或人工合成的接触材料为载体，利用在其表面形成的生物膜对污水进行净化。

载体可以是无机材料或有机高分子材料的人工水草、生物滤料等，载体上附着的生物膜，在去除水体中的氮磷营养盐的同时，还能有效抑制浮游藻类的生长，不受透明度、光照等限制，从而大大提高污水处理的效果。生物膜具有处理效率高、占地面积小、投资少等优点，很适合中小河流的直接净化。

常见的生物膜技术主要有以下几种。

a. 砾间接触氧化法：通过人工填充的砾石，使水与生物膜的接触面积增大数十倍，甚至上百倍。水中污染物在砾间流动过程中与砾石上附着的生物膜接触、沉淀进而被生物膜作为营养物质而吸附、氧化分解，从而使水质得到改善。

b. 生物活性炭净化法：是一种以活性炭为填料的生物膜净化法，主要是利用活性炭对基质的强吸附能力，同时为微生物的附着生长提供巨大的比表面积，特别是细菌分解水中有机物的"生物膜效应"和微生物吸附在活性炭上分解有机物的"生物再生效应"及活性炭微孔隙捕捉有机物的"吸着效应"去除河水中的污染物质，使水质得到改善。该方法充分发挥了活性炭比表面积大、空隙大、吸附性能好的特性，使附着在其表面的微生物种类多、数量大、活性强、增殖速度快，形成了吸附与好氧生物膜的完美结合，进一步提高了生物膜的净化能力。

c. 薄层流法：河流的净化作用主要在于河床上附着的生物膜，生物膜面积增大，通过膜表面的水的流量就会减少，生物膜的净化能力就得到了增强。薄层流法就是使水流形成水深数厘米的薄层流过生物膜，使河流的自净作用增强数十倍。

d. 伏流净化法：主要是利用河床向地下的渗透作用和伏流水的稀释作用来净化河流。该方法可视为一种缓速过滤法（微生物膜过滤），整个河床是一个大的过滤池，由河床上附着的生物膜构成缓速过滤池的过滤膜，污染的河水经过滤膜的过滤作用缓慢地向地下扩散，成为清洁的地下水。用于稀释的伏流水是渗入地下的清洁水，人为用泵提升到地面来稀释河流使河流的自净作用进一步增强。

6) 生物链调控技术

河流生态修复时，可以建立削盐生物链、控藻生物链和碎屑生物链。

a. 削盐生物链：当河流以削减营养盐负荷为目标时，在全面了解湖泊自身特性（形态、水质、功能等）的前提下，识别并确定具有较强吸收、削减氮、磷等水体营养负荷作用的生物链类型（如沉水、挺水或浮叶植物—草食性鱼类），优化调整湖泊生物链和营养级结构，使生物链对营养盐的吸收去除效率最大化。水生高等植物在湖泊生态系统中起着不容忽视的重要作用，其能够快速吸收水体和沉积物中的营养盐，分泌产生他感物质抑制浮游植物生长，被广泛用于降低湖泊水体营养盐负荷、控制藻类生长、调节湖泊生态系统。因此在必要情况下，可适当引入具有良好吸盐抑藻效应的水生植物和土著草食性鱼类，优化调整湖泊生物链和营养级结构，构建营养负荷削减的生物链筛选及优化调控技术。

b. 控藻生物链：在确定导致富营养化的主要优势藻的前提下，筛选并确定以藻类为第一营养级，对主要富营养化藻类具有显著定向生物密度制约效应的藻–滤食鱼类、藻–浮游动物–鱼类等生物链，可以建立密度制约的控藻生物链。鱼类被引入系统后，其摄食活动丰富了水体中的食物链关系，提高了生物种群间的摄食能力和新陈代谢作用，不但控制了藻类生物量，而且加速了水中氮、磷营养物质的循环，提高了氮、磷的转化速率，并最终以鱼产品的形式脱离水体。

c. 碎屑生物链：碎屑生物链以控制湖泊沉积环境中的有机碎屑为目的。在定量分析不同种类的底栖软体动物、线虫、水蚤类、虾蟹类及食腐屑鲤科鱼类等水生生物分解处理有机碎屑能力的基础上，筛选并构建有机碎屑作为第一营养级，碎屑食性动物与其捕食者或更高级捕食者（如具有较高经济价值的大型肉食性鱼类）为更高营养级，能有效消化分解各类有机碎屑的生物链，从而控制有机碎屑沉积速率，有效缓解内源营养负荷释放导致次生富营养化加剧的趋势。

考虑到雄安新区河流的现存情况，雄安新区河流生物链调控技术可以在富营养化河水中放养鲢、鳙等滤食性鱼类，背角无齿蚌、中华圆田螺等软体动物，通过生物之间的食物链关系，控制水体中藻类、有机颗粒物、悬浮物和叶绿素 a 等的含量，对水体富营养化进行调控。生物链调控技术因其经济方便、能耗低且收效显著、环保效益好而具有广泛的应用前景。

7）人工湿地技术

人工湿地是人工建造和控制运行的与沼泽地类似的湿地系统。人工湿地技术是将污水、污泥有控制地投配到经人工建造的湿地上，利用土壤、植物和微生物的物理、化学及生物三重协同作用，对污水、污泥进行处理的一种技术。其作用机理包括过滤、吸附、沉淀、氧化还原、分解和转化等。

对雄安新区府河、漕河、瀑河、孝义河等河流，可在合适位置设置由水生植物、浮游动物、微生物组成的多级人工湿地系统，采取水体流动性改善、人工种植和收割、人工曝气、水生动物投放等多种手段调控人工湿地，增强其水质净化能力。

8）水生植物收割打捞技术

采取收割挺水、沉水植物，打捞浮水植物和植物残体等技术，削减缓流型河流内源性营养负荷的积累和释放，减少二次污染，抑制生物填平作用，改善水体环境。通过水生植物的收割打捞，可以控制水生生物的无序蔓延，提高河水流动速度，重建河流湿地自然景观，延缓河流湿地沼泽化演化进程，在实施生态工程的同时开发利用水生植物资源。

水生植物的收割有人工和机械收割两种方式。人工收割方法简单，可采用打捞、拔除、切割等收割方式，是常用的方法，但效率低下、费时费力且劳动成本高。机械收割解决了人工收割的问题，并有相应的收割船、收割机投入使用。

在雄安新区河流水生植物群落生产力比较高，特别是具有向湿生群落演替趋势的河段，根据水生植物的生命周期，在保障水生植物繁殖不受影响的前提下，可在合适的时机对挺水、沉水植物等进行收割打捞，打捞浮水植物和植物残体，改善水体环境。

（5）河流断面技术

雄安新区处于地势平坦的平原地区，河流断面技术主要是指垂直地面且与河流流向垂直的河流横断面设计技术。河流横断面设计的目的是确保河流能够获得保证常年流水的河道和能够应付不同水位、水量的河床，通常采用多层次台阶式（复合式）横断面结构。

河流在低水位时，保证河流能够具有一个常年流水的河道，保证最基本的生态流量，为鱼类等水生生物提供生存的基础条件，满足基本的防洪要求。在河道两侧可以设置滩地和栈桥，低水位时可以作为公众开敞的活动空间，亲水性较好，适合休闲游憩；当发生较大洪水河水水位上升时，淹没两侧滩地和栈桥，提升河流的防洪能力。

可以根据河流生态恢复目标、流域地貌特征，调整河道、滩地、栈桥、景观道、绿化带等设置，提升河流的防洪、游憩、景观等多种功能，建成"超级堤防"。

雄安新区河流应根据所处位置的城市功能定位确定生态修复目标，对防洪和景观需求比较大的处于城市地区的河流，应采用河流横断面设计技术。在河流河道两侧设置景观带和休憩廊道，为雄安新区城市居民提供景观和休闲空间，同时能够满足高等级防洪需求。

2.2 河流湿地生态需水及其保障分析

2.2.1 河流湿地生态需水计算

（1）湿地生态需水内涵

生态需水表示在特定的研究区域内，在一定的生态保护、恢复或建设目标下，形成生态系统物理的、化学的、生物的动态平衡，并始终保持生态系统维持健康稳定、实现良性循环所需要的水资源量。其定义有狭义和广义之分，广义的概念是指维持地球生物化学平衡，水热、水沙、水盐平衡所消耗的水量；狭义概念是指维护生态系统环境不再恶化，并逐渐修复改善所需的水量。

随着我国水资源配置体系逐步完善和修复保护进入新阶段，为了更加适应和践行"节水优先、空间均衡、系统治理、两手发力"的治水思路，水利部发布的《水利部关于做好河湖生态流量确定和保障工作的指导意见》（水资管〔2020〕67号）中厘清了河湖生态流量的内涵为，为了维系河流、湖泊等水生态系统的结构和功能，需要保留在河湖内符合水质要求的流量（水量、水位）及其过程。我国生态修复保护需要从单纯的满足"生态水量"转变为满足"生态流量"，不仅考虑水量要求，更注重满足生态环境所需的水位、流量等多方面的需求，实现近自然化的生态修复保护。因此，本书中的雄安新区湿地生态需水是指湿地生态系统的生态环境需水，主要包括生态耗水和环境需水两部分，更侧重于达到某种生态水文过程的生态系统所需要的水量。

（2）计算模型的构建

河流生态需水（Q_t）计算包括消耗分项和非消耗分项，消耗分项主要是实现湿地生态系统蒸散发耗水和渗漏等功能；非消耗分项主要是满足湿地生态健康水文及水动力过程所需的水量。

河流的消耗分项包括河流蒸散消耗量、渗漏消耗量及其他消耗（如生物消耗）等通量；非消耗分项包括河流生态基流量、河流维持自净流量、河流景观与其他功能流量等通量和存量，鉴于非消耗分项实现多项生态服务功能具有重叠性，采用外包值（max函数）进行计算。

$$Q_t = Q_{pt} + Q_{qt} \tag{2-1}$$
$$Q_{pt} = \max(Q_{at}, Q_{bt}, Q_{ct}, Q_{dt}) \tag{2-2}$$
$$Q_{qt} = \max(Q_{et} + Q_{ft} + Q_{ht}, Q_{gt}) \tag{2-3}$$

式中，Q_{pt}为第t时段的河流非消耗生态需水量，主要包括第t时段的河流生态基流量Q_{at}、河流自净需水量Q_{bt}、河流景观需水量Q_{ct}及河流其他功能需水量Q_{dt}；Q_{qt}为第t时段的河流消耗生态需水量，主要包括河流蒸散消耗量Q_{et}、河道渗漏消耗量Q_{ft}、河道为维持水质所需的生态换水量Q_{gt}及其他消耗量Q_{ht}。

1）消耗分项的计算

A. 湿地蒸散消耗量

蒸散发是河流生态系统水文循环过程中的重要环节，是河湖生态需水的重要组成部分与消耗分量。雄安新区湿地蒸散消耗量主要包括水面蒸散发量和植被蒸散发量，具体的计算公式如下：

$$Q_{et}/M_{et} = A_{wt}(E_t - P_t) + \sum_{j=1}^{n} A_{jt} \text{ET}_t, E_t > P_t \tag{2-4}$$

$$Q_{et}/M_{et} = \sum_{j=1}^{n} A_{jt} \text{ET}_t, E_t < P_t \tag{2-5}$$

$$\text{ET}_t = \text{ET}_0 K_c K_s \tag{2-6}$$

式中，M_{et} 为第 t 时段的河流湿地蒸散发需水量（10^8m^3）；A_{wt}、A_{jt} 为第 t 时段水面面积和第 i 种植被面积（m^2）；E_t、ET_t 及 P_t 为第 t 时段的水面蒸发量、植被蒸散发量（10^8m^3）及降水量（mm）；ET_0 为参考作物潜在蒸散发量（mm/d）；K_c 为植物系数；K_s 为土壤水分限制系数。

参考作物潜在蒸散发量 ET_0 采取联合国粮食及农业组织（FAO，1998）推荐的 Penman-Monteith 公式进行计算，其基本公式如下：

$$\text{ET}_0 = \frac{0.408\Delta R_n - G + \gamma \dfrac{900}{T+278} u_2(e_s - e_a)}{\Delta + \gamma(1 + 0.34u_2)} \tag{2-7}$$

式中，Δ 为温度–饱和水汽压关系曲线在温度 T 处的切线斜率（kPa/℃）；R_n 为参照作物表面冠层接受的净辐射 [MJ/($\text{m}^2 \cdot \text{d}$)]；$G$ 为土壤热通量 [MJ/($\text{m}^2 \cdot \text{d}$)]；$e_s$ 为平均饱和水汽压（kPa）；e_a 为实际水汽压（kPa）；T 为平均温度（℃）；γ 为湿度计常数（0.66hPa/℃）；u_2 为离地 2m 高处风速（m/s）。

B. 渗漏消耗量

渗漏消耗量包括侧向渗漏和垂向渗漏两部分，侧向渗漏是指浸润河岸带造成的渗漏消耗；垂向渗漏是指河流干涸以后重新蓄水及地下水位持续下降所需补给地下水的渗漏消耗。主要影响因素为渗透系数和水力坡度，多采用达西公式进行计算。计算公式为

$$Q_{ft}/M_{ft} = \sum_{j=1}^{n} K_j I_j A_{jt} t \tag{2-8}$$

式中，Q_{ft}/M_{ft} 为第 t 时段河流的渗漏消耗量（10^8m^3）；K_j 为渗透系数（m/d）；I_j 为地下水水力坡度；A_{jt} 为第 t 时段的渗漏剖面面积（m^2）。

C. 其他消耗量

河流其他消耗量（Q_{ht} 和 M_{ht}）通常较小，可忽略不计。对于特殊的河湖生态系统，需根据实际情况采用经验公式或量化方法确定。

2）非消耗分项的计算

河流生态基流是维持河流上下游连通性、保证鱼类等水生生物得到最小生存空间和水文条件的前提与基础。我国河流生态基流的常用计算方法主要有Tennant 法（蒙大拿法）、Texas 法、最枯月平均流量法、7Q10 法和年内展布法等

（赵海波，2020；赵然杭等，2018）水文指标方法。根据雄安新区历史径流数据，选取较为适用的 Tennant 法计算雄安新区河流湿地生态基流量。

Tennant 法是通过计算的河流生态需水推荐值确定基于年平均径流量的百分比，根据不同的百分比将河流生态环境状况划分为 8 个等级，基于鱼类的生长需求对年内用水期进行划分，Tennant 法推荐基流表如表 2-2 所示。

表 2-2　Tennant 法推荐基流表　　　　　　（单位:%）

栖息地等定性描述	推荐的基流标准	
	一般用水期（10 月至翌年 3 月）	鱼类产卵育幼期（4~9 月）
最大	200	200
最佳流量	60~100	60~100
极好	40	60
非常好	30	50
好	20	40
开始退化	10	30
差或最小	10	10
极差	<10	<10

（3）计算参数的选取

按照《海河流域水资源保护工作大纲》中所建议的方法：根据非汛期和汛期这两个时期分别确定北方地区的河流生态水量，考虑到雄安新区河流湿地的现状及未来发展需求，流动的河生态基流目标值采用非敏感期（10 月至翌年 3 月）生态基流量应不低于多年平均实测径流量的 10%，敏感期（4~9 月）生态基流量采用多年实测径流量的 30% 确定。没有实测径流序列的河流，根据流域面积进行类比。由于上游大规模水库建设及取用水量的增加，自 1980 年起，上游 8 条入淀河流及赵王新河开始出现大规模河流断流的情况，因此以 1980 年之前的实测径流数据作为河流湿地的生态基流计算依据，最小生态基流量非敏感期（10 月至翌年 3 月）取 10%，敏感期取 30%；适宜生态基流量非敏感期（10 月至翌年 3 月）取 20%，敏感期取 40%。

蓝色的河在保证水利功能外还需兼具景观功能，河道的适宜水深应不小于 1.5m，采用槽蓄法计算蓄水量，生态换水量采用一年三换的频率进行计算。

绿色的河采用"以绿代水"原则进行生态需水计算，相关的计算参数参考芦苇的相关参数。

（4）河流湿地生态保护情景

基于雄安新区河流湿地的实践调查现状和未来的城市发展需求，确定了不同河流（河段）现状情景与未来发展情景的类型、面积和主要的生态功能，具体见表 2-3 和表 2-4。规划情景中，因白沟引河和萍河为雄安新区环城水系，需要保证一定流量维持所需的水利、生态和景观功能；唐河和潴龙河因为长期断流，生态恢复需要循序渐进，因此设定为具有蓝绿河段。

表 2-3　雄安新区河流湿地生态保护目标和主导功能的确定与识别（2017 年）

河流	河流类型	雄安境内河流（河段）面积/km²				主要功能
		流动的河	绿色的河	蓝色的河	合计	
白沟引河	流动的河	2.501	——	——	2.501	水利功能、生态功能
萍河	绿色的河	——	1.697	——	1.697	水利功能、生态功能
漕河	流动的河	0.068	——	——	0.068	水利功能
瀑河	流动的河	0.117	——	——	0.117	水利功能
府河	流动的河	0.111	——	——	0.111	水利功能、纳污功能
唐河	绿色的河	——	2.695	——	2.695	水利功能
孝义河	流动的河	0.159	——	——	0.159	水利功能、纳污功能
潴龙河	绿色的河	——	0.261	——	0.261	水利功能

表 2-4　雄安新区河流湿地生态保护目标和主导功能的确定与识别（2035 年）

河流	河流类型	雄安境内河流（河段）面积/km²				主要功能
		流动的河	绿色的河	蓝色的河	合计	
白沟引河	流动的河	2.501	——	——	2.501	水利功能、生态功能、景观功能
萍河	蓝色的河	——	——	1.697	1.697	水利功能、生态功能、景观功能
漕河	流动的河	0.068	——	——	0.068	水利功能
瀑河	流动的河	0.117	——	——	0.117	水利功能
府河	流动的河	0.111	——	——	0.111	水利功能、纳污功能
唐河	蓝绿河段	——	1.438	1.257	2.695	水利功能
孝义河	流动的河	0.159	——	——	0.159	水利功能、纳污功能
潴龙河	蓝绿河段	——	0.062	0.199	0.261	水利功能

(5) 典型年的选取

生态需水量与研究区降水和蒸散发密切相关。近年来，受气候变化的影响雄安新区降水年际变化较大，导致不同水平年区域生态需水也不尽相同。依据保定和雄县两个国家站点 1961～2017 年 57 年的水文资料，采用泰森多边形法进行计算作为雄安新区面降水量代表值进行频率分析，绘制年降水量频率曲线（P-Ⅲ型分布曲线）（图 2-2），选定丰水年（$P=25\%$）、平水年（$P=50\%$）和枯水年（$P=75\%$）3 个代表年。

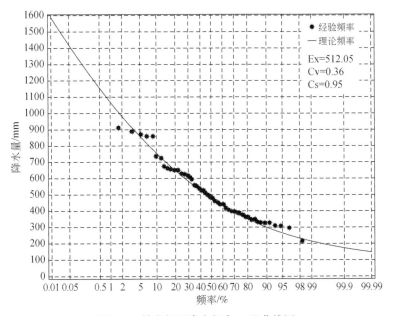

图 2-2　雄安新区降水频率 P-Ⅲ曲线图

其中各个参数含义为，样本均值 Ex=512.05；变差系数 Cv=0.36；偏态系数 Cs=0.95；倍比系数 Cv/Cs=2.64。

从年降水频率曲线确定频率所对应的降水量，即为不同频率水平年设计值。雄安新区降水丰水年（$P=25\%$）、平水年（$P=50\%$）和枯水年（$P=75\%$）分别对应的降水量为 615.6mm、483.3mm 和 377.3mm。根据雄安新区多年降水数据资料，结合降水频率，选取 2012 年为丰水年（$P=25\%$）代表年、2016 年为平水年（$P=50\%$）代表年和 2006 年为枯水年（$P=75\%$）代表年。

(6) 河流湿地生态需水计算

综合考虑河道生态基流和生态耗水量对雄安新区河流湿地进行逐河、逐月生态需水计算汇总，现状年（2017 年）计算结果见表 2-5，规划情景年的计算结果见表 2-6。

表 2-5　2017 年雄安新区河流湿地的生态需水总量分析

（单位：万 m³）

时间	蒸散消耗量	渗漏消耗量	生态换水量	生态基流量		总需水量	
				最小	适宜	最小	适宜
1 月	11.6	37.1	0.0	116.1	230.4	164.8	279.1
2 月	24.0	34.7	0.0	74.0	146.5	132.8	205.2
3 月	50.0	37.1	0.0	93.7	186.1	180.8	273.2
4 月	78.8	35.9	0.0	147.7	219.4	262.4	334.1
5 月	129.2	37.1	0.0	312.7	465.3	479.1	631.7
6 月	123.4	35.9	0.0	415.7	620.0	575.0	779.3
7 月	79.0	37.1	0.0	2 088.0	3 116.8	2 204.2	3 232.9
8 月	58.7	37.1	0.0	7 744.1	11 560.7	7 840.0	11 656.5
9 月	62.8	35.9	0.0	2 052.1	3 060.9	2 150.8	3 159.6
10 月	24.0	37.1	0.0	455.1	904.8	516.4	966.1
11 月	22.5	35.9	0.0	251.8	500.2	310.2	558.6
12 月	16.1	37.1	0.0	173.4	344.9	226.6	398.0
汇总	680.2	438.3	0.0	13 924.4	21 355.8	15 042.9	22 474.3

注：因统计数据有效位数的差异，加和数据略有出入。下同

表 2-6　规划情景年（2035 年）雄安新区河流湿地的生态需水总量分析

（单位：万 m³）

时间	蒸散消耗量			渗漏消耗量	生态换水量	生态基流量		生态需水量					
								丰水年		平水年		枯水年	
	丰水年	平水年	枯水年			最小	适宜	最小	适宜	最小	适宜	最小	适宜
1 月	7.3	11.5	9.8	68.5	118.2	116.1	230.4	234.3	348.6	234.3	348.6	234.3	348.6
2 月	15.7	24.4	21.5	63.4	118.2	74.0	146.5	192.2	264.7	192.2	264.7	192.2	264.7
3 月	28.4	63.9	70.1	68.5	118.2	93.7	186.1	211.9	304.3	226.1	318.5	232.3	324.7
4 月	40.8	89.3	81.5	66.3	118.2	147.7	219.4	265.9	337.6	303.3	375.0	295.5	367.2
5 月	56.5	96.0	94.3	68.5	118.2	312.7	465.3	437.7	590.3	477.2	629.8	475.5	628.1
6 月	40.0	94.1	126.6	66.3	118.2	415.7	620.0	533.9	738.2	576.1	780.4	608.6	812.9
7 月	24.7	61.1	78.2	68.5	118.2	2 088.0	3 116.8	2 206.2	3 235	2 217.6	3 246.4	2 234.7	3 263.5
8 月	27.9	68.9	64.8	68.5	118.2	7 744.1	11 560.7	7 862.3	11 678.9	7 881.9	11 698.1	7 877.4	11 694.0

时间	蒸散消耗量			渗漏消耗量	生态换水量	生态基流量		生态需水量					
								丰水年		平水年		枯水年	
	丰水年	平水年	枯水年			最小	适宜	最小	适宜	最小	适宜	最小	适宜
9月	28.1	59.1	64.6	66.3	118.2	2 052.1	3 060.9	2 170.3	3 179.1	2 177.5	3 186.3	2 183.0	3 191.8
10月	23.9	23.6	47.5	68.5	118.2	455.1	904.8	573.3	1 023.0	573.3	1 023.0	573.3	1 023.0
11月	8.1	15.7	39.0	66.3	118.2	251.8	500.2	370.0	618.4	370.0	618.4	370.0	618.4
12月	3.6	8.3	15.7	68.5	118.2	173.4	344.9	291.6	463.1	291.6	463.1	291.6	463.1
汇总	304.9	616	713.7	808.3	1 418.4	13 924.4	21 355.8	15 349.6	22 781.2	15 520.7	22 952.3	15 568.4	23 000.0

1）现状年生态需水计算

根据表2-5可知，现状年河流湿地的最小生态需水量为15 042.9万 m^3/a，适宜生态需水量为22 474.3万 m^3/a。其中，河流湿地蒸散消耗水量为680.2万 m^3/a，渗漏消耗量为438.3万 m^3/a；生态换水量为0，维持河流生态功能及生境的最小生态基流量为13 924.4万 m^3/a，适宜生态基流量为21 355.8万 m^3/a。从年内变化来看，不同月份生态需水量差异较大。受汛期（7～9月）河流湿地生态基流量增加的影响，汛期河流湿地生态需水量较大，占全年生态需水量的80%左右。

2）规划情景年生态需水计算

根据表2-6可知，未来情景下（2035年），受到蓝色河流生态换水量和流动的河生态基流量的影响，不同水平年雄安新区河流湿地生态需水量差异不大，丰、平、枯水年最小生态需水量分别为15 349.6万 m^3/a、15 520.7万 m^3/a、15 568.4万 m^3/a；适宜生态需水量为22 781.2万 m^3/a、22 952.3万 m^3/a、23 000万 m^3/a。其中，丰、平、枯水年用于河流湿地蒸散消耗水量分别为304.9万 m^3/a、616.0万 m^3/a和713.7万 m^3/a；渗漏消耗量为808.3万 m^3/a；生态换水量为1 418.4万 m^3/a，维持河流生态功能及生境的最小生态基流量为13 924.4万 m^3/a，适宜生态基流量为21 355.8万 m^3/a。从年内变化来看，不同月份生态需水量差异较大。受汛期（7～9月）河流湿地生态基流量增加的影响，汛期河流湿地生态需水量较大，占全年生态需水量的80%左右。

2.2.2 河流湿地生态需水保障分析

雄安新区内府河与唐河部分时间和河段能够实现河道内水体流动、流量达到生态基流要求，瀑河、孝义河、漕河近淀河段能够维持河流常年保持一定的水面，水质达到景观水体要求。在25%保证率丰水年份，8条入淀河流当地地表水及上游水库补水量基本能满足生态需水需求；在多年平均来水条件下，尚不能满足河流最小生态需水量，需要利用各项引江、引黄入淀工程补水。在 75% 保证率枯水年份下，流域当地表水及水库补水能力基本枯竭，在利用南水北调中线、引黄入冀补淀分流保障白沟引河、瀑河、萍河及潴龙河近淀河段基本生态用水的前提下，需要充分利用各项引江、引黄工程开展河-淀应急生态补水。从长远角度来讲，入淀河流的生态需水保障依赖于流域地下水位的整体恢复，需要全流域层面的综合治理和修复。通过严格控制流域水资源开发利用程度，辅之以跨流域调水和水利工程生态调度，各条河流的生态流量过程方能得到满足，形成正常的河-淀汇流补给关系。

2.3 河流湿地清淤-河道内湿地营造技术研究

2.3.1 技术原理与应用条件

（1）技术原理

河流湿地清淤-河道内湿地营造技术首先通过分析现状河流的空间结构得到不同河流结构类型所占的面积比例，然后确定河流的过流能力和现状行洪能力，再在河道的断面基础上，以土方平衡原理、行洪能力及滩地淹水时长与深度为计算依据，利用二分法进行分析，分别确定河道开挖位置、开挖深度、垂向清淤空间及清淤体积，优化河滩湿地。

（2）应用条件

在应用该项技术时应选择常年有水河流或者蓝色河段，且清淤之后河道比降不发生大的改变，断面行洪能力不降低。

2.3.2 现状分析与应用情景

白沟引河、府河、瀑河、孝义河这 4 条河流目前河道常年有水。其中白沟引河因上游多年未有来水，径流过程不明显；河岸完整，防洪等级较高；河岸带植被覆盖度较高，生物多样性较高；河流水质和底泥较其他河流较好。其余河流目前河道具有径流过程，流量不足，流速不高；水质具有提升空间，存在内源污染，其中孝义河处于中度污染状态，瀑河与府河总体处在轻度污染与中度污染临界区。结合现状和应用条件，该技术适用范围为雄安新区内府河、孝义河和瀑河河段。

2.3.3 应用效益分析

示范监测试验结果表明，经过底泥疏浚，示范区河段底泥中有机质、总磷、全氮分别下降了99.98%、99.06%和18.68%，河道内湿地营造增强了河道生境多样性，植物生物量达到1255.8~1670.9g/m^2，提升了物种丰富度和多样性，营造了河水不同流速带。在该技术应用场景下，瀑河、府河和孝义河的应用效益结果如表2-7所示，其中瀑河、府河和孝义河人工湿地生物量可分别达到21.86t、17.08t和14.56t。

表2-7 技术应用效益分析

河流	河段长度/km	人工湿地面积/m^2	底泥有机质去除率/%	底泥总磷去除率/%	底泥全氮去除率/%	人工湿地生物量/t
瀑河	3.733	14 932	99.98	99.06	18.68	21.86
府河	2.916	11 664	99.98	99.06	18.68	17.08
孝义河	2.487	9 948	99.98	99.06	18.68	14.56

2.4 河流湿地石笼护岸–草灌护坡技术研究

2.4.1 技术原理与应用条件

（1）技术原理

利用石笼提升土体稳定性，草灌提升土壤抗侵蚀能力和入渗能力，从而提升河岸稳定性，减少入河径流和污染物，增加微生物躲避、附着生长的空间。

（2）应用条件

该技术是构建健康河流生态空间的支撑技术，应用于河道为土质岸坡、植被稀少且具有防洪需求的河流。

2.4.2　现状分析与应用情景

自 1980 年以来，河流河道内滩地等自然土地利用类型减少，人为因素影响下的土地利用类型呈现增加趋势。除白沟引河经过治理，河岸稳定性较好，其余河流河岸坡度较大，岸坡稳定性较差。沿岸河段部分为农田，且植被覆盖较少，土体稳定性差。利用高分二号遥感影像，提取各条入淀河流河岸带的植被覆盖率，影像信息如表 2-8 所示，最终得到河流岸线植被覆盖率。

表 2-8　遥感影像数据

时间（年/月/日）	卫星	传感器	分辨率/m	产品级别	产品序列号	云量
2017/3/2	GF2	PMS2	4	LEVEL1A	2214763	0
2017/3/2	GF2	PMS1	4	LEVEL1A	2214871	0
2017/3/2	GF2	PMS2	4	LEVEL1A	2214764	0

由表 2-9 可知，漕河、瀑河、府河、白沟引河的岸线植被覆盖状况均为高密度覆盖，岸线植被覆盖率赋分均达到了 75 分，其中岸线植被覆盖率最高的河流为漕河，主要的植被类型包括草地、乔木，乔木的主要类型为杨树。唐河、潴龙河的岸线植被覆盖率较低，分别为 41%、36%，主要是由于唐河、潴龙河常年断流且人类活动侵占现象严重，河道内部杂草丛生，河岸两侧的植被类型主要是林地，并且大部分河段的两岸河岸带被农田侵占，因此岸线植被覆盖率较低。岸线植被覆盖状况处于中密度覆盖的还有孝义河，两岸的植被覆盖类型主要是林地、草地，岸线的植被覆盖率仅有 44%。植被覆盖状况为高密度覆盖的河流有 4 条，并且这 4 条河流均为流动的河，岸线植被覆盖率最低的 2 条河均处于干涸断流的状态。综合岸坡稳定性和植被覆盖率，该技术可应用于唐河、潴龙河、孝义河、府河、漕河、瀑河、萍河等河流。

表 2-9　河流岸线植被覆盖率

河流	唐河	潴龙河	孝义河	漕河	瀑河	府河	白沟引河
岸线植被覆盖率/%	41	36	44	63	53	53	53
岸线植被覆盖率赋分	50	50	50	75	75	75	75
植被覆盖状况	中密度覆盖	中密度覆盖	中密度覆盖	高密度覆盖	高密度覆盖	高密度覆盖	高密度覆盖

2.4.3 应用效益分析

示范监测试验结果表明，草灌护坡技术增加了植被覆盖、生物量、根系数量和生物多样性，通过不同时期天然降雨后采样分析（表2-10），自然降雨产沙量平均减少了70.48%。

表 2-10　技术应用效益分析

河流	河段长度/km	草灌护坡面积/m²	产沙量减少率/%	全氮削减率/%	氨氮削减率/%	全磷削减率/%
萍河	10.294	41 176	70.48	6.58	7.48	12.8
瀑河	3.733	14 932	70.48	6.58	7.48	12.8
漕河	3.279	13 116	70.48	6.58	7.48	12.8
府河	2.916	11 664	70.48	6.58	7.48	12.8
唐河	17.109	68 436	70.48	6.58	7.48	12.8
孝义河	2.487	9 948	70.48	6.58	7.48	12.8
潴龙河	3.75	15 000	70.48	6.58	7.48	12.8

2.5　河流湿地水生群落结构重构技术研究

2.5.1　技术原理与应用条件

（1）技术原理

水生群落重构技术通过合理配置挺水植物、沉水植物、生态绳、滤食性动物、太阳能曝气泵，构建水生生物群落，利用生物与河水之间的生态过程，提升河流景观与水质净化功能。主要采用以下两种技术。

生态浮床技术：生态浮床是在浮于水面的床体上种植植物，利用植物吸收水体中的污染物同时利用附着在植物根系的微生物降解水中的污染物，从而进行有效的水体修复的技术，又被称为生物浮床、生物浮岛、人工浮岛等。浮床的主要功能可以归纳为4个方面：消波护岸、水质净化、创造生物生息空间、改善景观。

生态沉床技术：生态沉床是指以沉水植物群落的构建为核心，利用植物自身及其共生生物体系清除水体中污染物的系列技术。目前被广泛应用于河流湿地生态修复。

（2）应用条件

该技术受限于植被生长条件，适用于流动的河和蓝色的河，即适用于常年有水的河段。

2.5.2　现状分析与应用情景

雄安新区河流水质监测结果显示，雄安新区内河流除白沟引河外，孝义河、瀑河和府河的水体均遭受了不同程度的污染，与功能区目标要求还有一定差距。因此该技术主要应用于孝义河、瀑河和府河河段。

2.5.3　应用效益分析

示范监测试验结果表明，水生群落构建技术能够使水体透明度增加 10cm 左右，显著降低了河水中总氮、总磷和叶绿素 a 的含量，水生生物量增加，水生动植物物种多样性得以提升。

2.6　河流湿地生态健康评价

2.6.1　河流湿地健康评价体系

根据《河湖健康评价指南》，选取多个指标对河流湿地结构健康进行综合评价，同时也对其中的指标进行单项评价。结合实测考察资料、历史径流资料建立健康评价体系。

准则层包括河道结构、水量、社会服务功能，其中河道结构包括河岸稳定性、岸线植被覆盖率、河岸带宽度 3 个指标；社会服务功能用防洪达标情况来表示。其中河岸稳定性用来描述河岸带的稳定程度，主要考虑岸坡倾角、河岸基质、堤防及护坡的完整性、坡脚冲刷强度、岸坡植被覆盖度；水量用河道断流率来表示；防洪达标情况用来描述河道的行洪能力。河流湿地健康评价体系如图 2-3 所示。

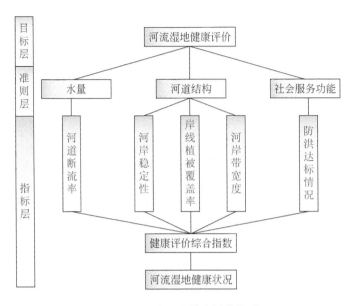

图 2-3 河流湿地健康评价体系

（1）指标评价方法与赋分标准

1）河岸稳定性

河岸稳定性采用如下公式计算：

$$BS_r = (SA_r + SC_r + SH_r + SM_r + ST_r)/5 \tag{2-9}$$

式中，BS_r 为河岸稳定性赋分；SA_r 为岸坡倾角分值；SC_r 为岸坡植被覆盖率分值；SH_r 为堤防及护坡的完整性分值；SM_r 为河岸基质分值；ST_r 为坡脚冲刷强度分值。各指标赋分标准见表 2-11。

表 2-11 河岸稳定性指标赋分标准表

河岸特征	稳定	基本稳定	次不稳定	不稳定
分值	100	75	25	0
岸坡倾角 /（°）（≤）	15	30	45	60
岸坡植被覆盖率/% （≥）	75	50	25	0
堤防及护坡的完整性	结构完整且稳定性强	结构基本完整且较为稳定	结构不完整且稳定性较差	没有堤防、护坡
基质（类别）	基岩	岩土	黏土	非黏土

河岸特征	稳定	基本稳定	次不稳定	不稳定
河岸冲刷状况	无冲刷迹象	轻度冲刷	中度冲刷	重度冲刷
总体特征描述	近期内河岸不会发生变形破坏，无水土流失现象	河岸结构有松动发育迹象，有水土流失迹象，但近期不会发生变形和破坏	河岸松动裂痕发育趋势明显，一定条件下可导致河岸变形和破坏，中度水土流失	河岸水土流失严重，随时可能发生大的变形和破坏，或已发生破坏

2) 岸线植被覆盖率

岸线植被覆盖率计算公式为

$$PC_r = \sum_{i=1}^{n} \frac{L_{vci}}{L} \frac{A_{ci}}{A_{ai}} \times 100 \qquad (2\text{-}10)$$

式中，PC_r 为岸线植被覆盖率赋分；A_{ci} 为岸段 i 的植被覆盖面积（km^2）；A_{ai} 为岸段 i 的岸带面积（km^2）；L_{vci} 为岸段 i 的长度（km）；L 为评价岸段的总长度（km）。

赋分标准见表 2-12。

表 2-12 岸线植被覆盖率赋分标准

岸线植被覆盖率/%	说明	赋分
0 ~ 5	几乎无植被	0
5 ~ 25	植被稀疏	25
25 ~ 50	中密度覆盖	50
50 ~ 75	高密度覆盖	75
>75	极高密度覆盖	100

岸线自然状况指标分值按式（2-11）计算：

$$BH = BS_r \times BS_w + PC_r \times PC_w \qquad (2\text{-}11)$$

式中，BH 为岸线自然状况赋分；BS_r 为河岸稳定性赋分；PC_r 为岸线植被覆盖率赋分；BS_w 为河岸稳定性权重；PC_w 为岸线植被覆盖率权重。

岸线自然状况指标权重如表 2-13 所示。

表 2-13 岸线自然状况指标权重

指标	符号	权重
河岸稳定性	BS_w	0.6
岸线植被覆盖率	PC_w	0.4

3) 河岸带宽度

河岸带是水域和陆域之间的过渡区域，同时也是河流湿地系统的保护屏障。一般来说，河槽宽度为临水边界线范围内的河槽宽度，河岸带宽度则为临水边界线以外、两岸道路以内的部分。适宜的左右岸河岸带宽度一般均大于河槽宽度的0.4倍，但是对于不同区域、不同类型的河流，河岸带有不同的适宜宽度，因此用河岸带宽度指数来反映。河岸带宽度指数的计算公式为

$$AW = L_w/L \tag{2-12}$$

式中，AW为河岸带宽度指数；L_w为满足河岸带宽度要求的河岸总长度；L为河岸总长度。

不同河岸带宽度指数的赋分标准如表2-14所示。

表2-14　河岸带宽度指数赋分标准

河岸带宽度指数		说明	赋分
平原、丘陵河流	山区河流		
>0.8	>0.8	河岸带宽度优良	(80，100]
0.7~0.8	0.6~0.8	河岸带宽度适中	(60，80]
0.6~0.7	0.45~0.6	河岸带宽度不足	(40，60]
0.5~0.6	0.3~0.45	河岸带宽度严重不足	(20，40]
<0.5	<0.3	河岸带宽度极度不足	(0，20]

4) 河道断流率

河道断流率的计算公式如下，不同情况的赋分标准如表2-15所示。

$$L_v = S_w/L \tag{2-13}$$

式中，L_v为河道断流率；S_w为河流断流的长度；L为河流总长度。

表2-15　河道断流率赋分标准

河道断流率	>0.75	0.5~0.75	0.25~0.5	0~0.25	0
河道断流率赋分	0	25	50	75	100
水量状况	河道没水，处于断流状态	水量严重不足	水量不充沛	水量充分	水量充沛

5) 防洪达标情况

采用河流是否达到防洪标准及防洪标准的等级评价河流防洪达标情况，具体赋分标准如表2-16所示。

表2-16　防洪达标情况赋分标准

防洪达标情况	达标且防洪标准为百年一遇及更高标准	达标且防洪标准为五十年一遇	达标且防洪标准为二十年一遇	达标且防洪标准为十年一遇	没有达到防洪标准
指标赋分	100	75	50	25	0

（2）河流湿地结构健康评价赋分权重

根据赋分标准对各指标进行赋分时，采用线性插值法；此评价体系采用分级指标评分法，逐级加权，最后再综合计算评分，赋分权重如表 2-17 所示。

表2-17　各准则层权重

目标层	准则层	权重
河流湿地结构健康	河道结构	0.25
	水量	0.375
	社会服务功能	0.375

（3）河流湿地结构健康评价赋分计算方法

对河流湿地结构健康进行综合评价时，需要按目标层、准则层、指标层逐层加权的方法，得到最终的评价结果。计算公式为

$$\mathrm{RHI}_i = \sum^m \left[\mathrm{YMB}_{mw} \times \sum^n (\mathrm{ZB}_{nw} \times \mathrm{ZB}_{nr}) \right] \tag{2-14}$$

式中，RHI_i 为河段 i 结构健康评价综合赋分；ZB_{nw} 为指标层第 n 个指标的权重；ZB_{nr} 为指标层第 n 个指标的赋分；YMB_{mw} 为准则层第 m 个准则的权重。

当河流采用河段长度为权重时，则按式（2-15）进行河流湿地结构健康评价综合赋分计算：

$$\mathrm{RHI} = \frac{\sum_{i=1}^{R_s} \mathrm{RHI}_i \times W_i}{\sum_{i=1}^{R_s} W_i} \tag{2-15}$$

式中，RHI 为河流湿地结构健康综合赋分；RHI_i 为第 i 个评价河段结构健康综合赋分；W_i 为第 i 个评价河段的长度；R_s 为评价河段数量。

（4）评价分类标准

河流湿地结构健康分为 5 类：一类河流（非常健康）、二类河流（健康）、三类河流（亚健康）、四类河流（不健康）、五类河流（劣态）。评价分类标准如表 2-18 所示。

表 2-18　河流健康状况分类标准

分类	一类河流	二类河流	三类河流	四类河流	五类河流
赋分范围	90~100	75~90	50~75	25~50	0~25
健康状态	非常健康	健康	亚健康	不健康	劣态

a. 一类河流，说明河流在形态结构完整性、水生态完整性、社会服务功能可持续性等方面保持非常健康的状态。

b. 二类河流，说明河流在形态结构完整性、水生态完整性、社会服务功能可持续性等方面保持健康状态，但在某些方面还存在一定缺陷，建议加强日常管理维护，持续对河流湿地结构健康进行提升。

c. 三类河流，说明河流在形态结构完整性、水生态完整性、社会服务功能可持续性等方面存在缺陷，处于或部分处于亚健康状态，应该对河流湿地结构进行维护和监管，并对部分河段进行修复治理，消除影响健康的隐患。

d. 四类河流，说明河流在形态结构完整性、水生态完整性、社会服务功能可持续性等方面存在明显缺陷，处于不健康状态，应当对河流湿地进行整体的治理修复，对河流湿地的生态功能进行改善。

e. 五类河流，说明河流在形态结构完整性、水生态完整性、社会服务功能可持续性等方面存在非常严重的问题，处于劣性状态，河流的结构遭到破坏、功能完全丧失，必须采取根本性的措施，重塑河流的形态和生境。

2.6.2　河流湿地现状健康评价

（1）岸线自然状况

基于上述评价体系，结合历史数据及实测数据，分别从河道结构、水量状况、社会服务功能3个方面对入淀河流湿地结构健康状况进行评价分析，并且最后进行了综合的评价分析。考虑到近年来萍河常年断流、河道破坏严重，河流湿地结构难以分辨，并且萍河作为雄安新区未来的环城水系，大部分河段在进行施工，因此健康评价不包括萍河。

1）河岸稳定性

结合实测资料计算入淀河流各断面的河岸稳定性，其中岸坡倾角按照赋分最低的一侧河岸进行计算。计算结果如表 2-19 所示。

表 2-19 河道断面河岸稳定性赋分

河流	断面	岸坡倾角分值	岸坡植被覆盖率分值	堤防及护坡的完整性分值	河岸基质分值	坡脚冲刷强度分值	河岸稳定性分值
唐河	1	75	25	0	25	100	45
	2	100	75	0	25	100	60
	3	75	75	0	25	100	55
	4	75	75	0	25	100	55
	5	25	75	0	25	100	45
潴龙河	1	25	75	0	25	100	45
	2	75	75	0	25	100	55
	3	75	75	0	25	100	55
	4	75	75	0	25	100	55
	5	25	25	0	25	100	35
孝义河	1	100	25	25	75	75	60
	2	75	75	25	75	75	65
	3	75	25	25	75	75	55
	4	0	25	25	75	75	40
	5	100	25	25	75	75	60
漕河	1	25	100	0	75	100	60
	2	75	75	0	75	100	65
	3	0	75	0	75	100	50
	4	75	75	0	75	100	65
	5	0	75	0	75	100	50
瀑河	1	0	25	0	75	100	40
	2	25	25	0	75	100	45
	3	25	25	0	75	100	45
	4	75	25	0	75	75	50
府河	1	75	25	0	75	100	55
	2	75	75	0	75	100	65
	3	75	75	0	75	100	65
	4	0	75	0	75	100	50
	5	25	25	0	75	75	40
白沟引河	1	75	25	25	100	50	55
	2	100	75	75	100	75	85
	3	100	25	75	100	75	75

由表 2-19 可知，在 32 个典型断面中，河岸岸坡倾角处于稳定及基本稳定状态的断面占比为 63%，处于次不稳定状态的断面占比 22%，处于不稳定状态的断面有 5 个，其中，漕河有 2 个断面处于不稳定状态，孝义河、瀑河、府河分别有 1 个断面岸坡倾角大于 60°，处于不稳定状态。

入淀河流湿地的岸坡植被覆盖率总体处于中等水平，其中漕河河流湿地的植被覆盖率水平最高，各典型断面的植被覆盖率均在 50% 以上，赋分均在 75 分以上，其中漕河河道与白洋淀边界交界处断面的植被覆盖率为 75%，河道两岸的植被类型主要为林地、草地。唐河、潴龙河两岸河岸带的植被覆盖率比漕河略低，但同样处于较高植被覆盖率水平，两条河流与淀区交界处断面的植被覆盖率较低，与雄安新区交界处断面的植被覆盖率偏高，分别为 66%、68%，主要的植被类型同样是林地、草地，其中林地多分布在河道两岸及淀区边界处的断面，同时由于河流长期处于干涸断流状态，草地在河道内部大量分布。瀑河河道断面的植被覆盖率最低，均处于较低覆盖率水平，赋分为 25 分，主要是由于瀑河左侧河岸较陡，植被覆盖类型多为乔木，右侧大部分河段的河岸较窄，被农田侵占的现象较为严重。

入淀河流的堤防及护坡的完整性比较差，仅白沟引河、孝义河拥有堤防、护坡等防洪措施。其中，白沟引河为人工开挖的河流，并且是作为北支河流汇入白洋淀的唯一渠道，拥有完整的堤防及护坡结构，但是由于泥沙淤积及河流冲刷，河道结构遭到破坏，稳定性不足。孝义河左岸为白洋淀千里堤工程，但是由于年久失修，同样处于不稳定的状态。其他河流均没有较为完整的堤防、护坡结构。

白沟引河河岸基质大部分为砌石，岸坡较为稳定，孝义河、漕河、瀑河、府河河岸基质多为岩土，处于基本稳定状态，唐河、潴龙河常年处于断流状态且受人为影响比较严重，基质为黏土。

近年来由于上游来水量大幅度减小且降水不足，河流流量处于较低水平，河道受冲刷程度较轻，无明显冲刷迹象，仅白沟引河由于泥沙长期淤积，部分河岸存在坍塌、渗漏等不良问题。

根据典型断面代表的河段长度对河岸稳定性进行加权，计算得到河流河岸稳定性分值，如表 2-20 所示。

表 2-20　河流河岸稳定性

河流	唐河	潴龙河	孝义河	漕河	瀑河	府河	白沟引河
河岸稳定性分值	57	49	60	59	49	55	84
河岸状态	次不稳定	次不稳定	次不稳定	次不稳定	次不稳定	次不稳定	基本稳定

由表 2-20 可知，河岸结构状态最好的仅为基本稳定状态，其他河流的河岸

均处于次不稳定状态。河岸稳定性最好的是白沟引河，其次是孝义河，河岸稳定性最差的是潴龙河和瀑河。

白沟引河河岸仅处于基本稳定状态的原因主要是河岸的植被覆盖率偏低，岸坡的堤防及护坡结构状态不够稳定，同时河道遭到不同程度的侵蚀冲刷，存在一定的风险。由于白沟引河拥有人工修建的砌石护坡，因此岸坡的植被覆盖较少，仅在部分河段存在植被覆盖，可适当在岸坡栽种植物，提高植被覆盖率。

孝义河、漕河河岸稳定性的分值分别为60、59，影响孝义河河岸稳定性的主要因素是一半左右的河段植被覆盖率偏低，且河岸的堤防及护坡稳定性较差。孝义河断面2类型的河段岸坡植被覆盖率为53%，其他河段的岸坡植被覆盖率均仅为40%左右，同时在孝义河断面4类型的河段岸坡倾角较大，存在一定的风险，急需对岸坡结构进行稳固和改善。漕河的主要问题是大部分河段的岸坡倾角均处于次不稳定及其以下的状态，且整条河流均没有较为完整的堤防及护坡，导致漕河的河岸稳定性处于次不稳定状态。其中漕河断面3、断面5类型的河段右侧河岸的岸坡倾角过大，存在较大的安全隐患，因此需要对不稳定的岸坡进行修复。

府河河岸稳定性分值为55分，府河岸坡植被覆盖率较高、岸坡坡度较为平缓，且岸坡基质处于比较稳定的状态，坡脚无明显冲刷迹象，但是由于府河两岸没有堤防及护坡，当洪水来临时河岸存在较大的风险，无法保证河道两岸的安全，因此府河河岸处于次不稳定状态。并且在靠近淀区的河段岸坡倾角较大，处于次不稳定甚至不稳定状态，对该区域的岸坡进行改造修复，能够极大地提升府河岸坡的稳定性。

唐河、潴龙河的河岸状态比较接近，植被覆盖率和坡脚的冲刷强度分值均处于较高的水平，并且影响唐河、潴龙河河岸稳定性的因素比较相近，主要为岸坡倾角和河岸基质。由于河道长期受人类活动的影响，河岸基质多为黏土，因此稳定性不高，并且河流两岸均没有完整并且稳定的堤防、护坡，导致河岸处于次不稳定状态，相比于唐河，潴龙河的稳定性更低，主要是由于大部分河段岸坡倾角过大。所以对唐河、潴龙河河岸的修复应包括河岸基质的改善及针对岸坡倾角的修复治理。

瀑河的河岸稳定性差，虽然河岸基质和河岸坡脚冲刷强度分值均处于较好的水平，但是瀑河的稳定性不高。影响瀑河河岸稳定性的因素主要为岸坡倾角、岸坡植被覆盖率和河道两岸的堤防及护坡的完整性，其中大部分河段的岸坡倾角偏大，河道两岸的岸坡植被覆盖率均处于较低水平，因此河岸处于次不稳定状态，同时由于河道两岸没有完整的堤防、护坡结构，抵御洪水及其他风险的能力较差，需要对河岸进行改善治理。

2）岸线植被覆盖率

利用高分二号遥感影像，提取各条入淀河流河岸带的植被覆盖率，影像信息如表 2-21 所示。

表 2-21 遥感影像数据

时间（年/月/日）	卫星	传感器	分辨率/m	产品级别	产品序列号	云量
2017/3/2	GF2	PMS2	4	LEVEL1A	2214763	0
2017/3/2	GF2	PMS1	4	LEVEL1A	2214871	0
2017/3/2	GF2	PMS2	4	LEVEL1A	2214764	0

首先对高分二号遥感影像进行 NDVI 提取，先对影像进行预处理，具体流程如图 2-4 所示。

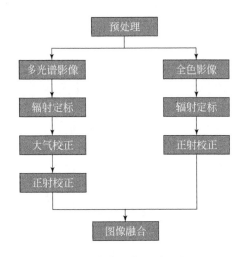

图 2-4 高分影像预处理流程

对多光谱和全色影像进行图像融合之后，还需要结合高分辨率影像对融合后的影像进行几何精校正。接下来根据各入淀河流的矢量范围对几何精校正后的影像进行裁剪，得到各入淀河流的影像，然后通过计算得到各条河流河岸带的 NDVI 值，最后采用公式计算得到各条河流的植被覆盖率。

$$f=(\text{NDVI}-\text{NDVI}_{\text{MIN}})/(\text{NDVI}_{\text{MAX}}-\text{NDVI}_{\text{MIN}}) \qquad (2\text{-}16)$$

式中，f 为植被覆盖率；NDVI 为归一化植被指数；NDVI_{MIN} 和 NDVI_{MAX} 为代表研究区域的最差植被覆盖和最好植被覆盖的植被指数，即裸地和茂盛植被覆盖区域的 NDVI 值。再结合完整的遥感图像处理平台 ENVI 中统计得出的 NDVI 最大、最小值，代入公式计算河流的植被覆盖率。

图 2-5 和图 2-6 分别为孝义河河岸带 NDVI、孝义河河岸带植被覆盖率所对应的影像及处理过程。

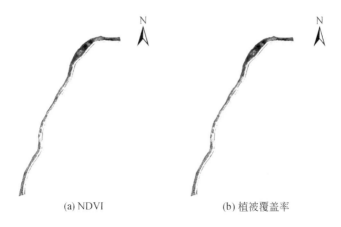

(a) NDVI　　　　　　　　(b) 植被覆盖率

图 2-5　河岸带 NDVI 及植被覆盖率对应影像

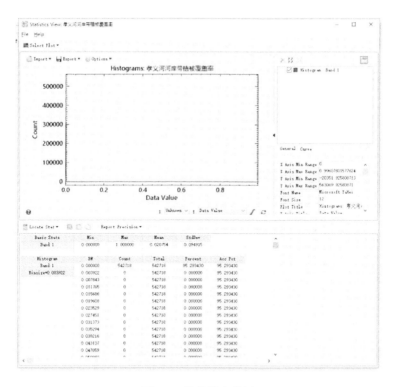

图 2-6　影像处理截图

最后根据遥感影像统计河岸带植被覆盖率的值，得到各条河流的岸线植被覆盖率。计算结果如表 2-22 所示。

表 2-22 河流岸线植被覆盖率

河流	唐河	潴龙河	孝义河	漕河	瀑河	府河	白沟引河
岸线植被覆盖率/%	41	36	44	63	53	53	53
岸线植被覆盖率赋分	50	50	50	75	75	75	75
植被覆盖状况	中密度覆盖	中密度覆盖	中密度覆盖	高密度覆盖	高密度覆盖	高密度覆盖	高密度覆盖

由表 2-22 可知,漕河、瀑河、府河、白沟引河的岸线植被覆盖状况均为高密度覆盖,岸线植被覆盖率赋分均达到了 75 分,其中岸线植被覆盖率最高的河流为漕河,主要的植被类型包括草地、乔木,乔木的主要类型为杨树。唐河、潴龙河的岸线植被覆盖率较低,分别为 41%、36%,主要是由于唐河、潴龙河常年断流且人类活动侵占现象严重,河道内部杂草丛生,河岸两侧的植被类型主要是林地,并且大部分河段的两岸河岸带被农田侵占,因此岸线植被覆盖率较低。岸线植被覆盖状况处于中密度覆盖的还有孝义河,两岸的植被覆盖类型主要是林地、草地,岸线的植被覆盖率仅有 44%。植被覆盖状况为高密度覆盖的河流有 4 条,并且这 4 条河流均为流动的河,岸线植被覆盖率最低的 2 条河均处于干涸断流的状态,因此可以得出:河流是否处于流动状态是影响河道岸线植被覆盖率的一个重要条件。

3) 岸线自然状况

计算入淀河流湿地结构的岸线自然状况,河岸稳定性和岸线植被覆盖率所占的权重分别为 0.6、0.4。计算结果如表 2-23 所示。

表 2-23 河流河岸自然状况

河流	唐河	潴龙河	孝义河	漕河	瀑河	府河	白沟引河
河岸稳定性赋分	57	49	60	59	49	55	84
岸线植被覆盖率赋分	50	50	50	75	75	75	75
河岸自然状况赋分	54	49	56	65	59	63	80

经计算可知,河岸自然状况最好的河流是白沟引河,并且河岸稳定性赋分、岸线植被覆盖率赋分均高,说明白沟引河河岸结构稳定,不易发生变形破坏,同时两岸植被覆盖率高,需要加强对河流的监督和保护,适当地增强河岸的稳定性;漕河的河岸自然状况同样处于较高水平,仅次于白沟引河,赋分为 65,漕河河岸结构较为稳定,河道两岸的植被覆盖率较高,但相较于白沟引河略显不足,建议对河岸结构进行稳固,提高两岸的河岸稳定性,达到提升河岸自然状况

的效果；潴龙河的河岸自然状况最差，赋分只有 49，不仅是由于潴龙河河道两岸的河岸稳定性差，而且岸线植被覆盖率同样处于最低的状态，主要原因是潴龙河常年处于干涸断流状态，并且超采地下水导致地面沉降，最重要的是人类活动不断地对河道进行侵占，因此潴龙河河岸自然状况的改善需要进行多方面的努力；府河、瀑河、孝义河的河岸自然状况赋分分别为 63、59、56，影响这 3 条河流河岸自然状况的主要因素是河道两岸的植被覆盖率偏低，且河岸稳定性相对不高，需要对河岸进行修复治理，提高河岸的稳定性，同时要在两岸种植植物，尽可能地提高植被覆盖率，从整体上提升河流的河岸自然状况。

（2）河岸带宽度

由于本研究的入淀河流河段均处于平原区，所以采用平原区河流的指数计算，计算结果如表 2-24 所示。

表 2-24 河流河岸带宽度指数

河流	唐河	潴龙河	孝义河	漕河	瀑河	府河	白沟引河
左岸河岸带宽度指数	0.53	0	1	0.38	0	0	0
右岸河岸带宽度指数	0.91	0.17	0.16	0.15	0	0.67	0
河岸带宽度指数	0.53	0	0.16	0	0	0	0
河岸带宽度指数赋分	26	0	6	0	0	0	0
河岸带宽度状况	严重不足	极度不足	极度不足	极度不足	极度不足	极度不足	极度不足

由表 2-24 可知，入淀河流的河岸带宽度均处于不足状态，其中唐河的河岸带宽度状况为严重不足，其他河流的河岸带宽度状况均为极度不足，更严重的是潴龙河、漕河、瀑河、府河、白沟引河的河岸带宽度指数均为 0，河岸带的宽度均没有达到标准，小于河槽宽度的 0.4 倍，河岸带宽度指数赋分不为 0 的仅有唐河和孝义河。

唐河左岸河岸带宽度达到标准的长度占比为 53%，右岸大部分河段的河岸带宽度均达到标准，达到标准的长度占比为 91%，受限于部分左岸河岸带宽度没有达到标准，因此唐河的河岸带宽度指数赋分较低，为 26 分，河岸带宽度严重不足。孝义河的情况与唐河相反，孝义河左岸河岸带宽度指数为 1，表明左岸河岸带宽度均大于河槽宽度的 0.4 倍，但是右岸河岸带宽度只有部分河段达到标准，右岸河岸带宽度小于河槽宽度的 0.4 倍的河段占孝义河长度的84%，因此孝义河河岸带宽度指数赋分为 6 分，河岸带宽度处于极度不足的状态。

潴龙河、漕河、府河的河岸带宽度状况比较相近，河岸带宽度指数赋分均为 0，河岸带宽度均处于极度不足状态。潴龙河、府河的左岸河岸带宽度均不达标，仅有部分右岸河段河岸带宽度大于其河槽宽度的 0.4 倍，达标河段长度占河流总长度的比例分别为 17%、67%；漕河左岸河岸带整体宽度大于右岸河岸带整体宽度，左岸、右岸河岸带宽度指数分别为 0.38、0.15，但是由于达到标准的河段没有重叠区域，因此漕河的河岸带宽度指数仍为 0，漕河的河岸带状态处于极度不足的状态。

瀑河、白沟引河两岸的河岸带宽度均没有达到标准，河岸带宽度状况均为极度不足，其中瀑河左岸河岸带宽度不足，右岸河岸带多为农田，受人类活动影响较大，因此导致河岸带宽度不足；白沟引河为人工开凿河流，主要作为引水灌溉渠，因此河槽宽度较宽，占据河道的绝大部分。

（3）河道断流率

结合河道断流的河段长度及河流总长度数据，计算得到河道断流率，结果如表 2-25 所示。

表 2-25　河道断流率

河流	唐河	潴龙河	孝义河	漕河	瀑河	府河	白沟引河
河道断流长度/m	17 109	3 750	0	0	0	0	0
河道断流率/%	100	100	0	0	0	0	0
河道断流率赋分	0	0	100	100	100	100	100

由表 2-25 可知，白沟引河、瀑河、漕河、府河、孝义河的水量比较充分，整条河道均没有发生断流；其中，白沟引河的来水主要为上游水库，府河的来水主要是保定市污水处理厂尾水，瀑河是南水北调中线工程对白洋淀进行生态补水的重要途径，漕河的来水主要为上游龙门水库；唐河、潴龙河常年干涸断流，基本上全部河段都处于断流状态，因此河流水量属于极度匮乏状态。

（4）防洪达标情况

结合《保定市防洪规划》得到各入淀河流防洪达标情况，具体如表 2-26 所示。

表 2-26　河流防洪达标情况

河流	唐河	潴龙河	孝义河	漕河	瀑河	府河	白沟引河
防洪标准	20 年一遇	20 年一遇	10 年一遇	20 年一遇	20 年一遇	20 年一遇	20 年一遇
防洪达标情况赋分	50	50	25	50	50	50	50

　　唐河、潴龙河、漕河、瀑河、府河、白沟引河的防洪标准均为 20 年一遇，孝义河作为排沥河道，防洪标准为 10 年一遇。白沟引河的防洪设计流量为 500m³/s，唐河的防洪设计流量为 3500m³/s，潴龙河的防洪设计流量为 1000m³/s，瀑河防洪设计流量为 350m³/s，漕河防洪设计流量为 1180m³/s，萍河的防洪设计流量为 174m³/s，孝义河的防洪设计流量为 214.5m³/s，府河防洪设计流量为 480m³/s。

　　（5）河流湿地结构健康综合评价分析

　　根据岸线自然状况和河岸带宽度、水量状况、防洪达标情况的权重，计算河流湿地结构健康状况，计算结果如表 2-27 所示。

表 2-27　河流湿地结构健康评价综合赋分

河流	河岸稳定性赋分	岸线植被覆盖率赋分	河岸带宽度指数赋分	河道断流率赋分	河流防洪达标情况赋分	综合赋分	河流结构健康状态
唐河	57	50	26	0	50	29	不健康
潴龙河	49	50	0	0	50	25	劣态
孝义河	60	50	6	100	25	55	亚健康
漕河	59	75	0	100	50	64	亚健康
瀑河	49	75	0	100	50	64	亚健康
府河	55	75	0	100	50	64	亚健康
白沟引河	84	75	0	100	50	66	亚健康

　　由表 2-27 可知，入淀河流湿地结构健康赋分最高的是白沟引河，处于亚健康状况，被评定为三类河流，白沟引河的河岸稳定性、岸线植被覆盖率、河道断流率赋分均处于较高的水平，在单项指标中赋分均为最高，但是白沟引河的河岸带宽度指数及河流的防洪标准不高，应该对白沟引河湿地结构进行优化，提高河流两岸河岸带的宽度占比，并对河道进行适当清淤，堤防受损河段进行复堤加固。

　　府河的河流湿地结构健康状态同样为亚健康状态，被评定为三类河流。府河河岸稳定性、河岸带宽度指数、河流防洪标准均处于较低的水平，应当对府河进行河道清淤、清障、稳固河岸等，同时加强日常维护和监管力度，及时对缺陷部分进行治理修复，消除影响健康的隐患。

　　漕河、孝义河、瀑河的健康评价综合赋分分别为 64、55、64，均被评为三类河流，处于亚健康状态。其中漕河、瀑河的情况比较类似，存在的问题主要是河岸稳定性及河岸带宽度不足，应当进行河岸带修复治理工程，及时对存在缺陷的河段进行整治，消除影响健康的隐患，使河流湿地结构恢复为健康的状态。与此同时，河流的防洪标准也有待提高。影响孝义河湿地结构健康状态的因素主要是河岸稳定性、岸线植被覆盖率及河岸带宽度指数，这3项指标的赋分均处于较低的水平，应当采取综合措施对河流进行治理修复，由于孝义河作为排沥河道，河流的防洪标准不高，并且由于孝义河左侧河岸较宽，右侧河岸宽度比较窄，不能充分发挥河岸带的生态功能，因此主要治理措施应为合理优化河流的湿地结构，提升河流行洪能力的同时提高河流的生态功能。

潴龙河的健康综合评价赋分为25分，健康状况为劣态。潴龙河的河岸稳定性、岸线植被覆盖率及河岸带宽度指数均处于偏低的水平，并且河道常年干涸断流，两侧河岸被人类活动侵占的现象比较严重，同时河流的防洪标准水平不高，因此潴龙河被评为五类河流，河流湿地结构存在较大的风险，河流功能基本丧失，必须采取根本性措施，重新塑造河流湿地结构。唐河的结构健康状况略好于潴龙河，河岸带宽度指数在各入淀河流中赋分最高，为26分，但仍为偏低的水平，因此唐河在形态结构完整性、水量状况方面存在严重的问题，应及时对唐河进行充分的水量供应，并对河岸带进行修复整治，使河流湿地结构恢复为健康的状态。

从整体上来看，入淀河流湿地结构均存在一定的安全隐患，较为严重的共性问题是入淀河流两岸的河岸带宽度不足，主要原因是河道被人类活动侵占，并且岸线植被覆盖率偏低也是影响河流湿地结构健康的重要因素。因此，加强对河道的保护和监管力度，同时对河道进行修复治理、增强河岸稳定性并合理增加调水量、保障河流的生态流量是提高河流湿地结构健康状态、提升河流湿地功能的重要措施。

2.6.3 优化后河流湿地健康评价

（1）岸线自然状况

1）河岸稳定性

通过对河流湿地进行优化，河岸的稳定性得到较大的提升，主要表现在岸坡植被覆盖率、堤防及护坡的完整性等指标的优化。计算得到优化后各条河流的河岸稳定性，如表2-28所示。

表 2-28　河道断面河岸稳定性赋分

河流	断面	岸坡倾角分值	岸坡植被覆盖率分值	堤防及护坡的完整性分值	河岸基质分值	坡脚冲刷强度分值	河岸稳定性分值
唐河	1	75	50	25	25	100	50
	2	100	75	25	25	100	65
	3	75	75	25	25	100	60
	4	75	75	25	25	100	60
	5	25	75	25	25	100	50
潴龙河	1	25	75	25	25	100	50
	2	75	75	25	25	100	60
	3	75	75	25	25	100	60
	4	75	75	25	25	100	60
	5	25	50	25	25	100	40
孝义河	1	100	75	75	75	75	80
	2	75	75	75	75	75	75
	3	75	25	75	75	75	65
	4	0	25	75	75	75	50
	5	100	25	75	75	75	70
漕河	1	25	100	25	75	100	65
	2	75	100	25	75	100	75
	3	0	75	25	75	100	55
	4	75	100	25	75	100	75
	5	0	100	25	75	100	60
瀑河	1	0	75	25	75	100	55
	2	25	75	25	75	100	60
	3	25	100	25	75	100	65
	4	75	100	25	75	75	70
府河	1	75	75	25	75	100	70
	2	75	100	25	75	100	75
	3	75	100	25	75	100	75
	4	0	100	25	75	100	60
	5	25	100	25	75	75	60
白沟引河	1	75	50	75	100	50	65
	2	100	75	100	100	75	90
	3	100	50	100	100	75	80

由表 2-28 可知，岸坡倾角赋分均没有较大的改变，白沟引河的岸坡倾角赋分较高，稳定性均在基本稳定及以上状态；其次是孝义河、唐河，两侧河岸的稳定性均基本处于稳定的状态，但孝义河的少部分河段岸坡倾角过大，存在一定的安全隐患；岸坡倾角赋分最差的是瀑河、漕河，大部分河段岸坡倾角赋分小于等于 25 分，处于不稳定的状态，其中瀑河河道断面的情况最差，左侧河岸较窄且坡度较大，右侧河岸被侵占的现象严重。

各条入淀河流两岸的植被覆盖率处于较高的水平，漕河、府河的岸坡植被覆盖率较高，河段的岸坡植被覆盖率均在 50% 以上，且大部分河段的岸坡植被覆盖率达到 75% 以上，主要的植被覆盖类型为草地、林地、灌木等；岸坡植被覆盖率赋分较低的是白沟引河和孝义河，大部分河段的岸坡植被覆盖率均小于 50%，植被覆盖类型以林地为主。

经过对河流湿地结构的优化，各条河流的堤防及护坡的完整性得到较大的变化，但大部分河流的堤防、护坡的稳定性和完整性依然不足，仅白沟引河河道两岸的堤防及护坡处于比较稳定的状态，因此仍需对河道两岸的堤防、护坡进行修复及稳固。河流岸坡的基质及坡脚冲刷强度在此次优化过程中均没有明显的改善，需要加强对河流岸坡的修复治理，保证河岸处于稳定的状态。

通过对各河段指标进行加权计算，得到各条入淀河流整体的河岸稳定性分值及稳定状况，如表 2-29 所示。

表 2-29 河流河岸稳定性赋分

河流	河岸稳定性分值	河岸稳定性状态	总体特征
唐河	62	次不稳定	河岸松动裂痕发育趋势明显，一定条件下会导致河岸发生变形和破坏，并且具有中度水土流失现象
潴龙河	54	次不稳定	
孝义河	73	次不稳定	
漕河	67	次不稳定	
瀑河	68	次不稳定	
府河	69	次不稳定	
白沟引河	89	基本稳定	河岸结构有松动发育迹象，并且在一定条件下有水土流失迹象，但河岸近期不会发生变形和破坏

由表 2-29 可知，白沟引河的河岸稳定性状态最好，处于基本稳定状态，河岸稳定性赋分为 89 分，在各项评价指标中，白沟引河的赋分均处于较高的水平，但是岸坡的植被覆盖率相对较低，在一定条件下可能会发生水土流失现象，因此需要提高河道两岸的植被覆盖率，这能够在一定程度上提高河岸的稳定性。

除了白沟引河，其他几条河流均为次不稳定状态，其中稳定程度较高的是孝义河，赋分为 73 分，影响孝义河河岸稳定性的主要原因是部分河段的岸坡倾角过大，并且河岸的植被覆盖率偏低，从而导致部分河岸存在变形破坏风险及存在水土流失现象。其中河岸稳定性赋分最低的是潴龙河，赋分只有 54 分，影响潴龙河河岸稳定性的因素除了岸坡倾角、堤防及护坡的完整性以外，潴龙河的河岸基质赋分也较低，并且由于地面沉降、河道断流及被人类活动侵占，潴龙河的河岸稳定性接近不稳定状态，河岸极易发生水土流失及变形破坏。

2）岸线植被覆盖率

计算河道优化后的岸线植被覆盖率，结果如表 2-30 所示。

表 2-30　河流岸线植被覆盖率赋分

河流	唐河	潴龙河	孝义河	漕河	瀑河	府河	白沟引河
岸线植被覆盖率/%	53	58	55	78	80	69	56
岸线植被覆盖率赋分	75	75	75	100	100	75	75
植被覆盖状况	高密度覆盖	高密度覆盖	高密度覆盖	极高密度覆盖	极高密度覆盖	高密度覆盖	高密度覆盖

由表 2-30 可知，入淀河流的岸线植被覆盖率均处于高密度覆盖及以上状态，岸线植被覆盖率均在 50% 以上，其中瀑河、漕河的岸线植被覆盖率均在 75% 以上，均为极高密度覆盖。岸线植被类型主要为草地、林地、灌木，其中林地的主要类型为杨树。

根据河岸稳定性和岸线植被覆盖率的权重，结合河道优化后的河岸稳定性及岸线植被覆盖率计算得到各条入淀河流的岸线自然状况赋分，如表 2-31 所示。

表 2-31　河流岸线自然状况赋分

河流	唐河	潴龙河	孝义河	漕河	瀑河	府河	白沟引河
河岸稳定性分值	62	54	73	67	68	69	89
岸线植被覆盖率赋分	75	75	75	100	100	75	75
岸线自然状况赋分	67	62	74	80	81	71	83

由表 2-31 可知，岸线自然状况赋分在 80 分及以上的河流有 3 条，分别为白沟引河、瀑河、漕河，其中瀑河、漕河的岸线植被覆盖率赋分均为 100 分，岸线植被覆盖情况均为极高密度覆盖，但河岸稳定性不足，白沟引河的河岸稳定性及岸线植被覆盖率均处于较高水平，但岸线植被覆盖率仍有待提高。岸线自然状况较差的是唐河、潴龙河，主要原因是河道干涸断流及人类活动侵占所导致的河岸稳定性不足。

（2）河岸带宽度

计算河道优化后的河岸带宽度指数，计算结果如表2-32所示。

表2-32　河流河岸带宽度指数

河流	唐河	潴龙河	孝义河	漕河	瀑河	府河	白沟引河
左岸河岸带宽度指数	0.53	0	1	1	1	0.82	0
右岸河岸带宽度指数	0.91	0.17	1	0.45	0	0.85	0
河岸带宽度指数	0.53	0	1	0.45	0	0.67	0
河岸带宽度指数赋分	26	0	100	18	0	55	0
河岸带宽度状况	严重不足	极度不足	优良	极度不足	极度不足	不足	极度不足

由表2-32可知，入淀河流优化后的河岸带宽度整体上仍处于不足的状态，河岸带宽度处于极度不足状态的河流有4条，分别是潴龙河、瀑河、白沟引河、漕河，其中潴龙河、瀑河、白沟引河的河岸带宽度指数均为0。白沟引河河道两岸的河岸带宽度均不满足标准，两岸所有河段的河岸带的宽度均没有达到河槽宽度的0.4倍；瀑河所有河段的左岸河岸带宽度均达到标准，但右岸河岸带宽度均处于极度不足状态；与之相反的是潴龙河，左岸河岸带宽度均不达标，但有17%的河段右岸河岸带宽度达到标准；漕河左岸河岸带均能达到标准，但是由于右岸河岸带严重不足，仅45%的河段河岸带宽度满足标准，因此漕河河岸带宽度同样处于极度不足状态。

唐河的河岸带宽度状况为严重不足，左岸河岸带宽度不足，只有53%左右的河段满足标准，右岸河岸带宽度大部分河段都符合标准，因此唐河的河岸带宽度指数赋分仅有26分；府河的河岸带宽度指数赋分为55，虽然河道左、右岸的河岸带宽度基本都能达到标准，但是由于只有67%左右的河段左、右岸能够同时达到标准，所以府河的河岸带宽度状况处于不足状态；孝义河的河岸带宽度指数为1，经过优化后两岸的河岸带宽度均能达到河槽宽度的0.4倍，河岸带宽度状况为优良。

（3）河道断流率及防洪达标情况

结合《白洋淀水资源保障规划》中对唐河、潴龙河的治理要求，绿色的河段治理的重点是进行生态治理和河岸带修复工程，提升河流廊道空间的景观水平，蓝色的河段要求保证一定的水面，作为湿地景观，因此唐河、潴龙河的蓝色河段将会保持一定的水量；并且未来情况下河流的防洪标准也会有一定的提升，入淀河流在承担输水功能的同时，防洪也成为其重要的功能。表2-33为河道优化后未来情景下的河道断流率赋分和防洪达标情况赋分。

表 2-33　河流水量及防洪达标情况

河流	唐河	潴龙河	孝义河	漕河	瀑河	府河	白沟引河
河道断流率赋分	25	50	100	100	100	100	100
防洪标准	50年一遇	50年一遇	50年一遇	50年一遇	50年一遇	50年一遇	100年一遇
防洪达标情况赋分	75	75	75	75	75	75	100

白沟引河的水量处于比较充沛的状态，且防洪标准提高到百年一遇，孝义河、府河的水量也处于较充足的状态，唐河、潴龙河的水量不足，以湿地生态流量的形式存在于蓝色河段。除了白沟引河之外，其他入淀河流的防洪标准均为50年一遇。

（4）河流湿地健康综合评价分析

通过对河流湿地进行优化，河岸的稳定性得到较大的提升，主要表现在岸坡植被覆盖率、堤防及护坡的完整性等指标的优化。根据各准则层的评价计算结果进行逐级加权、综合评分。

由表 2-34 可知，白沟引河、孝义河的河流湿地结构健康状态均处于健康状态，被评定为二类河流。其中白沟引河的综合赋分为 85 分，并且河岸稳定性、岸线植被覆盖率、河道断流率、河流防洪达标情况均处于较高水准，但是两岸的河岸带宽度极度不足，河流湿地结构仍需进行优化。孝义河的综合赋分为 87 分，并且河道两岸的河岸带宽度优良。

表 2-34　河流湿地健康综合评价分析

河流	河岸稳定性赋分	岸线植被覆盖率赋分	河岸带宽度指数赋分	河道断流率赋分	河流防洪达标情况赋分	综合赋分	河流结构健康状态
唐河	62	75	26	25	75	49	不健康
潴龙河	54	75	0	50	75	55	亚健康
孝义河	73	75	100	100	75	87	健康
漕河	67	100	18	100	75	78	健康
瀑河	68	100	0	100	75	76	健康
府河	69	75	55	100	75	81	健康
白沟引河	89	75	0	100	100	85	健康

瀑河、漕河、府河的河流湿地结构健康状态均为健康，其中健康状态最好的

是府河，综合赋分为 81 分，河岸带宽度不足是影响其综合赋分的主要因素，河岸稳定性也有待提高。

潴龙河的健康状态综合赋分为 55 分，被评定为亚健康状况，主要是由于河岸带宽度严重不足，同时河岸稳定性、河道断流率赋分较低，需要对河岸进行修复治理。

唐河的健康状态为不健康，被评定为四类河流，唐河的河岸带宽度指数、河道断流率赋分均处于较低的水平，仅有部分河段的河岸带宽度符合标准，并且河岸稳定性也不够高，需要加强日常维护及监管力度，及时对存在风险的河段进行治理修复，消除影响健康的隐患。

总体来说，入淀河流湿地结构健康状况良好，但是作为雄安新区境内主要河流及白洋淀自然保护区的入淀河流，有着更高的要求和标准，不仅要具有稳定的结构，还要求满足一定的生态功能，因此入淀河流湿地结构仍需进行进一步的优化提升。

2.6.4 优化效益分析

根据河流湿地结构优化前后各指标的分值变化，对河流湿地结构健康状况进行对比分析，图 2-7 为入淀河流优化前后的各指标赋分。

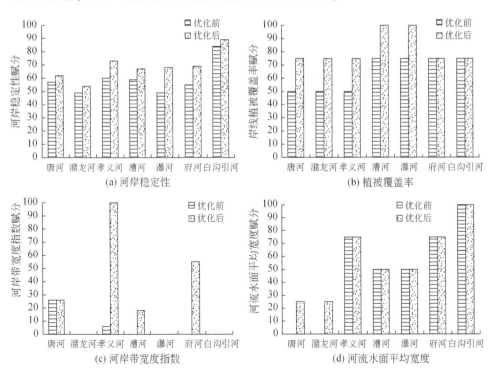

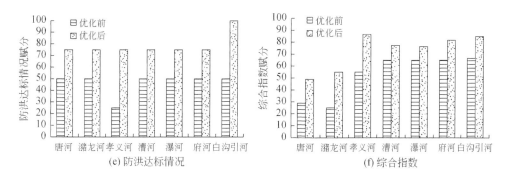

图 2-7　优化前后河流各指标赋分

由图 2-7（a）可知，河流湿地结构优化对于各条入淀河流的河岸稳定性均有不同程度的提升，其中河岸稳定性赋分提高最多的河流是瀑河，其次是府河，赋分分别提高了 19、14；河岸稳定性提升幅度最大的河流同样是瀑河、府河，提升幅度分别为 39%、25%；但是优化前后河流的河岸稳定性状态均没有发生变化，除了白沟引河，其他河流的河岸稳定性仍处于次不稳定状态，对于大部分河流而言，河岸稳定性较差的原因是岸坡倾角较大及河岸堤防、护坡的完整性不足，需要对河岸带进行修复治理。

由图 2-7（b）可以看出，河流湿地结构优化对河流岸线植被覆盖率的提升效果比较显著，优化后各条河流的岸线植被覆盖率提升最大的是瀑河，岸线植被覆盖率由 53% 增加到 80%，岸线植被覆盖率提升较大的河段主要分布在淀区边界处；其中唐河、潴龙河、孝义河的岸线植被覆盖状况由中密度覆盖提高到高密度覆盖，漕河、瀑河的岸线植被覆盖状况由高密度覆盖提高到极高密度覆盖，岸线的植被覆盖率均在 75% 以上。

图 2-7（c）为河流湿地结构优化前后河岸带宽度指数赋分的变化图，优化前只有唐河、孝义河的部分河段河岸带宽度达标，即左、右岸河岸带宽度均大于河槽宽度的 0.4 倍，唐河、孝义河分别有 26%、6% 的河段满足标准。优化后有明显提升的是孝义河、漕河、府河，其中，孝义河的优化效果最为显著，符合标准的河段长度提升了 94%，即优化后孝义河整条河段左、右岸的河岸带宽度均大于河槽宽度的 0.4 倍；其次是府河，优化后 55% 的河段的河岸带宽度达到标准；漕河也有 18% 的河段达到标准。入淀河流的河岸带宽度整体上仍然处于不足的状态，河流湿地结构仍需进一步优化。

图 2-7（d）、（e）分别为优化前后入淀河流的水面平均宽度、防洪达标情况的变化，分别用来表示河流水量状况、河流是否达到防洪标准及防洪标准的等级。唐河、潴龙河的部分河段改造为景观湿地，水面平均宽度赋分有了一定的提

升。河流优化前，除了孝义河作为排沥河流之外，河道的防洪标准为 10 年一遇，其他河流的防洪标准均为 20 年一遇。根据相关规划，入淀河流的防洪标准均有更高的标准，除了白沟引河、萍河作为雄安新区环城水系，防洪标准为 100 年一遇之外，其他河流的防洪标准均要求达到 50 年一遇。

图 2-7（f）为河流湿地结构优化前后健康综合指数赋分变化，可以看出入淀河流的综合指数赋分均有不同程度的提升，综合指数赋分提升最大的河流是孝义河，优化前后综合指数增加了 32，河流结构健康状况由亚健康提升到健康状态；其次是唐河、潴龙河，综合指数分别增加了 20、30，同时，唐河、潴龙河的结构健康综合指数提升幅度最大，相比于优化前分别提升了 69%、120%，潴龙河的结构健康状况由劣态提升到亚健康状态，唐河的结构健康状况没有变化，仍处于不健康状态；白沟引河的结构健康综合指数增加了 19，结构健康状态由亚健康提升到健康状态，同时也是健康状况较好的河流。

综上所述，河流湿地结构优化效益主要体现在岸线植被覆盖率和河岸带宽度指数的提升，其他指标的提升效果不够显著，尤其是对河岸稳定性的提升效果不明显，仍需对河流湿地结构进行进一步的优化提升，并且加强对河流健康状态的管控措施。

3 雄安新区白洋淀湿地生态系统演变和修复保护技术与示范

3.1 白洋淀湿地景观格局与主要驱动因素分析

3.1.1 淀区土地利用类型变化过程

（1）不同时期土地利用类型的构成

根据 1980 年、1990 年、2000 年、2005 年、2010 年和 2017 年 6 期遥感影像解译得到不同时期土地利用类型面积及结构组成（图 3-1 和表 3-1）。

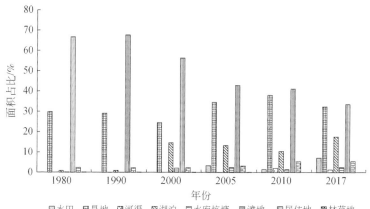

图 3-1　白洋淀不同时期土地利用类型面积比例

表 3-1　白洋淀不同时期土地利用类型面积变化

土地利用类型	总面积/km²						比例/%					
	1980 年	1990 年	2000 年	2005 年	2010 年	2017 年	1980 年	1990 年	2000 年	2005 年	2010 年	2017 年
水田	0.00	0.00	0.00	11.29	5.11	24.85	0.00	0.00	0.00	3.26	1.47	7.16
旱地	103.65	100.98	84.96	119.92	132.20	112.35	29.87	29.10	24.49	34.56	38.10	32.38

续表

土地利用类型	总面积/km²						比例/%					
	1980年	1990年	2000年	2005年	2010年	2017年	1980年	1990年	2000年	2005年	2010年	2017年
河渠	0.00	0.02	0.02	0.25	7.06	4.70	0.00	0.01	0.00	0.07	2.04	1.35
湖泊	2.77	3.05	50.53	46.20	36.06	61.04	0.80	0.88	14.56	13.32	10.39	17.59
水库坑塘	0.31	0.19	7.30	8.76	4.94	8.63	0.09	0.06	2.10	2.53	1.42	2.49
滩地	231.37	234.63	195.38	148.92	142.90	116.28	66.69	67.63	56.31	42.92	41.19	33.51
居住地	8.39	7.73	8.41	11.25	18.68	19.10	2.42	2.23	2.42	3.24	5.38	5.50
林草地	0.47	0.35	0.36	0.36	0.00	0.00	0.14	0.10	0.10	0.10	0.00	0.00

白洋淀主要土地利用类型为滩地和旱地，不同土地利用类型在时间变化和空间构成上存在一定的差异性。从类型面积来看，滩地广泛分布在东部、北部区域，1980～2017年滩地面积分别为231.37km²、234.63km²、195.38km²、148.92km²、142.90km²和116.28km²，比例分别为66.69%、67.63%、56.31%、42.92%、41.19%和33.51%，虽然一直占据最主要的土地类型位置，但有逐年减少的趋势。其次是旱地，主要分布在西北藻杂淀、东北烧车淀和南部区域，1980～2017年面积比例分别为29.87%、29.10%、24.49%、34.56%、38.10%和32.38%，表现出"U"形变化，1980～2000年旱地面积减小，之后出现面积增长的趋势。再次是湖泊，主要分布在中心和东部区域，明显观察到2000年湖泊斑块数量相较于1980年和1990年显著增加；1980～2017年面积比例分别为0.80%、0.88%、14.56%、13.32%、10.39%和17.59%，湖泊面积在1980～2000年显著增加，2000～2010年逐渐减小，2017年面积得到恢复与增长。居住地零星分布在淀区内，面积由1980年的2.42%增长到2017年的5.50%。水田自2005年在淀区出现，主要分布在南部和西北部府河附近，面积由2005年的3.26%下降到2010年的1.47%，后又增加到2017年的7.16%。林草地占淀区总面积的比例很小，2005年后林草地类型消失。河渠和水库坑塘的面积比较小，其中河渠1980～2010年从无增长到7.06km²，后下降到2017年的4.70km²；水库坑塘1980～2005年从0.31km²增长到8.76km²，之后下降到2010年的4.94km²，2010～2017年又恢复到2005年的水平，为8.63km²。

整体来看，1980～2017年，水域（河渠、湖泊、水库坑塘）、居住地、水田、旱地面积增加，滩地、林草地的面积减少。变化的主要原因有：①由于城镇化的持续推进和人口的不断增加，居住地不断以侵占淀区湿地的方式进行扩张。②水域面积由于干旱、本身蒸发量大，以及人为因素等，滩地面积出现萎缩，转化为其他土地类型。

（2）土地利用类型变化过程

土地利用类型变化主要是指一个时期内不同土地利用类型间的相互转化，反映了该区域土地利用的时空演变过程，这种变化过程可以用土地利用转移矩阵来分析。该方法可以全面具体地定量反映区域土地利用变化和各类型之间的转化。白洋淀 1980~1990 年、1990~2000 年、2000~2005 年、2005~2010 年、2010~2017 年和 1980~2017 年土地利用变化转移矩阵分别见表 3-2、表 3-3、表 3-4、表 3-5、表 3-6 和表 3-7。5 个阶段（1980~1990 年、1990~2000 年、2000~2005 年、2005~2010 年和 2010~2017 年）的土地利用类型转化，只有 1980~1990 年的主要转化类型为旱地—滩地，其他 4 个阶段的主要转化类型均为滩地—其他地类。5 个阶段的土地利用类型转变具体情况如下所述。

表 3-2　1980~1990 年白洋淀土地利用变化转移矩阵　（单位：km²）

类型	水田	旱地	林草地	河流	湖泊	水库坑塘	滩地	居住地	转出
水田	0.00	0.00	0.00	0.00	0.00	0.00	0.00	0.00	0.00
旱地	0.00	0.00	0.19	0.00	0.06	0.04	14.04	1.87	16.20
林草地	0.00	0.25	0.00	0.00	0.00	0.00	0.06	0.00	0.31
河流	0.00	0.00	0.00	0.00	0.00	0.00	0.00	0.00	0.00
湖泊	0.00	0.06	0.00	0.00	0.00	0.00	1.38	0.18	1.62
水库坑塘	0.00	0.00	0.00	0.00	0.00	0.00	0.23	0.00	0.24
滩地	0.00	11.07	0.00	0.00	1.69	0.09	0.00	2.96	15.83
居住地	0.00	2.16	0.00	0.00	0.17	0.00	3.37	0.00	5.70
转入	0.00	13.54	0.20	0.02	1.92	0.13	19.08	5.02	39.91

注：因展示所限，矩阵保留两位小数，与正文实际数据计算略有误差。表中数据因四舍五入，合计略有出入。下同

表 3-3　1990~2000 年白洋淀土地利用变化转移矩阵　（单位：km²）

类型	水田	旱地	林草地	河流	湖泊	水库坑塘	滩地	居住地	转出
水田	0.00	0.00	0.00	0.00	0.00	0.00	0.00	0.00	0.00
旱地	0.00	0.00	0.01	0.00	6.83	0.09	10.99	0.50	18.42
林草地	0.00	0.01	0.00	0.00	0.00	0.00	0.00	0.00	0.01
河流	0.00	0.00	0.00	0.00	0.00	0.00	0.00	0.00	0.00
湖泊	0.00	0.01	0.00	0.00	0.00	0.00	0.26	0.02	0.29
水库坑塘	0.00	0.00	0.00	0.00	0.00	0.00	0.00	0.00	0.00
滩地	0.00	2.25	0.00	0.00	40.91	7.01	0.00	0.53	50.70
居住地	0.00	0.11	0.00	0.00	0.03	0.00	0.22	0.00	0.36
转入	0.00	2.37	0.01	0.00	47.77	7.11	11.47	1.04	69.78

表 3-4　2000～2005 年白洋淀土地利用变化转移矩阵　（单位：km²）

类型	水田	旱地	林草地	河流	湖泊	水库坑塘	滩地	居住地	转出
水田	0.00	0.00	0.00	0.00	0.00	0.00	0.00	0.00	0.00
旱地	7.43	0.00	0.00	0.00	0.01	0.31	0.62	1.07	9.43
林草地	0.00	0.00	0.00	0.00	0.00	0.00	0.00	0.00	0.00
河流	0.00	0.00	0.00	0.00	0.00	0.00	0.00	0.00	0.00
湖泊	0.01	0.34	0.00	0.00	0.00	0.41	8.62	0.00	9.37
水库坑塘	0.00	0.09	0.00	0.00	0.36	0.00	1.37	0.00	1.82
滩地	3.87	43.32	0.00	0.23	4.65	2.57	0.00	3.15	57.79
居住地	0.00	0.63	0.00	0.00	0.00	0.00	0.74	0.00	1.37
转入	11.30	44.38	0.00	0.23	5.02	3.28	11.34	4.22	79.78

表 3-5　2005～2010 年白洋淀土地利用变化转移矩阵　（单位：km²）

类型	水田	旱地	林草地	河流	湖泊	水库坑塘	滩地	居住地	转出
水田	0.00	2.93	0.00	0.00	0.00	0.00	3.37	0.15	6.44
旱地	0.15	0.00	0.00	0.01	0.18	0.09	2.23	3.77	6.43
林草地	0.00	0.36	0.00	0.00	0.00	0.00	0.00	0.00	0.36
河流	0.00	0.23	0.00	0.00	0.00	0.00	0.00	0.00	0.23
湖泊	0.00	0.07	0.00	0.82	0.00	0.35	15.93	0.45	17.63
水库坑塘	0.00	0.16	0.00	0.95	0.00	0.00	3.30	0.05	4.46
滩地	0.02	14.31	0.00	5.24	7.25	0.18	0.00	4.49	31.50
居住地	0.07	0.67	0.00	0.03	0.06	0.01	0.63	0.00	1.46
转入	0.24	18.73	0.00	7.05	7.49	0.63	25.46	8.91	68.50

表 3-6　2010～2017 年白洋淀土地利用变化转移矩阵　（单位：km²）

类型	水田	旱地	林草地	河流	湖泊	水库坑塘	滩地	居住地	转出
水田	0.00	0.06	0.00	0.00	0.00	0.00	0.00	0.02	0.08
旱地	12.90	0.00	0.00	0.00	4.04	0.02	6.32	0.50	23.78
林草地	0.00	0.00	0.00	0.00	0.00	0.00	0.00	0.00	0.00
河流	0.00	0.01	0.00	0.00	1.56	0.79	0.07	0.01	2.43
湖泊	0.00	0.02	0.00	0.01	0.00	0.00	2.61	0.07	2.72
水库坑塘	0.00	0.02	0.00	0.00	0.36	0.00	0.23	0.02	0.62
滩地	6.91	3.57	0.00	0.05	21.69	3.50	0.00	0.46	36.19
居住地	0.02	0.28	0.00	0.01	0.08	0.01	0.31	0.00	0.70
转入	19.82	3.96	0.00	0.07	27.72	4.33	9.54	1.08	66.51

表3-7 1980～2017年白洋淀土地利用变化转移矩阵 （单位：km²）

类型	水田	旱地	林草地	河流	湖泊	水库坑塘	滩地	居住地	转出
水田	0.00	0.00	0.00	0.00	0.00	0.00	0.00	0.00	0.00
旱地	12.84	0.00	0.00	0.01	4.19	0.38	7.40	4.65	29.47
林草地	0.47	0.00	0.00	0.00	0.00	0.00	0.00	0.00	0.47
河流	0.00	0.00	0.00	0.00	0.00	0.00	0.00	0.00	0.00
湖泊	0.00	0.00	0.00	0.00	0.00	0.00	1.35	0.28	1.63
水库坑塘	0.00	0.00	0.00	0.08	0.00	0.00	0.03	0.03	0.14
滩地	11.38	36.47	0.00	4.58	55.36	7.70	0.00	9.71	125.21
居住地	0.14	1.72	0.00	0.04	0.38	0.40	1.31	0.00	3.99
转入	24.84	38.18	0.00	4.71	59.93	8.48	10.09	14.68	160.90

1980～1990年，旱地主要转化为滩地和居住地两类，共转化面积为16.20km²；滩地主要转化为旱地、湖泊和居住地，共转化面积为15.83km²；湖泊主要转化为滩地类型；其他土地利用类型转化面积较少；旱地和居住地面积分别减少2.67km²和0.66km²，滩地和湖泊面积分别增加3.27km²和0.28km²。

1990～2000年，滩地主要转化为湖泊、水库坑塘和旱地，面积分别为40.91km²、7.01km²和2.25km²；旱地主要转化为滩地和湖泊两类，面积分别为10.99km²和6.83km²；旱地和滩地面积分别减少16.02km²和39.25km²，湖泊和水库坑塘面积分别增加47.48km²和7.10km²。

2000～2005年，滩地主要转化为旱地、湖泊、水田和居住地，面积分别为43.32km²、4.65km²、3.87km²和3.15km²；旱地主要转化为水田和居住地两类，面积分别为7.43km²和1.07km²；滩地和湖泊面积减少46.46km²和4.33km²，水田、旱地和水库坑塘面积分别增加11.29km²、34.96km²和1.47km²。

2005～2010年，滩地主要转化为旱地、湖泊、河流和居住地，面积分别为14.31km²、7.25km²、5.25km²和4.49km²；湖泊主要转化为滩地，面积为15.93km²；旱地主要转化为滩地和居住地，水田主要转化为滩地和旱地，分别共转出6.43km²和6.44km²。旱地、河流和居住地面积分别增加12.29km²、6.81km²和7.43km²，水田、湖泊、水库坑塘和滩地面积分别减少6.19km²、10.14km²、3.83km²和6.02km²。

2010～2017年，滩地主要转化为湖泊、水田、旱地和水库坑塘，面积分别为21.69km²、6.91km²、3.57km²和3.50km²；旱地主要转化为水田、滩地和湖泊，面积分别为12.90km²、6.32km²和4.04km²；滩地和旱地的面积分别减少26.63km²和19.85km²；湖泊、水田和水库坑塘的面积分别增加24.99km²、

19.75km² 和 3.69km²。

　　1980～2017 年，滩地除没有转化为林草地外，其他类型均有转入，其中湖泊和旱地的转入面积较大，分别为 55.36km² 和 36.47km²。旱地主要转化为水田、湖泊、滩地和居住地。在此期间，滩地和林草地面积分别减少 115.09km² 和 0.47km²；湖泊、水田、旱地、水库坑塘、居住地、河流的面积分别增加 58.27km²、24.85km²、8.70km²、8.32km²、10.71km² 和 4.70km²。

3.1.2　淀区湿地结构变化过程

　　淀区湿地类型的划分按照《湿地公约》，将水田、坑塘、湖泊、河渠、滩地 5 种土地类型纳入白洋淀湿地范围。人工湿地包括水田和坑塘，天然湿地包括湖泊、河渠和滩地。1980 年、1990 年、2000 年、2005 年、2010 年和 2017 年湿地面积与变化情况如表 3-8 所示。

表 3-8　白洋淀不同阶段湿地面积与变化情况

年份	湿地 /km²	湿地所占比例/%	天然湿地 /km²	人工湿地 /km²	阶段	面积变化 /km²	变化比例 /%	年均变化率 /%
1980	234.44	67.57	234.14	0.31	1980～1990 年	3.45	1.47	0.15
1990	237.90	68.57	237.70	0.19	1990～2000 年	15.32	6.44	0.64
2000	253.22	72.98	245.92	7.30	2000～2005 年	-37.79	-14.92	-2.98
2005	215.43	62.09	195.37	20.06	2005～2010 年	-19.36	-8.99	-1.80
2010	196.07	56.51	186.02	10.04	2010～2017 年	19.44	9.91	1.42
2017	215.50	62.11	182.02	33.48	1980～2017 年	-18.94	-8.08	-0.22

　　a. 淀区湿地面积 1980～2017 年呈先增长后减少再增长的变化趋势，在 2000 年达到最大值，为 253.22km²，占淀区总面积的 72.98%；在 2010 年达到最小值，为 196.07km²，占淀区总面积的 56.51%。湿地面积的损失主要发生在第三阶段（2000～2005 年，37.79km²），其次是第四阶段（2005～2010 年，19.36km²），年变化率分别为-2.98% 和-1.80%。然而，2010～2017 年，湿地面积从 196.07km² 到 215.50km² 以每年 1.42% 的变化率增加了 9.91%。

　　b. 天然湿地在 1980～2017 年呈先增加后减少的趋势，1980～2000 年逐年递增，在 2000 年达到最大值，为 245.92km²，从 2000～2017 年天然湿地面积逐年递减，到 2017 年达到最小值，为 182.02km²；说明 2010 年后湿地面积增加的是人工湿地。

　　c. 人工湿地在 1980～2017 年呈先增加后减少再增加的趋势，与湿地总面积的整体趋势相近。1980～2005 年人工湿地面积增加，达到 20.06km²，之后又减少到 2010 年的 10.04km²，再增加到 2017 年的 33.48km²。

d. 从湿地面积的空间分布看，1980 年和 1990 年湿地的空间整体性与连通性很好，在空间上展示为大片的湿地面积和零星的其他湿地类型。1980 年湿地面积占总面积的 67.57%，有许多大片斑块，分布广泛。从 2000 年开始出现水田湿地类型，湿地面积增加到 253.22km²，与自然和人工湿地面积的增加有关。湿地的空间展现破碎化，大片面积的湿地转化为多个小面积湿地；破碎化程度的增加，势必会影响淀区湿地的连通性。

不同时期湿地与其他土地利用类型之间的转换，表明天然湿地的减少与其转化为旱地、人工湿地和居住地有关。1980～1990 年、1990～2000 年、2000～2005 年、2005～2010 年、2010～2017 年 5 个阶段，天然湿地转为旱地的比例分别为 77.49%、23.01%、81.38%、72.68%、23.45%。天然湿地转化为人工湿地和居住地的比例分别为 0.62% 和 21.89%、72.46% 和 5.53%、12.76% 和 5.86%、2.73% 和 24.58%、73.02% 和 3.53%。旱地对天然湿地在 5 个阶段的贡献分别为 78.62%、98.61%、20.34%、22.46% 和 91.36%，所以，旱地对天然湿地的转入有重要作用。天然湿地的转化、旱地和居住地转为人工湿地是人工湿地增加的主要原因。5 个阶段天然湿地转入（转出）人工湿地的比例分别为 98.09%（67.81%）、100.0%（98.62%）、94.76%（46.93%）、69.83%（63.54%）、83.57%（46.39%），所以天然湿地的减少量大部分转化为人工湿地。

3.1.3 淀区湿地景观格局变化

基于 FRAGSTATS 软件计算景观格局指数，分析淀区湿地景观格局变化。本研究选用斑块数量（NP）、斑块密度（PD）、边界密度（ED）、景观形状指数（LSI）、最大斑块指数（LPI）、蔓延度指数（CONTAG）、香农多样性指数（SHDI）、香农均匀度指数（SHEI）8 个指数。斑块数量表示景观中所有的斑块总数，经常被用来描述整个景观的异质性，其值的大小与景观的破碎度有很好的正相关性。斑块密度表示为单位面积上的斑块数量，与斑块数量有相同的意义。景观形状指数是表征某一景观类型斑块形状的指数，是通过计算区域内某斑块形状与相同面积的圆或正方形之间的偏离程度来测量其形状复杂程度的，景观形状指数越大，复杂程度越高，偏离度越高。最大斑块指数表征某一斑块类型中的最大斑块占据整个景观面积的比例。蔓延度指数描述的是景观里不同斑块类型的团聚程度或延展趋势，高蔓延值说明景观中的某种优势斑块类型形成了良好的连接性。香农多样性指数反映景观异质性，对景观中各斑块类型的非均衡分布状况较为敏感，即强调稀有斑块类型对信息的贡献，土地利用越丰富，破碎化程度越高，SHDI 值也就越高。香农均匀度指数为香农多样性指数除以给定景观丰度下的最大可能多样性，SHEI 越大表明各斑块类型均匀分布，有最大多样性。1980～2017 年不同时期景观指数的变化趋势和结果具体见图 3-2 和表 3-9。

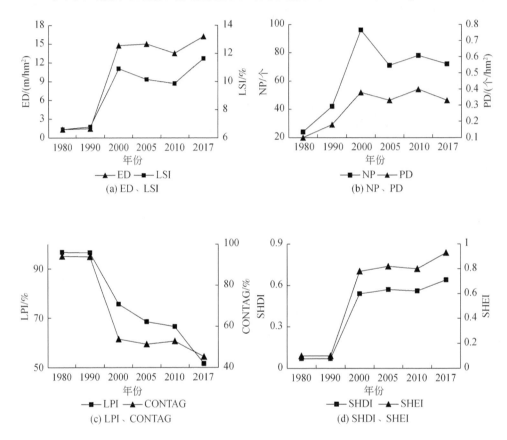

(a) ED、LSI

(b) NP、PD

(c) LPI、CONTAG

(d) SHDI、SHEI

图 3-2　白洋淀 1980～2017 年景观指数变化

表 3-9　1980～2017 年白洋淀景观指数计算结果

景观指数	单位	1980 年	1990 年	2000 年	2005 年	2010 年	2017 年
斑块数量（NP）	个	24.00	42.00	96.00	71.00	78.00	72.00
斑块密度（PD）	个/hm²	0.10	0.18	0.38	0.33	0.40	0.33
边界密度（ED）	m/hm²	1.36	1.47	14.75	15.00	13.50	16.20
景观形状指数（LSI）	%	6.60	6.78	10.91	10.15	9.86	11.64
最大斑块指数（LPI）	%	96.74	96.6	75.67	68.53	66.57	51.57

景观指数	单位	1980 年	1990 年	2000 年	2005 年	2010 年	2017 年
蔓延度指数（CONTAG）	%	94.11	93.85	53.81	51.36	52.85	45.28
香农多样性指数（SHDI）	无	0.07	0.07	0.54	0.57	0.56	0.64
香农均匀度指数（SHEI）	无	0.10	0.10	0.78	0.82	0.80	0.93

　　NP 从 1980 年到 2000 年增加 72 个，然后从 2000 年到 2017 年减少 24 个。同时，PD 从 1980 年的每公顷 0.10 个增加到 2000 年的每公顷 0.38 个，然后在 2017 年下降到每公顷 0.33 个。ED 和 LSI 从 1980 年增加到 2017 年，分别达到 $16.20m/hm^2$ 和 11.64%。这说明人类活动在 1980 年就已经对湿地景观产生影响，但在 2000～2010 年人类活动的影响减弱。2000 年后，环保意识增强，制定了环保政策；因此，人为干扰开始减少，湿地生态系统逐渐恢复。LPI 和 CONTAG 在 1980～2017 年下降。1980～2017 年 SHDI 和 SHEI 的增加趋势，也反映了淀区景观类型增加、破碎化程度增加。

3.1.4　淀区湿地景观格局变化驱动因素分析

　　淀区景观格局变化的驱动因素主要包括自然因素和社会经济因素，结合白洋淀区域的实际情况和数据的可获得性，本次研究的自然驱动因素主要采用年降水总量、年平均蒸发量、年平均气温共 3 个指标，社会经济驱动因素主要选用总人口、城市人口、农村人口、谷物产量、GDP、第一产业产值、第二产业产值共 7 个指标。在对数据统一处理的基础上，基于 CANOCO5.0 软件采用 RDA 冗余分析方法对淀区景观格局变化驱动因素进行分析，冗余分析结果具体参看表 3-10、表 3-11 和图 3-3。

表 3-10　淀区景观格局变化特征解释变量冗余分析

排序轴	第 1 轴	第 2 轴	第 3 轴	第 4 轴
景观指数特征解释量/%	94.03	5.94	0.02	0.01
景观指数特征累积解释量/%	94.03	99.97	99.99	100

表 3-11　自然和社会经济因素的重要性以及显著性检验结果

名称	重要性排名	贡献率/%	F 值	P 值
谷物产量（GY）	1	85.3	23.2	0.016
总人口（TP）	2	9.3	5.1	0.034

名称	重要性排名	贡献率/%	F 值	P 值
年平均蒸发量（AET）	3	4.5	9.8	0.062
第一产业产值（PIO）	4	0.7	3.8	0.220
年平均气温（AAT）	5	0.2	<0.1	1.000

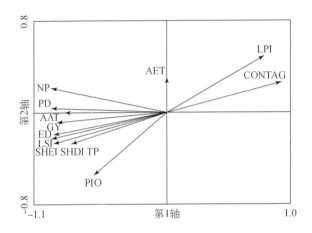

图 3-3　湿地景观格局与自然因素和社会经济因素的冗余分析结果

以 1980～2017 年景观格局指数为研究对象，3 个自然驱动因素和 7 个社会经济驱动因素作为影响因子，对驱动因素进行 RDA 筛选，结果显示：①5 个驱动因素对淀区景观格局的变化有贡献，通过这 5 个环境因素来分析景观格局变化。景观指数在第 1 轴和第 2 轴的解释量分别为 94.03% 和 5.94%，累积解释量达到 99.94%，因此可由前两轴反映景观指数和驱动因素的关系，且主要是由第 1 轴决定。②驱动因素对景观指数的重要性由大到小依次为谷物产量、总人口、年平均蒸发量、第一产业产值和年平均气温。其中谷物产值和总人口对景观指数的影响显著（$P<0.05$），谷物产量和总人口解释量分别占所有因素解释量比例的 85.3% 和 9.3%，说明谷物产量是影响景观指数最关键的因素，其次是人口数量。年平均蒸发量、第一产业产值和年平均气温对景观指数的影响较小，没有达到显著水平。③NP、PD、ED、LSI、SHDI 和 SHEI 与影响因素均呈正相关，LPI 和 CONTAG 与年平均蒸发量呈正相关关系，与谷物产量、总人口、第一产业产值、年平均气温呈负相关关系。

谷物产量作为最重要的影响因素，直接说明农业活动发展对景观指数的重要影响。20 世纪 80 年代实行的家庭联产承包责任制，允许农田承包给家庭 15 年，促进了现代农业机械的作物种植方式和大农场的建立（Mao et al., 2018）。同一时期，当地人民扩大旱地和水田以增加收入并支持不断增长的农村和城市人口。
2005 年开始出现水田，面积从 2005 年的 11.3km² 增加到 2017 年的 24.9km²，增
长了 120%（表 3-1）。水稻种植相比旱地更有经济价值，因此，在 2005~2017
年，许多农民将天然湿地和旱地转变为水田，导致耕地面积（旱地和水田）从
1980 年到 2000 年减少，2005 年又急剧增加。2000 年耕地面积减少的原因是
1988 年年末至 1999 年年末为湿润期。1988 年 6~8 月、1990 年、1991 年、1994
年、1995 年、1996 年和 1998 年发生强降水事件（保定站气象站数据），特别是
1988 年 7 月的降水量超过 400mm。大部分地区被大面积淹没，年际波动大，导
致旱地向湿地转变（Song et al.，2018）。同时城市出现快速扩张，居住地增加
127.66%（表 3-1）。中国从 1992 年开始实行市场经济，土地利用发生重大变化，
促进了粮食贸易（Wang et al.，2011b）。作为第二大影响因子，淀区总人口从
1980 年的 75.8 万人增加到 2017 年的 113.6221 万人，总人口增长 49.9%。1980~
2017 年农村人口占总人口的 85.4%，农村人口年均比例均大于城市人口。随着
1990 年以后人口的快速增长，随之而来的粮食需求和农田开垦增加，对旱地和
湿地造成了严重影响。1980~2017 年，淀区地区生产总值从 1980 年的 1.5 亿元
增长到 2017 年的 218.4 亿元，地区生产总值发生了剧烈变化。第一产业产值从
1980 年的 0.09 亿元快速增长到 2017 年的 30.4 亿元。与中国其他欠发达地区类
似，农业生产是白洋淀的主要经济利益来源，在农村居民的生活中发挥着重要作
用。这些结果表明农业经济和人口增长是推动湿地转化的最突出潜在力量。

与农业活动相比，天然因素也是控制湿地形成和转化动态的因素之一，尽管
气候对湿地景观的影响在统计上并不显著。年平均蒸发量和年平均气温是气候与
湿地扩张和收缩相关的主要因素，这一结果与在中国其他地区进行的大量研究一
致（Jiang et al.，2014）。在研究的 38 年中，年平均气温显示出显著变暖趋势
（$P<0.05$），并且海河流域的风速呈降低趋势。气候变暖和风速降低被证实有利
于作物生长并促进湿地向农田的转变。白洋淀从 1984 年开始数次干涸，直接导
致湿地向旱地和居住地的土地类型转换（Wang et al.，2011a），造成湿地萎缩。

除此以外，水库项目的开发及地下水的提取和利用也导致湿地退化。白洋淀
上游河流的供水量急剧下降，从 20 世纪 50 年代的 18.3 亿 m³ 下降到 2000 年的
0.2 亿 m³。先后在上游地区修建了 6 个大型水库（横山岭、口头、王快、西大
洋、龙门和安庄）和 12 个中型水库，以防止洪水和用于灌溉（Song et al.，
2018）。这些水库建成后，流入白洋淀的径流显著减少，从而改变了水文过程。
湿地生态系统对水文变化特别敏感，水位是控制湿地植被形成和发展的重要因素
（Kong et al.，2009）。此外，引调水对湿地景观格局的维护过程影响大（Song
et al.，2018）。为了缓解干燥和修复湿地功能，从 1991~2015 年将上游水库和外

流域（如黄河）的水输送至白洋淀，总水量约 14.5 亿 m^3，对湿地的恢复具有很重要的意义。例如，湿地总面积从 2010 年的 196.1 km^2 恢复到 2017 年的 215.5 km^2，表明地方政府实施的湿地保护和恢复措施起到了至关重要的作用。因此，湿地生态系统的减少和破碎是农业活动的增加与人口的快速增长导致的，同时国家政策也对白洋淀湿地保护产生了很大影响。

3.2 白洋淀群落结构调查分析

3.2.1 调查范围

为掌握白洋淀湿地植物的现状，从东堤码头出发，对寨南村、东淀头村、圈头西村、大鸭圈、卢家湾、八大淀、前塘、石候淀、泛鱼淀、金龙淀和池鱼淀范围内苇地及水域的湿地植物进行采集和调研。

3.2.2 调查方法

本研究对雄安新区白洋淀水生植物的调查于 2019 年 9 月进行，该时期水生植物种类最丰富，生物量最高。根据白洋淀地形特征及航道走向，每隔 500 ~ 1000m 设置大小为 1m×1m 的样方，采集样方内所有湿地植物，测量并记录各物种的鲜重、盖度等指标。其中，芦苇、狭叶香蒲和莲等大型湿地植物仅测量地上部分鲜重，其他均为全株鲜重。为保证测量的准确性，采集的样本置于漏网 5min 后再进行称量。本次调查样方数共计 75 个。

3.2.3 湿地植物物种组成

如表 3-12 所示，本次调研共记录 28 种湿地植物，隶属 18 科 23 属，其中，湿生植物 5 种，水生植物 23 种。水生植物按照生活型划分，挺水植物共 8 种，占总数的 34.8%；沉水植物 9 种，占总数的 39.1%；浮叶根生植物 3 种，占总数的 13.0%；漂浮植物 3 种，占总数的 13.0%。记录的 28 种湿地植物中，菰、美人蕉、黄花鸢尾和睡莲为人工种植，少量出现于居民聚集区或者景区附近。

表 3-12　白洋淀湿地植物普查名录

科	属	物种	类型
禾本科	芦苇属	芦苇	水生
	稗属	稗	湿生
	菰属	菰	水生
香蒲科	香蒲属	狭叶香蒲	水生
蓼科	蓼属	红蓼	湿生
		水蓼	水生
千屈菜科	千屈菜属	千屈菜	水生
莎草科	藨草属	荆三棱	水生
		扁杆藨草	水生
	砖子苗属	密穗砖子苗	湿生
花蔺科	花蔺属	花蔺	水生
鸢尾科	鸢尾属	黄花鸢尾	湿生
美人蕉科	美人蕉属	美人蕉	湿生
睡莲科	睡莲属	睡莲	水生
	莲属	莲	水生
龙胆科	荇菜属	荇菜	水生
金鱼藻科	金鱼藻属	金鱼藻	水生
		五刺金鱼藻	水生
小二仙草科	狐尾藻属	穗花狐尾藻	水生
眼子菜科	眼子菜属	菹草	水生
		马来眼子菜	水生
		龙须眼子菜	水生
水鳖科	黑藻属	轮叶黑藻	水生
	水鳖属	水鳖	水生
狸藻科	狸藻属	狸藻	水生
茨藻科	茨藻属	大茨藻	水生
浮萍科	浮萍属	紫背浮萍	水生
槐叶萍科	槐叶萍属	槐叶萍	水生

　　白洋淀由淀泊和沟壕组成，各水域由苇地分隔。苇地和水域湿地植物分布有显著的差异，苇地主要分布有芦苇、狭叶香蒲、密穗砖子苗、红蓼等，芦苇检出频度最高达到95.2%，其次是狭叶香蒲为40.5%，密穗砖子苗和红蓼分别为

14.3%和11.9%。除了以上几种，我们还在苇地上观察到荆三棱、千屈菜、稗等湿地植物，检出频度较低，不到10%。水域湿地植物频度分析结果与苇地有明显不同。本次调查金鱼藻和莲检出频度较高，分别达到70.7%和46.6%，其次是龙须眼子菜、狸藻、菹草和狭叶香蒲，检出频度分别为34.5%、29.3%、13.8%和12.1%。结合湿地植物在样方中的盖度，白洋淀重要值排在前列的湿地植物分别是：芦苇、狭叶香蒲、荆三棱和密穗砖子苗（苇地）；莲、金鱼藻、龙须眼子菜、狸藻和狭叶香蒲（水域）。

3.2.4 湿地植物群落分析

本次调研观察到白洋淀湿地植物群落15种（表3-13）。受季节和航道清淤的影响，白洋淀常见的菹草群落和菱群落此次并未观察到。此外，芦苇群落多见于苇地及淀区水深0.5m左右的浅滩上，但是在泛鱼淀我们观察到大面积的芦苇群落生长于水深1.5~2.0m的淀区，主要与龙须眼子菜伴生。

表3-13　白洋淀湿地植物群落名录

编号	群落类型	主要物种	主要伴生种
1	芦苇群落	芦苇	狭叶香蒲、密穗砖子苗
2	莲群落	莲	金鱼藻、狸藻
3	龙须眼子菜群落	龙须眼子菜	金鱼藻、水鳖
4	金鱼藻群落	金鱼藻	龙须眼子菜、菹草
5	狭叶香蒲群落	狭叶香蒲	金鱼藻、莲
6	水鳖群落	水鳖	金鱼藻、槐叶萍
7	荇菜群落	荇菜	狸藻、金鱼藻
8	芦苇群落（淀区）	芦苇	龙须眼子菜
9	大茨藻群落	大茨藻	金鱼藻
10	菹草群落	菹草	—
11	穗花狐尾藻群落	穗花狐尾藻	金鱼藻、狸藻
12	轮叶黑藻群落	轮叶黑藻	金鱼藻、水鳖
13	马来眼子菜群落	马来眼子菜	金鱼藻
14	芦苇/狭叶香蒲+莲+金鱼藻群落	芦苇、狭叶香蒲、莲、金鱼藻	狸藻、菹草
15	菰群落	菰	金鱼藻

白洋淀湿地植物主要群落有7个，苇地1个、淀泊6个（表3-14）。苇地上

芦苇是绝对优势群落，此外狭叶香蒲群落和密穗砖子苗群落也有少量分布。淀区湿地植物群落比较多样化，挺水植物群落主要有莲群落和狭叶香蒲群落，沉水植物主要有金鱼藻群落和龙须眼子菜群落，浮叶植物主要为荇菜群落，漂浮植物较常见的有水鳖群落。除此之外，轮叶黑藻、穗花狐尾藻、大茨藻、菹草和芦苇也会在淀区形成大面积单优势种群落，检出频度相对较少。白洋淀湿地植物群落的分布具有明显的复合性特征，同时分布有挺水植物群落、漂浮植物群落和沉水植物群落。淀区常见的群落组合主要有芦苇/狭叶香蒲+莲+金鱼藻/狸藻和芦苇/狭叶香蒲+水鳖+金鱼藻。

表3-14　白洋淀湿地植物主要群落名录

编号	群落类型	主要物种	主要伴生种	分布区域
1	芦苇群落	芦苇	狭叶香蒲、密穗砖子苗	苇地
2	莲群落	莲	金鱼藻、狸藻	淀泊
3	龙须眼子菜群落	龙须眼子菜	金鱼藻、水鳖	淀泊
4	金鱼藻群落	金鱼藻	龙须眼子菜、菹草	淀泊
5	狭叶香蒲群落	狭叶香蒲	金鱼藻、莲	淀泊
6	水鳖群落	水鳖	金鱼藻、槐叶萍	淀泊
7	荇菜群落	荇菜	狸藻、金鱼藻	淀泊

白洋淀湿地植物种群主要受到水深的影响。在垂直方向上，金鱼藻、龙须眼子菜、狸藻、穗花狐尾藻、轮叶黑藻等沉水植物均分布在1m以上的水深；莲、荇菜多分布在0.5~1.5m处；芦苇、香蒲等多分布在0~0.5m处，常与稗、密穗砖子苗、红蓼伴生；水鳖除了成为挺水植物群落和浮叶植物群落的伴生种外，还能在一些淀泊的水面形成大片的单优势种群落。除了水深，水力条件对沉水植物的分布影响较大。沉水植物和漂浮植物根系不发达，在淀区缓流静水环境中长势良好，如回水湾、苇地间的沟壕等。白洋淀航道水力扰动较大，金鱼藻、狸藻、轮叶黑藻和水鳖等多与挺水植物或浮叶植物伴生，龙须眼子菜有一定适应风浪的能力，多在滨岸附近形成大片的优势种。

3.3　白洋淀水文过程演变分析

水文过程变化是指江河湖泊水文过程周期性、节律性的变化，是衡量湿地水文状况的最基本要素，是湿地生态系统最基础和最重要的控制性因子之一，在调节植被覆盖、物种组成和物质循环等方面起着至关重要的作用。周期性的水位波动变化会制约与平衡水生植物和湿生植物交替生长，同时也是引发鱼类等水生动物产卵和洄游等特定行为的关键因素。在水文过程相对稳定的环境下，湖泊平均水位会趋于稳定的水位过程变化范围，年内水位波动稳定，变化趋势具有一致性，因此以水位作为白洋淀典型水文要素进行水文过程分析。

3.3.1 研究方法

气候变化与人类活动的加剧使水文过程加快，导致水文序列在某时间节点前后发生显著变化，不再具有一致性，需对水文序列进行其变异性和趋势性的分析。目前常用的方法包括滑动检验法、累积曲线法。

Mann-Kendall 趋势检验法最初由 Mann（1945）提出，由 Kendall（1975）进一步研究总结，此后不断地完善和发展。Mann-Kendall 检验法作为一种非参数统计检验方法，因具有不受样本值、分布类型等的影响，深刻挖掘时间序列内部隐含信息从而得出其规律的特点而被广泛地应用于识别气象水文序列的趋势性和变异性。其具体计算分析方法步骤如下。

a. 假设 x_1、x_2、$\cdots$、x_n 为 n 个相互独立且随机分布的数据样本序列，m_i 表示第 i 个样本 $x_i>x_j(1\leq j\leq i)$ 的累计数，由此构建秩序列 d_k，其计算公式为

$$d_k = \sum_{i=1}^{k} m_i, m_i = \begin{cases} 1, & x_i > x_j \\ 0, & x_i \leq x_j \end{cases}, \quad (1 \leq j \leq i; \quad k = 1,2,\cdots,n) \quad (3-1)$$

b. 计算秩序列 d_k 的均值 $E(d_k)$ 和方差 $Var(d_k)$，计算公式分别为

$$E(d_k) = \frac{k(k-1)}{4} \quad (3-2)$$

$$Var(d_k) = \frac{k(k-1)(2k+5)}{72} \quad (3-3)$$

c. 对 d_k 进行标准化处理，定义趋势性检验统计量 UF_k：

$$UF_k = \frac{d_k - E(d_k)}{\sqrt{Var(d_k)}} \quad (3-4)$$

其中，趋势性检验统计量 UF_k 符合标准正态分布。给定显著性水平 α 为 0.05，则 $|U_{\alpha/2}|=1.98$。若 $UF_k \geq |U_{\alpha/2}|$，表明数据序列存在明显的趋势变化。当 $UF_k>0$ 时，数据序列呈现上升趋势；当 $UF_k<0$ 时，数据序列呈现下降趋势。采用上述方法对水文序列进行逆序计算可计算出反序列的 UB_k，$UB_k=-UF_k$，若 UF_k 和 UB_k 的交点在±1.98 之间，则认为该点是数据序列的变异点。

3.3.2 历史水位演变分析

从白洋淀1950~2017年年平均水位过程变化情况（图3-4）来看，20世纪

50 年代水位最高，多年平均水位为 8.70m；60 年代后期出现干淀情况，但是多年平均水位仍维持在 7.0m 以上，为 7.59m；70 年代年平均水位波动较剧烈，多年平均水位为 5.29m；80 年代出现连续干淀情况，此阶段多年平均水位为 2.88m；90 年代水位有所提升，多年平均水位恢复到 6.42m；进入 21 世纪后，水位波动情况又剧烈，且出现干淀情况，多年平均水位仅为 3.51m；2010 年以后水位得到大幅提升，水位过程变化趋于稳定，截至 2017 年多年平均水位为 6.32m。

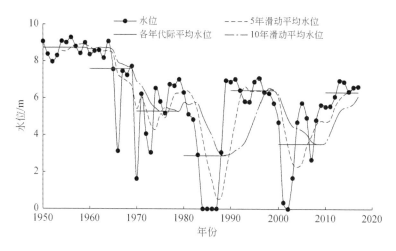

图 3-4　白洋淀年水位过程变化趋势

进一步对白洋淀干淀情况进行统计分析，白洋淀近 60 年的水位数据显示，白洋淀年内或全年出现干淀的年份共有 21 年，统计结果如表 3-15 所示。

表 3-15　白洋淀 1950～2017 年干淀情况

时段	干淀总天数	干淀具体年份
1950～1959 年	0	无
1960～1969 年	230	1965 年、1966 年
1970～1979 年	647	1970～1973 年、1976 年
1980～1989 年	1845	1983～1988 年，其中全年干淀 4 年
1990～1999 年	17	1994 年
2000～2009 年	1488	2000～2004 年、2006～2008 年，其中全年干淀 2 年
2010～2017 年	0	无

根据统计结果发现，20 世纪 50 年代未出现干淀现象。20 世纪 60 年代中

1965 年和 1966 年两年发生干淀，总日数达 230 天。20 世纪 70 年代起降水量偏少和人类活动加剧等因素，导致白洋淀频繁干淀，1970~1973 年、1976 年共 5 年发生干淀，总日数达 647 天。20 世纪 80 年代前期白洋淀蓄水量进一步减少，1983~1988 年曾出现连续 6 年的干淀，其中 1984~1987 年完全干涸，总日数高达 1845 天。20 世纪 90 年代白洋淀处于丰水期，仅 1994 年发生 17 天干淀。但是从 21 世纪初开始，白洋淀干淀极其频繁，2000~2004 年、2006~2008 年共 8 年存在干旱，其中 2004 年和 2005 年两年全年干淀，干淀总日数达 1488 天。

采用 Mann-Kendall 检验法对白洋淀年尺度水位数据进行分析，结果如图 3-5 所示：年平均水位 UF 和 UB 两条统计线在 1965 年左右发生交汇，并且交点在 0.05 显著水平（$U_{\alpha/2} = \pm 1.96$）之内，表明白洋淀水位序列在 1965 年左右发生突变。观察 UF 曲线可知，1965 年之后，UF 超过了下临界值持续呈现 UF<0，表明 1965 年以后白洋淀水位呈现持续明显的下降趋势，但是在 20 世纪 80 年代末下降趋势有所减缓。

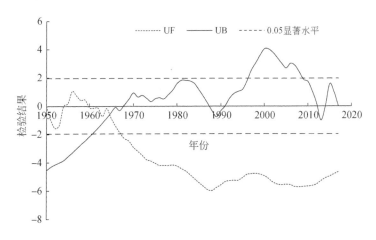

图 3-5　白洋淀水位 Mann-Kendall 检验结果

3.3.3　白洋淀生态补水过程分析

为修复和改善白洋淀生态环境，自 1981 年以来，水利部、河北省多次对白洋淀组织实施了生态补水。从上游水库（王快水库、西大洋水库、安各庄水库、岳城水库）调水、引黄济淀、引黄入冀补淀、南水北调中线等工程先后对白洋淀补水近 50 次，累积输水总量为 192.6 亿 m³，累积入淀水量超 40 亿 m³，白洋淀历年生态补水水源及补水累积量如图 3-6 所示。

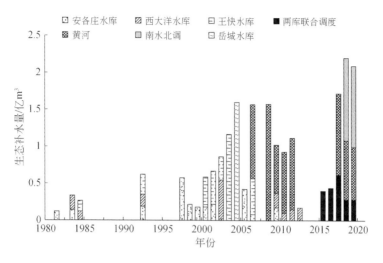

图 3-6　白洋淀历年生态补水水源及补水累积量

根据图 3-6 可以明显看出，1980～1994 年补水水源相对较少，补水途径多为上游水库补水；1995～2010 年补水水量和补水频率都大幅提升，补水途径主要有上游水库和引黄入冀补淀；2015 年之后，补水途径更加多元化，补水量也大幅提升，在原有的上游水库联合调度补水、引黄入冀补淀补水之外新增了南水北调中线补水。

1980～1994 年补水水量和补水频率较低，1995～2005 年补水水量和补水频率提升，但是补水水源相对单一，多为流域上游水库补水；2005～2015 年，补水水量、补水频率均大幅提升，补水水源更加多源灵活，包括引黄入冀补淀和南水北调中线的生态补水，同时，上游水库的联合调度更加灵活协调。

从生态补水时间来看，引黄入冀补淀多为冬四月（11 月～翌年 2 月）或冬四月为主，且采用择机外延的方式，南水北调中线和上游水库采用相机补水的方式。从历史补水情况来看，引黄入冀补淀工程 2015 年 10 月 26 日开工，2017 年 11 月至 2018 年 2 月进行试通水，2018 年 11 月 29 日至 2019 年 3 月 16 日首次正式向雄安新区补水，2018 年 4 月 13 日至 6 月 30 日南水北调中线工程向白洋淀补水。根据上游水库历史补水资料统计，补水时间多集中于 2～7 月。

3.3.4　水位时期的划分

通过分析白洋淀年、月尺度的水位过程变化特征和基于 Mann-Kendall 检验法的白洋淀水位序列的突变分析，同时结合白洋淀生态补水的情况对白洋淀历史水位过程进行了分期，将水位天然期 1950～1964 年确定为白洋淀水位良好期，

1965～1989 年为水位破坏期，1990～2017 年为水位修复期。为了使结果对比更加明显，对水位破坏期和水位修复期进行了更为详细的划分——水位破坏期分为水位破坏初期（1965～1979 年）和严重破坏期（1980～1989 年），水位修复期分为缓慢修复期（1990～2009 年）和高速修复期（2010～2017 年）。白洋淀水位时期划分情况详见表 3-16。

表 3-16　白洋淀水位时期划分情况

时期		历史时段	平均水位/m	是否补水
水位良好期		1950～1964 年	8.67	否
水位破坏期	水位破坏初期	1965～1979 年	5.73	否
	严重破坏期	1980～1989 年	2.88	是
水位修复期	缓慢修复期	1990～2009 年	4.97	是
	高速修复期	2010～2017 年	6.32	是

3.4　湖泊湿地健康生态水文节律识别与重构方法研究

3.4.1　湖泊健康生态水文节律识别

湖泊生态系统具有相对稳定的水位变化过程，但是在气候变化和人类活动的影响下会有所变化。为更直观地分析比较不同水文时期的水位过程的变化情况，以白洋淀水位作为研究对象，选取变异系数（CV）和决定系数（R^2）作为评价指标进行健康生态水文节律识别。其中变异系数从不同时期水位偏移总体样本均值的大小情况确定年内水位波动情况，以水位良好期的变异系数作为理想取值，高于或者低于理想取值表示水位波动剧烈或者平缓；决定系数从不同时期水位过程变化和生态良好期水位过程变化过程相似性、一致性方面进行分析，评价指标具体计算公式如下所示：

$$CV = \frac{1}{\bar{Z}} \sqrt{\frac{1}{n-1} \sum_{i=1}^{n} (Z_i - \bar{Z})^2} \tag{3-5}$$

$$R^2 = \frac{\left(\sum_{i=1}^{m} (Z_i - \bar{Z})(Z_{s,i} - \bar{Z}_s) \right)^2}{\sum_{i=1}^{m} (Z_i - \bar{Z})^2 \sum_{i=1}^{m} (Z_{s,i} - \bar{Z}_s)^2} \tag{3-6}$$

式中，Z_i 为第 i 月水位；$Z_{s,i}$ 为第 i 月的适宜生态水位；$\overline{Z}$ 为年平均水位；$\overline{Z_s}$ 为适宜生态水位的年平均水位。

　　基于白洋淀水位时期划分，针对不同时期的水位过程变化情况，从最高、平均、最低水位变化情况进行分析，结果如图 3-7 所示。

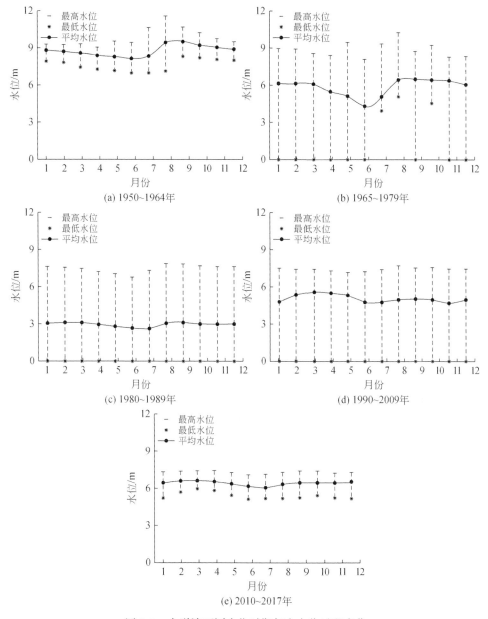

图3-7　白洋淀不同水位时期年内水位过程变化

从最高、平均、最低水位变化情况来看,白洋淀不同时期的水位波动较大,多年平均水位大致呈现平水位—低水位—平水位的变化过程。

最高水位与平均水位变化趋势具有一致性;相比较而言,最低水位变化明显,在水位破坏期和缓慢修复期存在部分月份或全部月份低水位为零的情况,表明此时期出现了连续或者间断的干淀情况。总体而言,最高、平均、最低水位变化过程情况复杂,水位变化过程一致性遭到严重的破坏,直到高速修复期白洋淀水位得以提升恢复。

从年内水位变化情况来看,水位良好期年内水位变化过程符合白洋淀天然水位变化规律——8月、9月为高水位时期,6月、7月为低水位时期;水位破坏初期年内水位变化呈现"U"形,6月、7月为低水位时期,2月、3月水位与8月、9月基本持平,高水位不明显;严重破坏期全年水位基本平缓;缓慢修复期的年内水位变化情况明显,与水位良好期相比呈现"倒挂"的趋势,即3月、4月变为高水位时期,6月、7月为低水位时期;高速修复期全年水位变化基本平缓。

为进一步量化白洋淀生态水文节律的变化,采用决定系数和变异系数分析不同时期较水位良好期的年内水位波动情况,结果如表3-17所示。

表3-17　白洋淀不同时期水位变化过程评价指标结果

时期		变异系数	决定系数
水位良好期		5.25%	1
水位破坏期	水位破坏初期	12.11%	0.771
	严重破坏期	5.27%	0.529
水位修复期	缓慢修复期	6.00%	0.096
	高速修复期	2.54%	0.119

根据计算结果可知,白洋淀年内水位改变明显。从变异系数来看,白洋淀年内水位波动变化较明显,但高速修复期的变异系数仅为2.54%,水位波动过于缓慢;决定系数呈现减小的态势,在缓慢修复期仅为0.096,高速修复期虽有所回升,但是仍仅为0.119,与前文高水位发生时间由天然情况下的8月、9月变为3月、4月的分析相吻合。

综合分析发现,受到上游水库拦蓄、气候变化和生态补水的影响,白洋淀不同年内水位变化紊乱,甚至出现水位"倒挂"现象。

3.4.2 基于生态水位系数的健康生态水文节律重构研究

（1）研究方法

生态水位系数法主要包括以下步骤：

a. 采用 Mann-Kendall 趋势检验法确定白洋淀历史水位变异点，确定水位天然期；

b. 根据目标水位与水位天然期的年平均水位确定生态水位系数；

c. 根据生态水位系数确定目标水位条件下的年内逐月水位。

（2）研究结果

水位变异（1965 年）之前的水位情况受气候变化和人类活动扰动小，年内水位变化过程更符合白洋淀天然的生境需求。以 1950 ~ 1964 年水位良好期年内水位数据为基准数据，采用生态水位系数法确定雄安新区规划未来 7m 水位条件下白洋淀逐月水位变化情况，如表 3-18 所示，与生态良好期水位的对比情况见图 3-8。

表 3-18 生态水位系数法计算白洋淀逐月水位变化情况

月份	1	2	3	4	5	6	7	8	9	10	11	12
水位/m	7.01	6.94	6.86	6.71	6.60	6.49	6.63	7.48	7.63	7.38	7.20	7.08

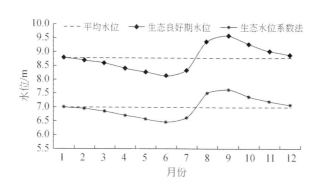

图 3-8 水位变化过程比较图

3.4.3 基于生态因子比尺的健康生态水文节律重构研究

(1) 研究方法

生态因子比尺法主要包括以下步骤：

a. 采用 Mann-Kendall 趋势检验法确定白洋淀历史水位变异点，确定水位天然期；

b. 选取对水位变化较为敏感的生态因子，确定水位天然期的干湿交替面积变化率；

c. 采用年保证率法确定一个试算水位，确定此水位下生态因子的干湿交替面积变化率；

d. 采用比值法校核验证设定的试算水位的准确性，若比值为 [0.95, 1.05]，则认为试算水位符合要求，若不为 [0.95, 1.05]，则重新调整试算水位，直至比值符合范围区间。其中，干湿交替面积变化率和比值法的计算公式分别为

$$r_i = \frac{A_{(i+1)} - A_i}{A} \tag{3-7}$$

$$r'_i = \frac{A'_{(i+1)} - A'_i}{A'} \tag{3-8}$$

$$\rho_i = \frac{r_i}{r'_i} \tag{3-9}$$

式中，r_i 和 r'_i 分别为历史天然水位过程阶段和试算水位条件下的干湿交替面积变化率；$A_{(i+1)}$、A_i 和 $A'_{(i+1)}$、A'_i 分别为历史天然水位过程阶段和试算水位条件下第 $i+1$、i 时段的淹没生态主控因子的面积；A 和 A' 为历史天然水位过程阶段和试算水位条件下的生态主控因子的面积；ρ_i 为第 i 时段的天然水位过程干湿交替面积变化率与试算水位条件下干湿交替面积变化率的比值，比值 ρ_i 越接近 1 则试算水位的准确性越高，当 $0.95 \leqslant \rho_i \leqslant 1.05$ 则试算水位符合一致性要求。

(2) 研究结果

以 LUCC 分类体系中的湖泊类型作为典型生境因子进行年内水位波动变化分析，以 1950~1964 年水位良好期年内湖泊淹没面积变化率为基础，根据湖泊淹没面积变化率一致性确定白洋淀的健康水位变化过程。采用生态因子比尺法确定的湖泊淹没面积变化率与水位良好期的比较见图 3-9，白洋淀逐月水位变化情况如表 3-19 所示。

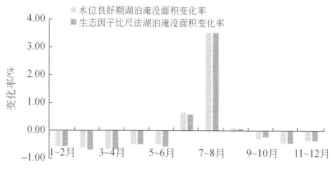

图 3-9　湖泊淹没面积变化率比较图

表 **3-19**　生态因子比尺法计算白洋淀 **2017** 年逐月水位变化情况

月份	1	2	3	4	5	6	7	8	9	10	11	12
水位/m	7.01	6.86	6.75	6.64	6.58	6.49	6.58	7.55	7.65	7.45	7.20	7.08

3.4.4　湖泊健康生态水文节律重构结果

　　分析生态水位系数法和生态因子比尺法所确定的水位变化过程发现，两种方法求得的年内水位变化过程较为接近，比较见图 3-10。

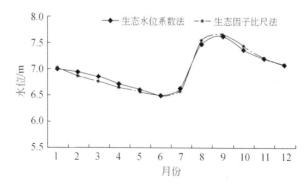

图 3-10　生态水位系数法和生态因子比尺法确定的水位变化过程比较图

　　从年内水位变化过程的合理性来看，白洋淀水位在 1965 年左右发生变异，此后白洋淀水位持续呈现明显的下降趋势，相比较而言 1965 年之前的水位情况受气候变化和人类活动扰动小，其年内水位变化过程更符合白洋淀天然的生境需求。

　　从防洪情况来看，白洋淀周边有千里堤（省 1 级堤防）、障水埝（省 4 级堤防）和四门堤（省3级堤防）、淀南新堤（省4级堤防）、新安北堤（省3级堤防）分别从东西南北四周环绕，堤防总长202.6km。设计滞洪水位为9m，蓄水量为10.7亿 m^3。不同的洪水标准下所采用的泄洪方式、最高水位、蓄水量和出淀流量均有所不同，具体的白洋淀防洪情况如表3-20所示。

表3-20　白洋淀防洪情况

洪水标准	5年一遇	10年一遇	20年一遇	30年一遇	50年一遇	100年一遇
泄洪方式	不向周边分洪	不向周边分洪	向淀南新堤、障水埝、四门堤分洪	周边泄洪区全部启用	启用周边并向小关分洪	启用周边并向小关分洪
最高水位/m	8.13	8.85	9.00	9.32	9.94	10.30
最大蓄水量/亿 m^3	7.08	10.00	18.12	24.45	30.86	34.55
枣林庄最大出流量 /(m^3/s)	1108	1930	2050	2479	3372	4195

枣林庄枢纽是白洋淀出口的唯一控制性工程，泄水闸有四孔闸和二十五孔泄洪闸。根据白洋淀四孔闸和二十五孔泄洪闸的水工建筑物的特征值来看，四孔闸底板高程4.0m，顶高程10.3m，设计水位9.0m，校核水位10.0m；二十五孔泄洪闸底板高程5.5m，顶高程9m，设计水位9.0m，校核水位10.0m，基于生态水位系数法和生态因子比尺法计算求得的年内最大水位分别为7.63m和7.65m，满足白洋淀泄水建筑物的水位要求。

综合来看，所求的白洋淀年内水位变化以水位良好期的水位变化过程为依据，满足白洋淀防洪需求。

3.5　淀泊水动力优化研究

3.5.1　水动力模型构建与淀泊现状水动力分析

（1）MIKE21水动力模型简介

选用MIKE21水动力模型进行白洋淀水动力过程的模拟。MIKE模型是由丹麦水力研究所开发的一款比较典型的水文模型，目前在水文水资源、水环境保护、水利工程和相关学科的研究、规划与设计中，其开发和应用都具有广阔的前景。其中MIKE21是其系列水动力学软件之一，主要应用于河口、海湾及海洋近岸区域的水流及水环境的模拟，可用于模拟潮汐动力、风/波生流、二次环流、港工、航道、溃坝、海啸等方面的水流现象。同时还能为工程应用、海岸管理及规划提供完备、有效的设计环境。

1）水动力控制方程

模型基于三向不可压缩和 Revnolds 值均布的 Navier-Stokes 方程，并服从于 Boussinesq 假定和静水压力的假定，即流体在低速流动过程中，忽略压强变化对其密度产生的影响，仅考虑温度变化对其密度产生的影响。

连续方程：

$$\frac{\partial h}{\partial t}+\frac{\partial h\bar{u}}{\partial x}+\frac{\partial h\bar{v}}{\partial y}=hS \tag{3-10}$$

动量方程：

$$\frac{\partial h\bar{u}}{\partial t}+\frac{\partial h\bar{u}^2}{\partial x}+\frac{\partial h\overline{uv}}{\partial y}=f\bar{v}h-gh\frac{\partial \eta}{\partial x}-\frac{h}{\rho_0}\frac{\partial p_a}{\partial x}-\frac{gh^2}{2\rho_0}\frac{\partial \rho}{\partial x}+\frac{\tau_{sx}}{\rho_0}-\frac{\tau_{bx}}{\rho_0}$$
$$-\frac{1}{\rho_0}\left(\frac{\partial s_{xx}}{\partial x}+\frac{\partial s_{xy}}{\partial y}\right)+\frac{\partial}{\partial x}\left(hT_{xx}\right)+\frac{\partial}{\partial y}\left(hT_{xy}\right)+hu_sS \tag{3-11}$$

$$\frac{\partial h\bar{v}}{\partial t}+\frac{\partial h\bar{v}^2}{\partial y}+\frac{\partial h\overline{uv}}{\partial x}=-f\bar{v}h-gh\frac{\partial \eta}{\partial y}-\frac{h}{\rho_0}\frac{\partial p_a}{\partial y}-\frac{gh^2}{2\rho_0}\frac{\partial \rho}{\partial y}+\frac{\tau_{sy}}{\rho_0}-\frac{\tau_{by}}{\rho_0}$$
$$-\frac{1}{\rho_0}\left(\frac{\partial s_{xy}}{\partial x}+\frac{\partial s_{yy}}{\partial y}\right)+\frac{\partial}{\partial x}\left(hT_{xy}\right)+\frac{\partial}{\partial y}\left(hT_{yy}\right)+hv_sS \tag{3-12}$$

式中，t 为时间；x，y 为笛卡儿坐标系坐标；η 为水位；$h=\eta+d$ 为总水深，d 为静止水深；u、v 分别为 x、y 方向上的速度；f 为哥氏力系数；g 为重力加速度；ρ_0、ρ 为温度变化前后水密度；s_{xx}、s_{xy}、s_{yy} 分别为辐射应力分量；S 为源项；u_s、v_s 为源项水流流速；p_a 为压强；τ_{sx}、τ_{bx}、τ_{sy}、τ_{by} 为切应力 τ 的分项。

式中，字母中带横杠的表示为平均值。$\bar{u}$、$\bar{v}$ 为沿水深平均的流速，由公式（3-13）定义：

$$\begin{cases} h\bar{u}=\int_{-d}^{\eta}u\mathrm{d}z \\ h\bar{v}=\int_{-d}^{\eta}v\mathrm{d}z \end{cases} \tag{3-13}$$

T_{ij} 为水平黏滞应力项，包括黏性力、紊流应力和水平对流，根据沿水深平均的速度梯度用涡黏性方程（3-14）得出：

$$\begin{cases} T_{xx}=2A\frac{\partial \bar{u}}{\partial x} \\ T_{xy}=A\left(\frac{\partial \bar{u}}{\partial y}+\frac{\partial \bar{v}}{\partial x}\right) \\ T_{yy}=2A\frac{\partial \bar{v}}{\partial y} \end{cases} \tag{3-14}$$

2）空间离散

浅水方程的通用形式一般为

$$\frac{\partial U}{\partial t}+\nabla \cdot F(U)=S(U) \tag{3-15}$$

式中，U 为守恒型物理矢量；F 为通量矢量；S 为源项；$\nabla \cdot F$（U）为矢量 F 的散度。

其在笛卡儿坐标系可表示为

$$\frac{\partial U}{\partial t}+\frac{\partial(F_x^I-F_x^V)}{\partial x}+\frac{\partial(F_y^I-F_y^V)}{\partial y}=S \tag{3-16}$$

式中，上标 I 代表无黏性通量；上标 V 代表黏性通量。

其表达式为

$$U=\begin{bmatrix} h \\ h\bar{u} \\ h\bar{v} \end{bmatrix} \tag{3-17}$$

$$F_x^I=\begin{bmatrix} h\bar{u} \\ h\bar{u}^2+\frac{1}{2}g(h^2+d^2) \\ h\overline{uv} \end{bmatrix} \tag{3-18}$$

$$F_x^V=\begin{bmatrix} 0 \\ hA\left(2\frac{\partial \bar{u}}{\partial x}\right) \\ hA\left(\frac{\partial \bar{u}}{\partial y}+\frac{\partial \bar{v}}{\partial x}\right) \end{bmatrix} \tag{3-19}$$

$$F_y^I=\begin{bmatrix} h\bar{v} \\ h\overline{vu} \\ h\bar{v}^2+\frac{1}{2}g(h^2-d^2) \end{bmatrix} \tag{3-20}$$

$$F_y^V=\begin{bmatrix} 0 \\ hA\left(\frac{\partial \bar{u}}{\partial y}+\frac{\partial \bar{v}}{\partial x}\right) \\ hA\left(2\frac{\partial \bar{v}}{\partial y}\right) \end{bmatrix} \tag{3-21}$$

$$S = \begin{bmatrix} 0 \\ gh\frac{\partial d}{\partial x} + f\bar{v}h - \frac{h}{\rho_0}\frac{\partial P_a}{\partial x} - \frac{gh^2}{2\rho_0}\frac{\partial \rho}{\partial y} - \frac{1}{\rho_0}\left(\frac{\partial s_{xx}}{\partial x} + \frac{\partial s_{xy}}{\partial y}\right) + \frac{\tau_{sx}}{\rho_0} - \frac{\tau_{bx}}{\rho_0} + hu_s \\ gh\frac{\partial d}{\partial y} + f\bar{u}h - \frac{h}{\rho_0}\frac{\partial P_a}{\partial y} - \frac{gh^2}{2\rho_0}\frac{\partial \rho}{\partial y} - \frac{1}{\rho_0}\left(\frac{\partial s_{xy}}{\partial x} + \frac{\partial s_{yy}}{\partial y}\right) + \frac{\tau_{sy}}{\rho_0} - \frac{\tau_{by}}{\rho_0} + hv_s \end{bmatrix} \quad (3\text{-}22)$$

通过 Gauss 原理对第 i 个单元进行积分,其公式为

$$\int_{A_i}\frac{\partial U}{\partial t}\mathrm{d}\Omega + \int_{\Gamma_i}(F,n)\mathrm{d}S = \int_{A_i}S(U)\mathrm{d}\Omega \quad (3\text{-}23)$$

式中,A_i 为单元 Ω_i 的面积;Γ_i 为单元的边界;$\mathrm{d}S$ 为沿着边界的积分变量。

使用单点求积法进行所计算面积的积分,此时求积点为计算单元的质心,则式(3-23)可表达为

$$\frac{\partial U_i}{\partial t} + \frac{1}{A}\sum_i^{NS}F\cdot n\Delta\Gamma_i = S_i \quad (3\text{-}24)$$

式中,U_i 为第 i 个单元的 U 的平均值;S_i 为第 i 个单元 S 的平均值,且都位于单元中心;NS 为单元的边界数;$\Delta\Gamma_i$ 为第 i 个单元的长度或面积积分。

3)时间积分

MIKE21 模型的浅水方程的时间积分分为两种,分别为低阶和高阶。其主要区别在于模拟的精度及模拟所耗费的时长,通常情况下高阶的方法计算精度高,但速度较慢,即模拟耗时较长。

时间积分的一般形式为

$$\frac{\partial U}{\partial t} = G(U) \quad (3\text{-}25)$$

而模型的低阶方法表达式为

$$U_{n+1} = U_n + \Delta t G(U_n) \quad (3\text{-}26)$$

式中,Δt 为时间步长。

其高阶方法表达式为

$$U_{n+1/2} = U_n + \frac{1}{2}\Delta t G(U_n) \quad (3\text{-}27)$$

$$U_{n+1} = U_n + \Delta t G(U_{n+1/2}) \quad (3\text{-}28)$$

(2)模型数据准备与搭建

根据白洋淀经纬度计算区域的 UTM 投影,白洋淀位于 38°43′~39°02′N,115°38′~116°07′E,UTM 投影计算为(经度/6 的整数+31),计算可得白洋淀为 UTM50 区域,即边界数据和地形数据都转化为 WGS_1984_UTM_ZONG_50N 进行处理。

白洋淀地形数据来源于 2017 年测定的白洋淀 1∶2000 地形数据，其中对淀区地形数据进行处理及验证，包括去除可疑点、去除重复点。

模型搭建选择三角网格进行划分，将白洋淀区域划分为 9962 个网格，网格节点数为 5941 个。生成淀区网格剖分图，同时基于网格进行插值，生成模型所需地形文件。

（3）模拟参数设定

1）时间步长

选取 2017 年上半年进行模型的率定，模型模拟时间为 2017 年 1 月 1 日至 2017 年 6 月 30 日，总时间为 181 天，时间步长为 60s。

2）求解格式

模型的时间积分与空间离散求解均分为低阶和高阶两种格式。其中在运算过程中高阶较低阶模拟的精度更高，但相应耗时更长，在此为了模拟的精度，均选用高阶求解格式。而为了保证模型的稳定性，一般情况下需要满足收敛条件判断数 CFL 值小于 1，其求解公式如式（3-29）所示，在此为了避免模型发散，取 CFL 值为 0.8。

对于笛卡儿坐标下的浅水方程，CFL 被定义为

$$\text{CFL}_{\text{HD}} = \left(\sqrt{gh} + |u| \frac{\Delta t}{\Delta x} + (\sqrt{gh} + |v|) \frac{\Delta t}{\Delta y} \right) \tag{3-29}$$

式中，h 为总水深；u 和 v 为流速在 x 和 y 方向上的分量；g 为重力加速度；Δx 和 Δy 为 x 和 y 方向的特征长度；Δt 为时间间距。Δx 和 Δy 近似于三角形网格的最小边长，水深和流速值为三角形网格中心的取值。

而输移方程式在笛卡儿坐标系上的 CFL 数被定义为

$$\text{CFL}_{\text{AD}} = |u| \frac{\Delta t}{\Delta x} + |v| \frac{\Delta t}{\Delta y} \tag{3-30}$$

3）干湿水深

在模型计算过程中，为了避免出现不稳定，一般可启用 Flood and Dry 选项。在此需要设定干水深（drying depth，h_{dry}）、淹没水深（flooding water depth，h_{flood}）和湿水深（wetting depth，h_{wet}）。一般要求 $h_{\text{dry}} < h_{\text{flood}} < h_{\text{wet}}$。当某一单元的水深小于湿水深时，此单元上的水流会被相应调整。当水深小于干水深时，该网格单元将被冻结不再参与计算，直到重新被淹没为止，模型中基于淹没水深来判定某一网格单元是否处于淹没状态；当某一网格单元处于淹没状态但水深小于湿水深时，模型中在该网格点处不再进行动量方程的计算，仅计算连续方程。在此将白洋淀模型干湿水深保持为模型的默认设定值，即干水深 $h_{\text{dry}} = 0.005\text{m}$，淹没水深 $h_{\text{flood}} = 0.05\text{m}$，湿水深 $h_{\text{wet}} = 0.1\text{m}$。

4） 密度

由于白洋淀的水深较小，水深基本在 2～3m，其在垂向上的密度变化不大，模拟过程中忽略密度梯度。

5） 涡黏系数

涡黏系数用来模拟湍流流动，通过涡黏度将雷诺应力和平均流场联系起来，其分为水平涡黏系数和垂直涡黏系数，本次模拟只考虑水平涡黏系数。模型涡黏系数的设定有 3 种形式，即无涡黏、定常数涡黏系数和 Smagorinsky 公式，本次模拟中选用 Smagorinsky 公式进行涡黏系数的设定，设置为 0.28。

6） 底床糙率

底床糙率即底床摩擦率，是反映水域底部对于水流阻力大小的系数，其主要影响模拟的流速及水位的变化。底床糙率设定分 3 种形式，分别为无底床阻力、谢才系数和曼宁系数，本次模拟中选择曼宁系数。白洋淀湖泊内部的区域特征较为明显，植物区域和明水面区分显著，且在特定区域有障碍物的阻隔。结合土地利用类型和勾勒出的白洋淀水系，基于土地利用类型数据，在白洋淀的不同区域设定不同的底床糙率，经过多次率定后对底床糙率进行取值，各土地利用类型的底床糙率设置为，水田取为 $10\text{m}^{1/3}/\text{s}$、旱地取为 $20\text{m}^{1/3}/\text{s}$、滩地取为 $5\text{m}^{1/3}/\text{s}$、水库坑塘取为 $32\text{m}^{1/3}/\text{s}$。最终生成白洋淀的底床糙率文件。

7） 风场

风场的设定分为 3 种形式，分别为常数，随时间变化、空间上保持不变，随时间和空间变化。在此选择保定站的风场数据，数据来源为中国气象数据网，生成风场时间序列文件，并添加风场玫瑰图，如图 3-11 和图 3-12 所示。

8） 降雨蒸发

降雨分为 3 种形式，分别为无降雨、设定降雨和净降雨。在此选用设定降雨模式，降雨数据和蒸发数据来源于中国气象数据网，站点为保定站。生成白洋淀降雨时间序列文件和蒸发时间序列文件，如图 3-13 和图 3-14 所示。

9） 边界设置

本次模拟的边界数据来源于统计年鉴，其中，进水口边界设置为流量边界，而出水口边界设置为水位边界。

10） 其他因素

例如，点源、冰盖、潮汐势能、波浪辐射、水工建筑物在本次模拟暂不涉及，不予考虑。

11） 初始条件

由于模型的初始条件对后续模拟的影响相对较小，在此将白洋淀湖泊初始水位设定为统一水位，结合十方院水位在此将模型的初始水位设置为 7.27m，初始流速设定为0。

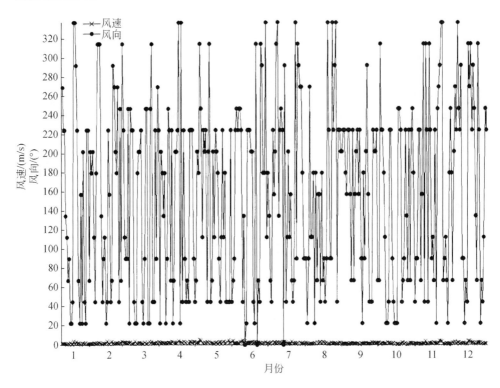

图 3-11　2017 年白洋淀区域风速–风向时间序列图

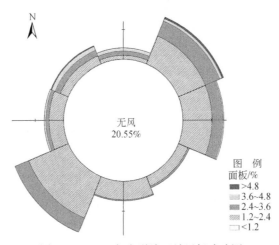

图 3-12　2017 年白洋淀区域风场玫瑰图

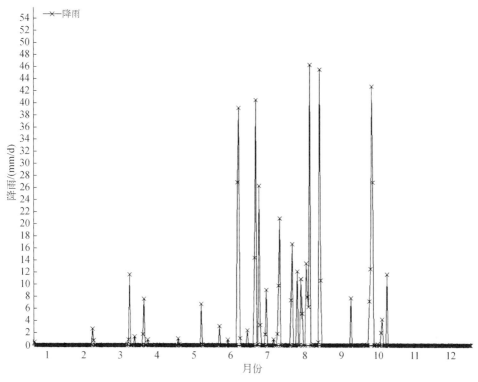

图 3-13　2017 年白洋淀区域降雨时间序列图

（4）模型率定与验证

根据现有数据，选用水位进行率定。主要站点为王家寨、端村和新安 3 个水位点。其中模拟水位与实测水位对比如图 3-15 所示。

在此采用平均绝对误差（MAE）、平均相对误差（MRE）和均方根误差（RMSE）进行水动力模型效果的评估。

其中平均绝对误差（MAE）能够反映模拟值误差的实际情况，其计算公式为

$$\mathrm{MAE} = \frac{\sum\limits_{i=1}^{n} | x_i - \hat{x}_i |}{n} \times 100\% \qquad (3\text{-}31)$$

平均相对误差（MRE）能够反映模拟的可信程度，其计算公式为

$$\mathrm{MRE} = \frac{\sum\limits_{i=1}^{n} \left| \dfrac{x_i - \hat{x}_i}{\bar{\hat{x}}} \right|}{n} \times 100\% \qquad (3\text{-}32)$$

均方根误差（RMSE）能够反映模拟的精密度，其计算公式为

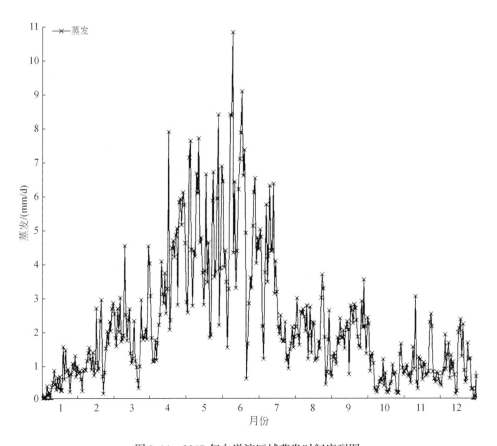

图 3-14　2017 年白洋淀区域蒸发时间序列图

$$\text{RMSE} = \sqrt{\frac{\sum_{i=1}^{n}(x_i - \hat{x}_i)^2}{n}} \times 100\% \qquad (3\text{-}33)$$

式中，x_i 和 $\hat{x}_i$ 分别为水位监测点每天水位的模拟值和实测值；$\bar{x}$ 为实测的水位平均值；n 为模拟值与实测值有效的天数。

计算可得：王家寨水位点的平均绝对误差（MAE）为 20.46%，平均相对误差（MRE）为 4.24%，均方根误差（RMSE）为 20.59%；端村水位点的平均绝对误差（MAE）为 11.96%，平均相对误差（MRE）为 1.71%，均方根误差（RMSE）为 1.75%；新安水位点的平均绝对误差（MAE）为 8.01%，平均相对误差（MRE）为 1.15%，均方根误差（RMSE）为 1.29%。误差指标均在可接受范围内，模拟结果可靠，能够满足其他情景模拟的需要。

选用 2017 年下半年相关数据进行模型的验证，重新运行模型，并将模拟结

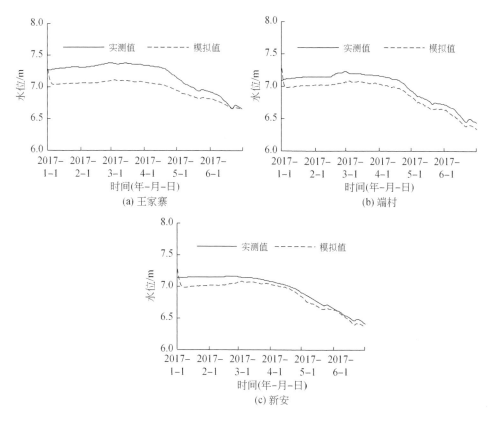

图 3-15　白洋淀模拟水位与实测水位对比图

果与实测数据进行对比，如图 3-16 所示。

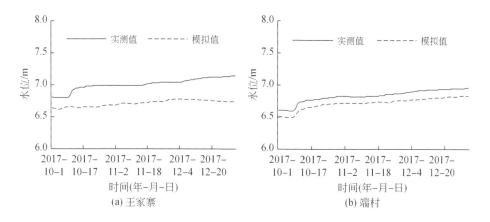

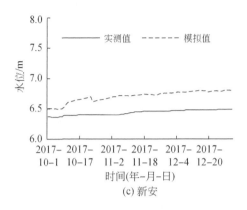

(c) 新安

图 3-16　白洋淀模拟水位与实测水位对比图

重新计算各水位点的平均绝对误差（MAE）、平均相对误差（MRE）、均方根误差（RMSE）。验证结果显示，王家寨水位点的平均绝对误差（MAE）为19.51%，平均相对误差（MRE）为4.29%，均方根误差（RMSE）为4.29%；端村水位点的平均绝对误差（MAE）为11.30%，平均相对误差（MRE）为1.69%，均方根误差（RMSE）为1.70%；新安水位点的平均绝对误差（MAE）为8.39%，平均相对误差（MRE）为1.87%，均方根误差（RMSE）为1.36%。验证结果表明，模型可靠。

3.5.2　淀泊水动力优化情景分析

白洋淀具有缓洪滞沥、涵养气候、鱼类养殖和维持生物多样性等重要的生态功能。而近些年来，由于气候的改变和人类活动的影响，人类对淀区的利用程度超出了淀区的承载能力，淀区逐渐出现了泥沙淤泥、航运中断、生物多样性降低等问题，生态系统稳定性遭到了破坏。为了更好地增加淀区水体活力，同时也为了更好地发挥白洋淀的生态功能，设定地形改造情景、洪水情景、水文节律情景和补水优化情景，探究各情景下淀区的水动力改善效果。

（1）地形改造情景

白洋淀具有缓洪滞沥的重要功能，而近些年来，由于泥沙淤积，淀底抬高、淀区萎缩、库容降低、蓄水量下降，进而大大影响了淀区湿地的生态功能。为了进一步增加淀区水体的过水断面面积，疏通航道，扩大库容，同时增加淀区的行洪能力，通过在主河槽范围内进行生态清淤，将主河槽范围内部高程在原有基础上降低0.5m，设定主要行水通道清淤情景。《白洋淀环境综合整治与生态修复规划（2017—2030 年)》中提出对淀区实施生态清淤工程，同时圈定清淤范围，旨在有效扩大白洋淀的调蓄能力，疏通航道，同时避免底泥中的污染物质释放到水体中，减轻对水体造成的二次污染。根据公开资料，淀区沉积淤泥超过 60cm 厚度。依据生态清淤范围，通过对淀区地形进行二次营造，设计主要淤积区清淤情景，探究清淤后地形的改变对淀区水动力形成的优化。

1）主要行水通道清淤

通过已有的海河流域水系图，叠加白洋淀遥感图，确定淀区内部的主要河道位置，即连通区位置。利用 ArcGIS 进行文件的裁剪，获取淀区内部的主要连通区位置。通过测量淀区主要河槽，确定淀区主河槽宽度多为 20m。对主要连通区进行缓冲处理，左右缓冲 10m，进而得到地形改造区域，称为连通性改善区，总面积为 5.97km²。

基于 2017 年最新测量的 1∶2000 地形数据，生成淀区地形栅格数据。通过三角网转栅格的方式进行淀区地形栅格的处理。基于现有的地形高程点数据，进行三角网的插值，生成 TIN 文件。根据白洋淀边界范围，进行 TIN 文件的裁剪，生成淀区的 TIN 文件。最后利用 TIN 地形文件进行栅格的制作，进行 TIN 转栅格，设置空间分辨率为 10m，生成白洋淀地形栅格文件。

利用白洋淀的连通性改善区提取出该区域范围内的地形栅格。利用栅格计算器将该区域的地形栅格降低 0.5m，同时与剩余区域的栅格进行镶嵌。

利用降低后的栅格地形，提取连通性改善区的地形，将此范围内的地形高程转换为高程点数据。同时根据 1∶2000 的地形数据，剔除掉连通性改善区的点位，将剩余的高程点数据与降低后的栅格高程点数据进行合并，重新生成清淤后的地形高程数据。

2）主要淤积区清淤

清淤地形改造的高程处理与主河槽地形改造步骤保持一致，区别在于改造区域的不同。

（2）洪水情景

1）白洋淀特征水文参数及堤防情况

一般认为白洋淀水位达到 5.0m 时即处于干淀的情况，5.0m 也为白洋淀的死水位。相关特征水位及对应的库容和水面面积如表 3-21 所示，由表中的防洪限制水位对应库容和校核洪水水位对应库容，可确定白洋淀调洪库容为 9.20亿 m³。

表3-21   白洋淀特征水位（85高程）及库容

特征水位	水位/m	库容/亿 m³	水面面积/km²
死水位	5.0	1.02	96.04
防洪限制水位	6.8	4.22	259.79
赵北口溢流堰堰顶高程	7.5	6.18	295.41
防洪保证水位	9.0	10.76	311.47
校核洪水水位	9.85	13.42	315.20

历史上，白洋淀堤防"形于宋，盛于明，成于清"。现在白洋淀周边有堤防环绕，东有千里堤，南有淀南新堤，西有四门堤和障水埝，北有新安北堤，堤防总长203km。堤防具体参数见表3-22。

表3-22   白洋淀堤防情况

名称	堤长/km	堤顶宽/m	堤顶高程/m（85高程）
千里堤	20.70	8.00	12.50~14.57
新安北堤	45.54	8.00	10.90~11.74
障水埝	17.30	6.0~8.0	10.90~11.09
四门堤	73.30	8.00	10.50~12.40
淀南新堤	20.01	6.50	10.50~10.81

2）设计洪水过程线求取

a. 对关于白洋淀入淀洪水过程的参考文献中得出的计算结果进行"三性"审查后，再用 GetDataW 以 24h 为尺度进行数据提取，得出在设计频率2%、5%、10%的典型洪水、下泄流量及水位变化结果，其洪水过程见图3-17。

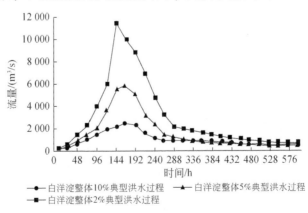

图3-17   白洋淀入淀在设计频率2%、5%和10%的典型洪水过程图

b. 将 2%、5%、10% 的洪峰流量 11 391.3m³/s、5833.33m³/s 和 2422.22m³/s 整理并填上相应经验频率组成连续序列样本,由于已有洪峰流量均是特大洪水序列,应使用特大洪水序列经验频率公式进行经验频率计算,计算公式见式 (3-34)。

$$P_M = \frac{M}{N+1} \qquad (3\text{-}34)$$

式中,P_M 为实测系列第 M 项的经验频率;M 为特大洪水由大至小排列的序号;N 为自最远的调查考证年份至今的年数。

得出连续序列样本后,按照 P-Ⅲ型频率曲线方法,用水文频率分布曲线适线软件(徐磊改版)进行白洋淀入淀 P-Ⅲ型分布频率曲线的绘制;以拟合度最优为目标,对频率曲线 Ex、Cv、Cs 进行设置调整。调整后得出在拟合优度为 0.9962 的 Ex、Cv 和 Cs 的值分别为 2436.09、1.24 和 8.49,绘制出最优白洋淀入淀洪峰流量频率曲线图(图 3-18)。将各设计频率的洪峰流量结果导出后得到设计频率 1% 的洪峰流量 16 562.43m³/s。

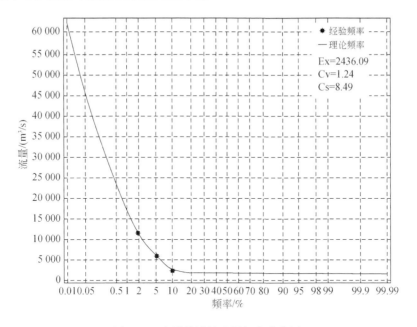

图 3-18 白洋淀洪峰流量频率曲线图

c. 由于本次选择的典型洪水过程线峰量关系较好且设计洪峰与实际洪峰差异不大,所以使用同倍比放大法以洪峰控制的放大倍比来放大 2% 典型洪水过程线的各纵坐标值后求出百年一遇即设计频率 1% 的设计洪水过程。其放大倍比的公式如下:

$$K_Q = \frac{Q_{mP}}{Q_{mD}} \qquad (3\text{-}35)$$

式中，K_Q 为以峰控制的放大系数；Q_{mP} 为设计洪峰流量；Q_{mD} 为典型洪峰流量。

将1%设计洪峰流量与2%典型洪峰流量代入，得到放大系数1.45。再通过上述过程最后求出百年一遇设计白洋淀入淀洪水过程线，其洪水过程见图3-19。

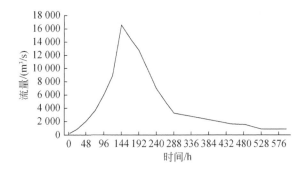

图 3-19　百年一遇白洋淀入淀设计洪水过程线图

d. 根据各入淀河流流域面积占白洋淀入淀整体面积的比例（表3-23），将1%、2%与5%白洋淀入淀洪水过程代入后即得出各入淀河流在不同频率的洪水过程。

表 3-23　各入淀河流流域面积及占整体入淀面积比例

各入淀河流	萍河	白沟引河	瀑河	府河	漕河	孝义河	唐河	潴龙河
控制面积/km²	292.63	464.36	495.18	591.79	1149.32	1480.95	7811.66	9441.08
所占比例/%	1.35	2.14	2.28	2.72	5.29	6.82	35.95	43.45

根据推求的20年一遇洪水过程线（图3-20），同时结合各入淀河流的流域

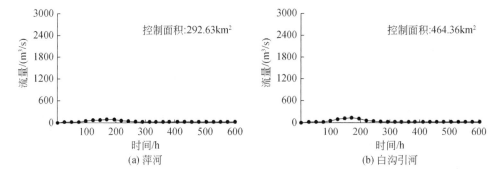

(a) 萍河　　　(b) 白沟引河

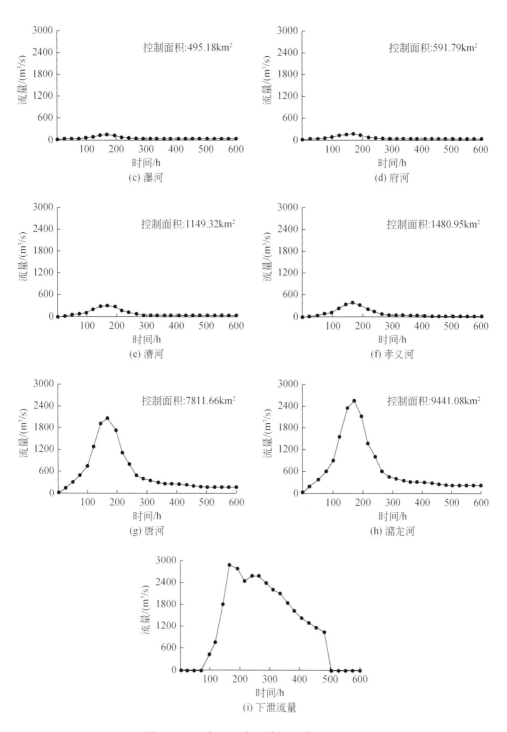

图 3-20 20 年一遇各入淀河流洪水过程线

控制面积及所占比例，进一步计算每条入淀河流的洪水过程，同时生成 MIKE21 水动力模型所需要的模拟文件。其中唐河和潴龙河的控制面积相对较大，其洪峰流量也相对较高。

根据推求的 50 年一遇洪水过程线（图 3-21），同时结合各入淀河流的流域控制面积及所占比例，进一步计算每条入淀河流的洪水过程。而《白洋淀生态环境治理和保护规划（2018—2035 年)》指出枣林庄枢纽溢流堰顶 7.5m 高程为调控线，预留风浪爬高 0.2m 余量，最高水位控制在 7.3m。在此根据枣林庄枢纽水位调控规范将出水口设置为 7.3m 控制水位。同时生成 MIKE21 水动力模型所需要的模拟文件。

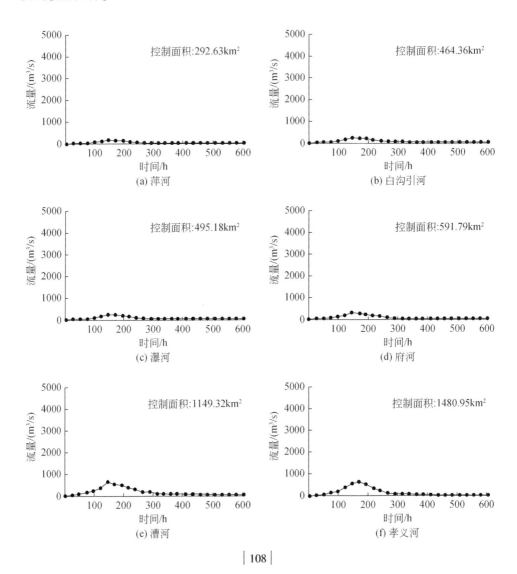

(a) 萍河

(b) 白沟引河

(c) 瀑河

(d) 府河

(e) 漕河

(f) 孝义河

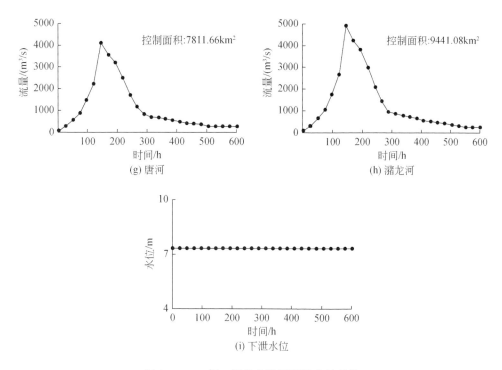

(g) 唐河   (h) 潴龙河

(i) 下泄水位

图 3-21　50 年一遇各入淀河流洪水过程线

　　根据推求的百年一遇洪水过程线（图 3-22），同时结合各入淀河流的流域控制面积及所占比例，进一步计算每条入淀河流的洪水过程。而《白洋淀生态环境治理和保护规划（2018—2035 年）》指出枣林庄枢纽溢流堰顶 7.5m 高程为调控线，预留风浪爬高 0.2m 余量，最高水位控制在 7.3m。在此根据枣林庄枢纽水位调控规范将出水口设置为 7.3m 控制水位。同时生成 MIKE21 水动力模型所需要的模拟文件。

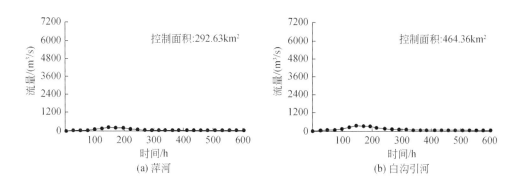

(a) 萍河   (b) 白沟引河

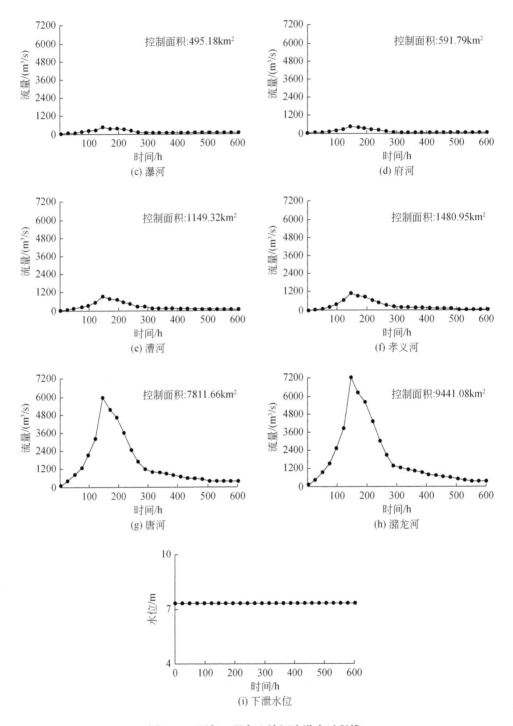

图 3-22　百年一遇各入淀河流洪水过程线

（3）水文节律情景

近些年来，随着气候的改变和人类活动的影响，人类对淀区的开发利用程度逐渐超出了淀区的承载能力，其中 8 条主要入淀河流面临干涸和断流的现象，人为不加约束地通过淀区取用水来进行生产活动，进一步导致淀区出现缺水的状态。同时，淀区的水位变化过程在现状情景下也处于不健康的状态，年际水位变化过程没有维持在促进淀区生态系统良性发展的适宜水位。而水位是整个白洋淀淀区内部动植物从事一切生命活动的根本，为了维持淀区生态系统的稳定，同时促进淀区生态系统良性发展，最重要的是调整淀区的年际水位变化过程，保证淀区处于健康的水文节律过程。在此通过合理利用南水北调中心工程、引黄入冀补淀工程和上游水库补水三大补水渠道，合理调控淀区水位变化，调整淀的淀泊水文变化过程。

为了更好地确定淀区的健康水位变化过程，采用 Mann-Kendall 检验法对白洋淀年尺度水位数据进行分析，结果表明白洋淀水位序列在 1965 年左右发生突变。1950～1964 年为水位良好期，以水位良好期的水位变化过程为基础，采用生态水位系数法确定 7m 的生态水位变化过程，同时与 2017 年淀区水位变化过程进行对比，结果如图 3-23 所示。

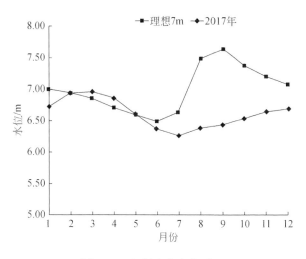

图 3-23　年际水位变化对比

通过对比理想 7m 和 2017 年的年内水位变化，现状情景下淀区的水位变化过程处于极其不健康状态，需要通过外来调水来进行合理的水位变化过程的调控。基于水位库容曲线，如图 3-24 所示，计算理想水位下所对应库容。同时整合淀区降水量、蒸发量、河流入淀水量计算现状情景下淀区逐月所需补水量及泄水量，计算结果如表 3-24 所示。

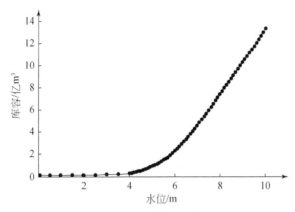

图 3-24　白洋淀水位-库容曲线

表 3-24　年际补水泄水量

时间	理想7m水位/m	对应库容/万 m³	净降水量/万 m³	河流来水量/万 m³	现状年总进水/万 m³	需要补水/万 m³	需要泄水/万 m³
1 月	7.01	46 933.14	−569.69	934.84	365.15	5 992.41	
2 月	6.94	45 360.55	1 122.19	804.11	−318.08		1 254.51
3 月	6.86	43 592.91	1 632.81	896.62	−736.18		1 031.45
4 月	6.71	40 363.75	3 328.76	850.87	−2 477.90		751.27
5 月	6.60	38 066.28	4 778.95	3 030.20	−1 748.74		548.73
6 月	6.49	35 828.54	2 956.27	3 069.27	113.00		2 350.75
7 月	6.63	38 686.94	1 159.37	956.16	2 115.54	742.87	
8 月	7.48	58 118.35	4 194.94	893.38	5 088.32	14 343.09	
9 月	7.63	61 917.62	1 780.76	869.43	−911.32	4 710.60	
10 月	7.38	55 647.20	2 887.64	935.29	3 822.93		10 093.35
11 月	7.20	51 323.52	1 108.74	1 011.20	−97.54		4 226.14
12 月	7.08	48 529.92	1 098.44	1 435.88	337.44		3 131.04

　　结合表 3-24，为了保持淀区的水文节律过程，维持淀区年际良好的水位变化，在 1 月、7 月、8 月和 9 月需要对淀区进行补水，其中，1 月所需水量 5992.41 万 m³，7 月所需水量 742.87 万 m³、8 月所需水量 14 343.09 万 m³、9 月所需水量 4710.60 万 m³。而其他月份则需要通过枣林庄枢纽进行泄水，其中，2 月泄水量为 1254.51 万 m³、3 月泄水量为 1031.45 万 m³、4 月泄水量为 751.27 万 m³、5 月泄水量为 548.73 万 m³、6 月泄水量为 2350.75 万 m³、10 月泄水量为 10 093.35 万 m³、11 月泄水量为 4226.14 万 m³、12 月泄水量为 3131.04 万 m³。综合来看，在白洋淀现状水位变化的基础上，达到 7m 理想水位变化情景则需要

外调 25 788.96 万 m³ 水量。

（4）补水优化情景

为了探究在多水源集中补水下淀区的水动力优化效果，在此综合考虑上游水库、南水北调中线工程和引黄入冀补淀工程三大补水水源，并考虑淀区现状需求，设定多水源集中补水情景。

《白洋淀水资源保障规划（2017—2030 年）》显示，白洋淀恢复到 7m 目标水位时，对应生态需水量为 2 亿 ~4 亿 m³，其中刚性需水量为 2 亿 m³，主要用于蒸发及渗漏量，而考虑到生态修复及水资源开发利用现状，其弹性生态需水量为 1 亿~2 亿 m³。现阶段白洋淀水量来源主要由淀区降水量和外围入淀水量组成，其中外围入淀水量是维持白洋淀水位的主要水量来源，包括天然入淀量、中水入淀水量、上游水库补水量、跨河系及跨流域调水入淀量。

综合来看，淀区补水渠道主要为上游水库、引黄入冀补淀和南水北调中线工程三大渠道。上游水库主要为王快、西大洋和安各庄三大水库。在 2018 年期间，为了缓解白洋淀春季蒸发量大、渗漏量大引起的水位不足的问题，保定市选用王快、西大洋水库对白洋淀进行生态补水，计划出水 0.43 亿 m³，白洋淀收水 0.28 亿 m³。在 4 ~6 月累计补水 2 个月，补水线路总长约 160km，经保定市区大水系输水工程向城区河道生态补水，再由市区至白洋淀应急输水工程及府河补入白洋淀。资料显示，安各庄水库的补水线路为安各庄水库—南拒马河—白沟引河—白洋淀，入淀水量为 0.3 亿 m³，在 6 月 10 日至 7 月 5 日进行生态补水。而为了探究上游水库对淀区水动力的优化，在此将王快水库和西大洋水库设置为最大潜力补水，分别设置为 1.2 亿 m³ 和 0.35 亿 m³，安各庄水库参考现状补水设置补水 0.3 亿 m³。

引黄入冀补淀工程于 2018 年完工，在雄安新区起步初期每年向白洋淀供水暂定为 1.1 亿 m³，在冬季对白洋淀进行集中补水，补水流量 15m³/s。现阶段的引黄入冀补淀对淀区的主要补水通道为小白河，补水通道相对单一，在未来规划中计划进行小白河—潴龙河连通工程，进行水量的均等分配，在此设定小白河、小白河—潴龙河连通工程两种方案，分别进行模拟，分析其对淀区水动力的优化。

南水北调中线工程则主要通过瀑河对白洋淀进行补水，以 12m³/s 的流量入淀，其补水时间主要集中在 4 ~6 月，总计补水 96 天，补水量总计 1 亿 m³。一方面能有效缓解淀区水资源不足及生态需水的需求，另一方面也能缓解淀区水动力不足现状，增加淀区生态系统的活力。

本研究在综合考虑白洋淀生态需水要求和淀区补水现状的基础上，基于《白洋淀水资源保障规划（2017—2030 年）》，结合上游水库、南水北调中线工程、引黄入冀补淀工程主要补水通道对白洋淀补水进行模拟研究，在此考虑淀区需水要求进行多水源集中供水下对淀区水动力的综合优化（表3-25）。

表3-25 补水方案设置

方案	补水水源	补水水量	补水渠道和流量
多水源集中供水	上游水库–引黄入冀补淀–南水北调中线工程	3.95亿 m³，其中，上游水库补水1.85亿 m³，引黄入冀补淀工程补水1.1亿 m³，南水北调中线工程补水1亿 m³	府河：流量为29.9m³/s 白沟引河：流量为11.57m³/s 小白河：流量为15m³/s 瀑河：流量为12m³/s

3.5.3 淀泊水动力优化分析

（1）地形改造情景分析

1）主要行水通道清淤模型模拟

结合 MIKE21 水动力模型进行地形改造后白洋淀水动力优化情景的模拟，在原网格的基础上进行地形 mesh 文件的制作。

为了对比淀区地形改造后的水动力改善效果，基于现状数据进行水动力过程的模拟，情景模拟时间为2017年1月1日至2017年3月5日，其他参数设定与现状模拟保持一致。

2）主要行水通道清淤结果分析

采用 Fragstats4.2 软件对7m水位条件下的白洋淀原始地形水面和改造地形水面进行连通性分析，选取景观连接度（connectance index，CONNECT）、斑块结合度（patch cohesion index，COHESION）和聚集度指数（aggregation index，AI）3个指标进行分析，各指标计算公式如下：

$$\text{CONNECT} = \frac{\sum_{j=k}^{n} C_{ijk}}{n_i(n_i - 1)} \times 2 \tag{3-36}$$

式中，n_i 为第 i 类湿地景观斑块数；C_{ijk} 为第 i 类湿地景观斑块 j 和斑块 k 在阈值距离内的连接状况，0 为未连接，1 为连接。

$$\text{COHESION} = 1 - \frac{\sum_{i=1}^{m}\sum_{j=1}^{n} P_{ij}}{\sum_{i=1}^{m}\sum_{j=1}^{n} P_{ij}\sqrt{a_{ij}}}\left(1 - \frac{1}{\sqrt{A_i}}\right)^{-1} \times 100 \tag{3-37}$$

式中，m 为景观类型数量；n 为景观类型斑块数量；a_{ij} 为第 i 类第 j 个斑块的面积；A_i 为第 i 类景观的总面积；P_{ij} 为第 i 类第 j 个斑块的周长。

$$AI = \sum_{i=1}^{m} \left(\frac{g_{ii}}{\max g_{ii}} \right) p_i \times 100 \qquad (3\text{-}38)$$

式中，p_i 为某类型斑块占景观的比例；g_{ii} 为同一斑块类型 i 不同斑块之间的像元数量；$\max g_{ii}$ 为同一斑块类型 i 不同斑块之间的最大可能像元数量。

通过对转换栅格文件进行分析后可以发现，地形改造后的水面景观连接度、斑块结合度和聚集度指数均有增大，表明地形改造后，区域水面的连通性和聚集性均有所提高（表3-26）。

表 3-26 水面类型景观连通性格局指数

情景	景观连接度	斑块结合度	聚集度指数
原始地形	1.7271	99.9879	98.5091
改造地形	1.7655	99.9883	98.5095
指数变化	0.0384	0.0004	0.0004

根据 2017 年白洋淀水位波动，在 2017 年期间，淀区日均水位最高点在 1 月 14 日，水位为 7.00m，在 6.5~7m 规划水位之间，具有较强的代表性。该时段淀区的入流量为 3.41m³/s，出流量为 0。为了更好地反映出通过地形改造后淀区的水动力优化效果，利用 Data Extration FM 对模型的模拟结果进行提取，提取出年际高水位下淀区的流速分布。同时通过 MIKE Zero Toolbox 工具将提取的流场图转换为矢量文件，利用 ArcGIS 进行数据的二次处理，进而进行数据统计工作。结果见表 3-27 和表 3-28。

表 3-27 流速提升面积分布

流速/(m/s)	面积/hm²		
	现状	地形改造	差值
0	3 675.78	3 322.89	−352.89
(0, 0.001]	3 214.62	2 924.01	−290.61
(0.001, 0.005]	18 063.9	18 355.86	291.96
(0.005, 0.01]	6 363.72	6 430.05	66.33
(0.01, 0.02]	2 131.29	2 348.1	216.81
(0.02, 0.03]	386.91	463.68	76.77
(0.03, 0.04]	176.13	161.46	−14.67

流速/(m/s)	面积/hm²		
	现状	地形改造	差值
(0.04, 0.05]	54.45	48.69	-5.76
(0.05, 0.1]	46.8	59.58	12.78
>0.1	3.33	2.61	-0.72

表3-28　主要行水通道清淤流速对比

情景	最大流速/(m/s)	平均流速/(m/s)
现状	0.113 4	0.004 24
地形改造	0.113 8	0.004 39

对比地形改造前后白洋淀内部的流场分布，为了更好地分析淀区在不同流速范围内的优化效果，在此选取流速分别为0、0.001m/s、0.005m/s、0.01m/s、0.02m/s、0.03m/s、0.04m/s、0.05m/s、0.1m/s作为流速关键节点，计划分为10类流速梯度。综合来看，对淀区主航道内部区域进行适当的地形改造后，死水区和滞水区的面积呈现出减少的趋势，其中死水区由原来的3675.78hm²降低到3322.89hm²，而滞水区（流速为0.001m/s以下的区域）由原来的3214.62hm²降低到2924.01hm²。其中流速在0.01m/s和0.02m/s之间的区域优化效果较优，提升效果较大，该流速区间面积增加了216.81hm²。地形改造后淀区流场出现了一定的改善，具体表现为，死水区和滞水区向低流速区域的转化，高流速区域出现轻微浮动，受地形改造影响较小。

从整体来看，淀区的内部流速呈现出些许增加的趋势，其中，淀区的平均流速由0.004 24m/s提升到0.004 39m/s，而最大流速由原来的0.1134m/s提升到0.1138m/s（表3-28）。这说明地形的改造能够在一定范围内对淀区的流速形成一定的优化，但优化效率相对有限。这是由于淀区的总面积相对较大，而主河道改造区域的面积仅占淀区总面积的1.75%。地形的改造会在一定程度上改善白洋淀内部水体的连通通道，起到疏通水流的作用。通过对比地形改造前后淀区整体流场在空间位置上的改善，综合来看，地形改造后淀区流速的主要优化区域集中在连通区改善区和周边的水体，而其他区域的优化程度相对较小，这说明，地形改造对淀区水流流动起到很好的疏通作用，可根据需要进行合理的地形改造，进一步优化淀区水动力过程。

3) 主要淤积区清淤模型模拟

结合MIKE21水动力模型进行地形改造后白洋淀水动力优化情景的模拟，在原网格的基础上进行地形 mesh 文件的制作。

4) 主要淤积区清淤结果分析

结合生态清淤工程，通过对淀区地形进行二次营造，探究地形的改变对白洋淀淀区流场的影响。在此对淀区的水动力进行优化模拟，提取出典型高水位下的流场，并对淀区的模拟数据进行对比，结果见表 3-29。

表 3-29　清淤地形下淀区流速统计对比

分类	最大流速/（m/s）	最小流速/（m/s）	平均流速/（m/s）
现状	0.1134	0	0.0042
地形营造后	0.1238	0	0.0051

模拟结果显示，生态清淤工程下区域地形的降低仅会在一定范围内对淀区局部流场造成一些波动，但不会从本质上改善白洋淀湖泊内的流速状态。生态清淤前后淀区的平均流速从 0.0042m/s 提高到 0.0051m/s，而最大流速则由 0.1134m/s 略微提高到 0.1238m/s。从局部流速改善的角度，地形的降低对淀区清淤范围内的部分区域形成了一定的增益，流速增益均维持在 0.005m/s 以上。清淤范围部分区域流速的波动则主要是由于地形的降低在一定程度上改变了淀区现状的连通通道，疏通了淀区现存的鱼塘、围埝对水流的阻隔通量，间接地对水流的流动路径造成了一定的改观。

总体来说，生态清淤下地形的降低对局部区域的流速产生了较好的影响，间接改善了水流的流通通道，同时增加了湖泊的调蓄能力，扩大了库容，减轻了内源污染，降低了底泥的释放，有益于白洋淀淀区水质的优化。

（2）洪水情景分析

1) 20 年一遇模拟与分析

对比 20 年一遇过程中淀区洪峰流量及出流量，其中，入淀洪峰为 5395.83m³/s，出流量最大值为 2872.83m³/s，洪水削峰率达到了 46.76%（图 3-25）。其中，入淀洪量为 35.28 亿 m³，出库洪量为 27.30 亿 m³，调蓄洪水量 7.98 亿 m³。说明能够合理调蓄白洋淀上游洪水，缓解对下游农田及村庄带来的冲击。

利用 MIKE21 水动力模拟软件进行白洋淀 20 年一遇的洪水过程模拟。本次模拟总时长与洪水历时保持一致，共 25 天。其中在第 6 天时洪峰流量最大，达到了峰值。在此基于水动力模型模拟结果，利用 Data Extration FM 对模拟结果进行提取，提取出达到洪峰时淀区的水位及流场分布。同时通过 MIKE Zero Toolbox 工具将提取的流场图转换为矢量文件，利用 ArcGIS 对模拟结果进行二次处理，

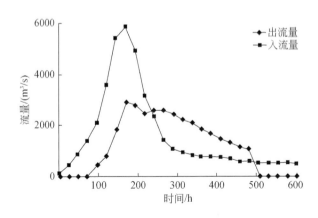

图 3-25　入流量与出流量对比

并与淀区现状进行对比。

在 20 年一遇的洪水过程下，当到达洪峰时，淀区的水位最大高差在 2m 左右，且水位空间分区特征明显。具体表现为，潴龙河入淀口周围的水体水位最高，水位基本维持在 10m 以上。枣林庄枢纽作为主要出水口，水位相对较低，不足 8.5m，而淀区其他区域水位基本维持在 8.5m 左右。这主要是由于各入淀河流之间的入流量不同，且潴龙河的入淀洪峰流量在 8 条主要入淀河流中最大，进而导致淀区部分区域出现水位壅高的现象。而且洪水具有一定的滞后性，在洪水过程中水量之间的传递具有一定的时长需要，进而导致水位出现较高的空间分区特征。

在 20 年一遇的洪水过程下，当到达洪峰时，淀区内部的最大流速达到了5.71m/s，平均流速达到了 0.097m/s。相比于淀区现状，整体流速得到较大提升。而由于在洪水到来时，淀区的流速相对较大，在此选择流速分别为 0、0.001m/s、0.01m/s、0.02m/s、0.03m/s、0.04m/s、0.05m/s、0.1m/s、0.5m/s作为典型流速控制点，在此基础上统计各流速区间内的淀区的面积大小，并与现状进行对比，结果如表 3-30 所示。

表 3-30　流速区间面积统计对比

流速/(m/s)	面积/hm²		
	现状	20 年一遇	差值
0	3 675.78	32.76	−3 643.02
(0, 0.001]	3 214.62	147.87	−3 066.75
(0.001, 0.01]	24 427.62	4 543.47	−19 884.2

续表

流速/（m/s）	面积/hm²		
	现状	20 年一遇	差值
(0.01, 0.02]	2 131.29	4 300.29	2 169
(0.02, 0.03]	386.91	2 521.44	2 134.53
(0.03, 0.04]	176.13	1 922.76	1 746.63
(0.04, 0.05]	54.45	1 635.12	1 580.67
(0.05, 0.1]	46.8	6 268.86	6 222.06
(0.1, 0.5]	3.33	12 267.9	12 264.57
>0.5	0	476.46	476.46

从表 3-31 可知，在 20 年一遇的洪水过程下，淀区的活力相对较强，内部水体的流动性较强。通过表 3-30 的分析可知，在 20 年一遇的洪水过程下，淀区整体流动性较好，具体表现在，超过一半的淀区流速大于 0.05m/s。通过统计，其中流速大于 0.05m/s 的面积总和高达 19 013.22hm²，占白洋淀淀区面积的 55.73%。而淀区内部水体仍存在极少部分的死水区和滞水区，其中，死水区面积为 32.76hm²，而滞水区面积较死水区面积大，为 147.87hm²，死水区和滞水区二者的面积总和仅占淀区面积的 0.53%，其所占比例对淀区水动力的影响其微。通过比较，其中流速在 0.1m/s 和 0.5m/s 区间内的面积最大，达到了 12 264.57hm²，占淀区总面积的 35.95%，能够有效地增加水体活力，大大加强淀区水动力过程。而流速大于 0.5m/s 的高流速区域则相对较小，占淀区总面积的 1.40%，达到了 476.46hm²。说明在淀区总面积较大的现状条件下，洪水的驱动对淀区高流速区域的改善程度相对有限。

表 3-31 流速统计对比

类型	最大流速/（m/s）	平均流速/（m/s）
20 年一遇	5.7052	0.0966
现状	0.1103	0.0065

而相比于现状，在 20 年一遇的洪水过程中，流速在 0.01m/s 以下的区域表现为减少的趋势，而流速大于 0.01m/s 则表现为增加的趋势，整体表现为低流速区域向高流速区域转换。其中死水区和滞水区的面积大幅度降低，死水区由原来的 3675.78hm² 降低到 32.76hm²，而滞水区由原来的 3214.62hm² 降低到 147.87hm²。流速在 0.001m/s 和 0.01m/s 之间的面积减少最大，达到了 19 884.2hm²，而流速在

0.1m/s 和 0.5m/s 之间的面积增加最多,达到了 12 264.57hm²。这一方面是由于洪水的到来,淀区的部分未淹没区转换为淹没区,另一方面是由于伴随着洪水的高入流量,驱动着淀区水体不断向枣林庄出水口汇集,为淀区水动力优化提供了驱动因子。

20 年一遇的洪水过程下,淀区的流速分布表现出较好的空间区域性。其中高流速区主要分布在 8 条入淀河流入淀口、枣林庄出水口和端村镇西南部的淀区,该区域的流速均维持在 0.5m/s 以上,水动力过程在整个淀区表现最强。淀区南部区域的流速也相对较大,该区域内部大部分的流速维持在 0.1m/s 以上。这主要是由于唐河和潴龙河的流域控制面积在 8 条入淀河流中较大,其洪峰流量也相对较大,分别达到了 2097.30m³/s 和 2534.77m³/s,高流量驱动下对南部淀区水体的水动力过程改善较强。而淀区北部区域的流速相对较小,流速基本维持在 0.02m/s 以下,水动力条件相对较差。该地区相邻较近的河流为白沟引河,其在 20 年一遇的洪水过程下的洪峰流量仅为 124.67m³/s,相比之下,其洪峰流量较小,对淀区北部的水体驱动作用也相对较小。总体来说,在 20 年一遇的洪水过程下,淀区的主流线特征表现为从南支潴龙河入淀口向枣林庄枢纽呈环状汇集。

2)50 年一遇模拟与分析

对比 50 年一遇过程中淀区洪峰流量及出流量(图 3-26),其中,入淀洪峰流量在第 6 天达到了峰值,为 11 391.30m³/s,出流量在第 8 天达到了峰值,最大值为 7707.68m³/s,洪水削峰率为 32.34%。其中,入淀洪量为 66.38 亿 m³,出库洪量为 60.32 亿 m³,调蓄洪水量 6.06 亿 m³,洪峰滞后时间为 2.5 天。

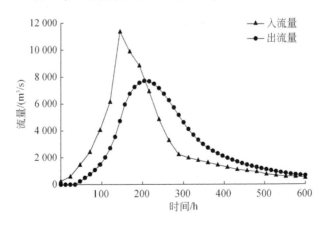

图 3-26 入流量与出流量对比

利用 MIKE21 水动力模拟软件进行白洋淀 50 年一遇的洪水过程模拟。模拟总时长与洪水历时保持一致，共 25 天。其中在第 6 天时洪峰流量最大，达到了峰值。在此基于水动力模型模拟结果，利用 Data Extration FM 对模拟结果进行提取，提取出达到洪峰时淀区的水位及流场分布。同时通过 MIKE Zero Toolbox 工具将提取的流场图转换为矢量文件，利用 ArcGIS 对模拟结果进行二次处理，并与淀区现状进行对比。

在 50 年一遇的洪水过程下，当到达洪峰时，淀区的水位最大高差在 2m 左右，且水位空间分区特征明显。具体表现为，淀区的西南部水体水位较高，水位基本维持在 10.2m 以上。枣林庄枢纽作为主要出水口，水位相对较低，不足 8.5m。而淀区其他区域水位基本维持在 8.5~9m。这主要是由于在 8 条主要入淀河流中，唐河和潴龙河的入淀洪峰流量在 8 条主要入淀河流中较大，进而导致淀区西南部水体出现水位壅高的现象，且水量之间的传递具有一定的时长需要，进而导致淀区的整体水位表现为较高的空间分区特征。

参考表 3-32，在 50 年一遇的洪水过程下，当到达洪峰时，淀区内部的最大流速达到了 6.35m/s，平均流速达到了 0.11m/s。由于在洪水到来时，淀区的流速相对较大，在此同样选择流速分别为 0、0.001m/s、0.01m/s、0.02m/s、0.03m/s、0.04m/s、0.05m/s、0.1m/s、0.5m/s 作为典型流速控制点，在此基础上统计各流速区间内的淀区的面积大小，结果如表 3-33 所示。通过分析可知，在 50 年一遇的洪水过程下，淀区整体流动性较好，具体表现在，超过 60% 的淀区流速大于 0.05m/s。通过统计，其中流速大于 0.05m/s 的面积总和高达 21 036.15hm²，占白洋淀淀区面积的 61.66%。淀区内部水体仍存在极少部分的死水区和滞水区，两者的面积总和仅占淀区面积的 1.07%，其所占比例对淀区水动力的影响甚微。通过比较，其中流速在 0.1m/s 和 0.5m/s 区间内的面积最大，达到了 14 008.05hm²，占淀区总面积的 41.06%，能够有效地增加水体活力，大大加强淀区水动力过程。而流速大于 0.5m/s 的高流速区域则相对较小，占淀区总面积的 2.23%，达到了 759.87hm²。说明在淀区总面积较大的现状条件下，洪水的驱动对淀区高流速区域的改善程度相对有限。综合来看，50 年一遇洪水情景下，淀区的水动力整体较 20 年一遇洪水情景下出现不同程度的提升。

表 3-32　流速统计对比

类型	最大流速/(m/s)	平均流速/(m/s)
50 年一遇	6.350 2	0.111 764 596
现状	0.110 3	0.006 51

表 3-33　流速区间面积统计对比

流速/（m/s）	面积/hm²		
	现状	50 年一遇	差值
0	3 675.78	203.04	-3 472.74
（0，0.001]	3 214.62	163.17	-3 051.45
（0.001，0.01]	24 427.62	3 143.61	-21 284.01
（0.01，0.02]	2 131.29	2 997	865.71
（0.02，0.03]	386.91	2 847.15	2 460.24
（0.03，0.04]	176.13	2 027.7	1 851.57
（0.04，0.05]	54.45	1 699.11	1 644.66
（0.05，0.1]	46.8	6 264.9	6 218.1
（0.1，0.5]	3.33	14 011.38	14 008.05
>0.5	0	759.87	759.87

　　而相比于现状，在 50 年一遇的洪水过程中，流速在 0.01m/s 以下的区域表现为减少的趋势，而流速大于 0.01m/s 则表现为增加的趋势，整体表现为低流速区域向高流速区域转换。其中死水区和滞水区的面积大幅度降低，死水区由原来的 3675.78hm² 降低到 203.04hm²，而滞水区由原来的 3214.62hm² 降低到 163.17hm²。流速在 0.001m/s 和 0.01m/s 之间的面积减少最大，达到了 21 284.01hm²，而流速在 0.1m/s 和 0.5m/s 之间的面积增加最多，达到了 14 008.05hm²。这一方面是由于洪水的到来，淀区的部分未淹没区转换为淹没区，另一方面是伴随着洪水的高入流量，驱动着淀区水体不断向枣林庄出水口汇集，为淀区水动力优化提供了驱动因子。

　　50 年一遇的洪水过程下，淀区的流速分布表现出较好的空间区域性。其中高流速区仍主要分布在 8 条入淀河流入淀口、枣林庄出水口和端村镇西南部的淀区，该区域的流速均维持在 0.5m/s 以上，水动力过程在整个淀区表现最强。淀区南部区域的流速也相对较大，该区域内部大部分的流速维持在 0.1m/s 以上。这主要是由于唐河和潴龙河的流域控制面积在 8 条入淀河流中较大，其洪峰流量也相对较大，分别达到了 4095.60m³/s 和 4949.89m³/s，高流量驱动下对南部淀区水体的水动力过程改善较强。而淀区北部区域的流速相对较小，流速基本维持在 0.02m/s 以下，水动力条件相对较差。该地区相邻较近的河流为白沟引河，其在 50 年一遇的洪水过程下的洪峰流量仅为 243.46m³/s，相比之下，其洪峰流量较小，对淀区北部的水体驱动作用也相对较小。总体来说，在 50 年一遇的洪水过程下，淀区的主流线特征仍表现为从南支潴龙河入淀口向枣林庄枢纽呈环状汇集。

3）百年一遇模拟与分析

对比百年一遇过程中淀区洪峰流量及出流量（图3-27），其中入淀洪峰流量在第6天达到了峰值，为16 562.43m³/s，出流量在第8天达到了峰值，最大值为10 841.30m³/s，洪水削峰率达到了34.54%。其中，入淀洪量为96.51亿 m³，出库洪量为91.33亿 m³，调蓄洪水量5.18亿 m³，洪峰滞后时长为2.5天。

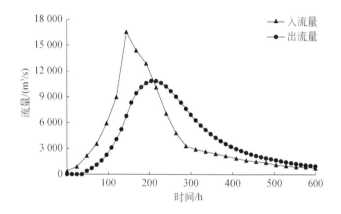

图 3-27　入流量与出流量对比

利用 MIKE21 水动力模拟软件进行白洋淀百年一遇的洪水过程模拟。本次模拟总时长与洪水历时保持一致，共25天。其中在第6天时洪峰流量最大，达到了峰值。在此基于水动力模型模拟结果，利用 Data Extration FM 对模拟结果进行提取，提取出达到洪峰时淀区的水位及流场分布。同时通过 MIKE Zero Toolbox 工具将提取的流场图转换为矢量文件，利用 ArcGIS 对模拟结果进行二次处理，并与淀区现状进行对比。

在百年一遇的洪水过程下，当到达洪峰时，淀区的水位最大高差在2.5m左右，且水位空间分区特征明显。具体表现为，淀区的西南部水体水位较高，水位基本维持在11m以上。枣林庄枢纽作为主要出水口，水位相对较低，在8.5m左右。淀区南部水体和西北部附近水体水位维持在9.5m左右。而淀区中央大部分区域水位基本维持在9~9.5m。这主要是由于在百年一遇的洪水下，淀区各入淀河流流量均较高，对淀区整体水面分布影响较大的河流主要为潴龙河、唐河、孝义河、漕河，进而引起淀区水位在空间上表现出明显的分区特征。

参考表3-34，在百年一遇的洪水过程下，当到达洪峰时，淀区内部的最大流速达到了8.13m/s，平均流速达到了0.135m/s。由于在洪水到来时，淀区的流速相对较大，在此同样选择流速分别为0、0.001m/s、0.01m/s、0.02m/s、0.03m/s、

0.04m/s、0.05m/s、0.1m/s、0.5m/s 作为典型流速控制点。在此基础上统计各流速区间内的淀区的面积大小，结果如表 3-35 所示。从中可知，在百年一遇的洪水过程下，淀区的活力相对较强，内部水体的流动性较强。通过分析可知，在百年一遇的洪水过程下，淀区整体流动性较好，具体表现在，接近一半的淀区流速大于 0.1m/s。通过统计，其中流速大于 0.1m/s 的面积总和高达16 572.69hm²，占白洋淀淀区面积的48.58%。流速大于0.05m/s 的面积高达22 267.80hm²，占淀区面积的65.27%，水动力效果较佳。而淀区内部水体仍存在极少部分的死水区和滞水区，其中，死水区面积为 36.81hm²，而滞水区面积较死水区面积大，为109.62hm²，死水区和滞水区两者的面积总和仅占淀区面积的0.43%，其所占比例对淀区水动力的影响甚微。通过比较，其中流速在 0.1m/s和0.5m/s 区间内的面积最大，达到了 15 449.31hm²，占淀区总面积的45.28%，能够有效地增加水体活力，大大加强淀区水动力过程。而流速大于 0.5m/s 的高流速区域仍相对较小，占淀区总面积的3.28%，达到了1120.05hm²。说明在淀区总面积较大的现状条件下，百年一遇的洪水过程驱动对淀区高流速区域的驱动程度仍然有限。

表3-34　流速统计对比

类型	最大流速/(m/s)	平均流速/(m/s)
百年一遇	8.131 5	0.135 238
现状	0.110 3	0.006 51

表3-35　流速区间面积统计对比

流速/(m/s)	面积/hm²		
	现状	百年一遇	差值
0	3 675.78	36.81	−3 638.97
(0, 0.001]	3 214.62	109.62	−3 105
(0.001, 0.01]	24 427.62	2 227.86	−22 199.8
(0.01, 0.02]	2 131.29	3 118.32	987.03
(0.02, 0.03]	386.91	2 595.69	2 208.78
(0.03, 0.04]	176.13	2 036.16	1 860.03
(0.04, 0.05]	54.45	1 724.67	1 670.22
(0.05, 0.1]	46.8	5 695.11	5 648.31
(0.1, 0.5]	3.33	15 452.64	15 449.31
>0.5	0	1 120.05	1 120.05

相比于现状，在百年一遇的洪水过程中，流速在0.01m/s以下的区域表现为减少的趋势，而流速大于0.01m/s则表现为增加的趋势，整体表现为低流速区域向高流速区域转换。其中死水区和滞水区的面积大幅度降低，死水区减少了3638.97hm²，滞水区减少了3105hm²。流速在0.001m/s和0.01m/s之间的面积减少最大，达到了22 199.8hm²，而流速在0.1m/s和0.5m/s之间的面积增加最多，达到了15 449.31hm²。说明在百年一遇的洪水过程下，对淀区内部水动力驱动较强且范围较广。伴随着淹没区与非淹没区的转换，低流速区的流速由于受到流量驱动得到了较大程度的优化。

百年一遇的洪水过程下，淀区的流速分布表现出较好的空间区域性。其中高流速区主要分布在8条入淀河流入淀口、枣林庄周边区域和端村镇西南部的淀区，该区域的流速均维持在0.5m/s以上，部分区域流速超过了1m/s，水动力过程在整个淀区表现最强。淀区南部区域的流速也相对较大，该区域内部大部分的流速维持在0.1m/s以上。这主要是由于唐河和潴龙河的流域控制面积在8条入淀河流中较大，其洪峰流量也相对较大，分别达到了5954.82m³/s和7196.92m³/s，高流量驱动下对南部淀区水体的水动力过程改善较强。而淀区北部部分区域的流速相对较小，流速基本维持在0.02m/s以下，水动力条件相对较差。该地区相邻较近的河流为白沟引河，其在百年一遇的洪水过程下的洪峰流量仅为353.98m³/s，相比之下，其洪峰流量较小，对淀区北部的水体驱动作用也相对较小。总体来说，在百年一遇的洪水过程下，淀区的主流线特征表现为从南支潴龙河入淀口向枣林庄枢纽大范围呈环状汇集。

(3) 水文节律情景分析

1) 模型模拟

基于淀区年际水位变化过程，针对淀区所需补水量，综合考虑上游水库、引黄入冀补淀工程和南水北调中线工程对淀区进行补水。其中，1月补水水源考虑通过引黄入冀补淀工程对白洋淀进行补水，补水路径为小白河，补水流量为22.37m³/s；7月补水水源考虑通过上游水库中安各庄水库对白洋淀进行补水，补水路径为白沟引河，补水流量为2.77m³/s；8月补水水源考虑通过上游水库中王快水库和西大洋水库联合对白洋淀进行补水，补水路径为府河、孝义河和唐河，补水流量为53.55m³/s，每条河流的补水流量设置为17.85m³/s；9月补水水源考虑通过南水北调中线工程对白洋淀进行补水，补水路径为瀑河和萍河，补水流量为18.17m³/s，每条河流的补水流量设置为9.09m³/s。而泄水则通过枣林庄枢纽向下游进行排水，其中，2月设置下泄流量为5.19m³/s、3月设置下泄流量为3.85m³/s、4月设置下泄流量为2.90m³/s、5月设置下泄流量为2.05m³/s、

6 月设置下泄流量为 $9.07m^3/s$、10 月设置下泄流量为 $38.94m^3/s$、11 月设置下泄流量为 $16.30m^3/s$、12 月设置下泄流量为 $11.69m^3/s$。详细信息见表 3-36。

表 3-36 补水–泄水信息

时间	理想 7m 水位/m	补水水源	补水路径	补水流量/(m^3/s)	泄水流量/(m^3/s)
1 月	7.01	引黄入冀补淀工程	小白河	22.37	
2 月	6.94				5.19
3 月	6.86				3.85
4 月	6.71				2.90
5 月	6.60				2.05
6 月	6.49				9.07
7 月	6.63	安各庄水库	白沟引河	2.77	
8 月	7.48	王快–西大洋水库	府河–孝义河–唐河	53.55	
9 月	7.63	南水北调中线工程	瀑河–萍河	18.17	
10 月	7.38				38.94
11 月	7.20				16.30
12 月	7.08				11.69

根据计算的年际补水–泄水信息，在此基础上叠加现状模拟中各入淀河流的基础流量数据，改变模型进水口与出水口的流量变化过程，重新制作模型模拟文件，生成水文节律情景下模型各个开边界所需模拟文件。重新运行模拟，进行水文节律情景的水动力过程模拟。

2）结果分析

A. 模拟水位变化分析

根据水文节律计算资料，进行白洋淀水文节律情景的模拟。基于模拟结果，提取出十方院水文站的年际水位变化资料，如图 3-28 所示。通过对十方院模拟水位变化资料进行整理，并与理想 7m 水位下进行对比，结果见图 3-29。由此可知，水文节律情景设置下，白洋淀年际水位变化波动趋势基本能与理想 7m 水位下的年际水位保持一致。两者均表现为在 1～6 月水位下降，7～9 月水位上升，随后 9～12 月水位持续下降的趋势。而模拟水位与理想 7m 水位下水位差最大为 0.16m，最小为 0.01m，模拟误差能够满足研究的需要，说明水文节律情景能够反映白洋淀理想 7m 水位下的水动力变化过程。

B. 流场分析

a. 泄水分析。

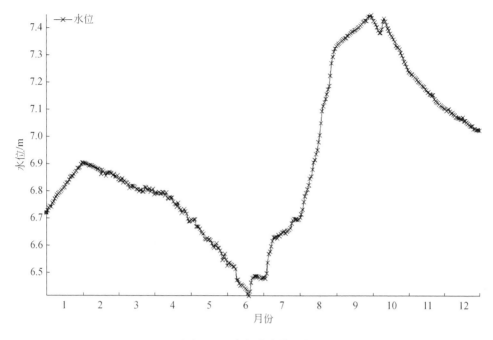

图 3-28　十方院水位变化

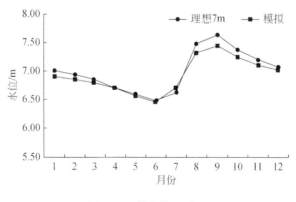

图 3-29　模拟结果对比

水文节律情景资料显示，在通过枣林庄枢纽对白洋淀进行泄水的过程中，其中下泄流量最小的为 5 月，下泄流量为 2.05m³/s。为了反映出水文节律泄水情景下的淀区水动力效果，在此利用 Data Extration FM 对模型的模拟结果进行提取，提取出 5 月泄水稳定下的淀区的流速分布。同时通过 MIKE Zero Toolbox 工具将提取的流场图转换为矢量文件，利用 ArcGIS 进行数据的二次处理，进而进行数据统计工作，并与现状同一阶段的流场进行对比。

为了更好地分析淀区在不同流速范围内的水动力效果，在此同样选取流速分别为 0、0.001m/s、0.005m/s、0.01m/s、0.02m/s、0.03m/s、0.04m/s、0.05m/s、0.1m/s 作为流速关键节点，计划分为 10 类流速梯度。结合表 3-37，综合来看，通过枣林庄进行泄水下，低流速区面积呈现出增加趋势，流速较高区域面积呈现出减少的趋势，具体表现为，流速在 0.005m/s 以下的区域流速整体呈现出增加的态势，而流速大于 0.005m/s 的区域流速整体呈现出减少的趋势。其中流速在 0.01m/s 和 0.02m/s 之间的面积减少最大，其降低面积达到了 946.71hm²。而淀区的死水区和滞水区呈现出轻微增加的趋势，其中死水区的面积由原来的 5490.63hm² 增加到 6036.12hm²，而滞水区（流速为 0.001m/s 以下的区域）和流速大于 0.1m/s 区域的面积在一定范围内出现了轻微的波动，滞水区由原来的 778.77hm² 增加到 870.57hm²，增加了 91.80hm²。流速在 0.001m/s 和 0.005m/s 之间的面积增加最大，达到了 880.74hm²。

表 3-37　流速区间面积统计对比

流速/(m/s)	面积/hm²		
	现状	泄水	差值
0	5490.63	6036.12	545.49
(0, 0.001]	778.77	870.57	91.8
(0.001, 0.005]	8616.15	9496.89	880.74
(0.005, 0.01]	9334.89	9161.55	−173.34
(0.01, 0.02]	7834.23	6887.52	−946.71
(0.02, 0.03]	1536.39	1237.77	−298.62
(0.03, 0.04]	317.61	265.5	−52.11
(0.04, 0.05]	131.31	95.22	−36.09
(0.05, 0.1]	71.55	65.07	−6.48
>0.1	5.4	0.72	−4.68

结合表 3-38，从整体来看，淀区的内部流速整体呈现出减小趋势，其中淀区的平均流速由 0.007 69m/s 减小到 0.006 99m/s，但最大流速也由原来的 0.1005m/s 提升到 0.1213m/s。这说明水文节律情景下泄水会对淀区的水动力形成一定的影响。一方面是由于下泄流量较小对淀区整体水动力影响有限，另一方面是由于水文节律转化下水位的变化对淀区流场的驱动形成一定抑制。

表 3-38　流速统计

情景	最大流速/（m/s）	平均流速/（m/s）
现状	0.100 5	0.007 69
泄水	0.121 3	0.006 99

b. 补水分析。

水文节律情景资料显示，在通过三大主要补水水源对白洋淀进行补水的过程中，补水流量最大的在 8 月，补水流量为 53.55m³/s。为了反映出水文节律补水情景下的淀区水动力效果，在此利用 Data Extration FM 对模型的模拟结果进行提取，提取出 8 月泄水稳定下的淀区的流速分布。同时通过 MIKE Zero Toolbox 工具将提取的流场图转换为矢量文件，利用 ArcGIS 进行数据的二次处理，进而进行数据统计工作，并与现状同一阶段的流场进行对比，结果如表 3-39 和表 3-40 所示。

表 3-39　流速区间面积统计对比

流速/（m/s）	面积/hm²		
	现状	补水	差值
0	6 136.56	2 659.59	−3 476.97
（0, 0.001]	1 323.18	1 351.35	28.17
（0.001, 0.005]	10 858.68	12 606.39	1 747.71
（0.005, 0.01]	7 020.72	8 423.82	1 403.1
（0.01, 0.02]	4 085.37	5 104.17	1 018.8
（0.02, 0.03]	1 593.36	1 521	−72.36
（0.03, 0.04]	880.83	699.21	−181.62
（0.04, 0.05]	447.66	360.09	−87.57
（0.05, 0.1]	979.65	775.44	−204.21
>0.1	790.92	615.87	−175.05

表 3-40　流速统计

情景	最大流速/（m/s）	平均流速/（m/s）
现状	1.421 7	0.014 75
补水	2.004 5	0.012 99

为了更好地分析淀区在不同流速范围内的水动力效果，在此同样选取流速分

别 为 0、0.001m/s、0.005m/s、0.01m/s、0.02m/s、0.03m/s、0.04m/s、0.05m/s、0.1m/s 作为流速关键节点，计划分为 10 类流速梯度。结合表 3-39，综合来看，通过三大水源对淀区进行补水的过程中，淀区的整体流场特征表现为，死水区面积呈现大幅度下降，除此之外，流速在 0.02m/s 以下的面积呈现出增加的趋势，而流速大于 0.02m/s 的面积呈现出减少的趋势。其中死水区由原来的 6136.56hm² 减少到 2659.59hm²，减少区域向低流速区域进行转换，这主要是由于水位升高，大片的未淹没区逐渐转换为淹没区。除此之外，滞水区出现轻微波动，略微增加了 28.17hm²。流速在 0.001m/s 和 0.005m/s 之间的面积增加最多，其增加面积达到了 1747.71hm²。而流速在 0.05m/s 和 0.1m/s 之间的面积减少最大，其降低面积达到了 204.21hm²。

结合表 3-40，从整体来看，淀区的内部流速整体呈现出减小趋势。淀区的平均流速由 0.01475m/s 减小到 0.01299m/s，但最大流速由原来的 1.4217m/s 提升到 2.0045m/s。这说明水文节律情景下补水会对淀区的水动力形成一定的影响，淀区水动力流场的变化一方面由于补水流量的驱动会形成一定的增益，而水位的升高会在一定程度上抑制淀区的水动力过程，对淀区流速的提升形成一定的弱化。将补水与泄水进行合理结合才能大大提升淀区水动力优化效果，单一措施对淀区水动力影响效果有限。

（4）补水优化情景分析

1）模型模拟

根据补水流量，具体参数设定见表 3-41，改变模型各进水口的流量变化过程，重新制作模型模拟文件，生成补水优化情景下模型各个开边界所需模拟文件。重新运行模拟，进行补水优化情景的水动力过程模拟。

表 3-41 多水源集中供水淀区流速统计对比

分类	最大流速/(m/s)	最小流速/(m/s)	平均流速/(m/s)
现状	0.1260	0	0.0052
多水源	2.8052	0	0.0080

2）结果分析

综合考虑淀区补水的三大重要补水水源，对白洋淀进行集中供水。将模拟结果与现状方案进行对比，同时根据模拟结果统计出淀区流速数据，见表 3-41。

从整体来看，在多水源集中补水方案下，白洋淀淀区优化区域大幅度增加，其优化区域空间分布主要集中在淀区的西北部、北部、南部及安新县的南部淀区。模拟结果显示，在三大补水水源集中供水下，淀区流速提升维持在 0 ~

2.8052m/s，而经过统计计算，淀区的整体平均流速增加到 0.008m/s，而相比于现状的 0.0052m/s，整体流速提升了近 60%。在多水源补给下，三大主要补水水源的集中补水能够对白洋淀局部区域流速形成较好的优化，而相比之下，淀区中央区域的流速改善则相对较弱。这主要是由于补水流量驱动下，对水体的推动能量有限，难以对距补水口较远处的水体产生较高的效益。而淀区中央绝大多数区域也依然需要靠外界风荷载驱动，保持为风生流。在其主要优化区域范围内水体的最大流速能够达到 2.8052m/s，平均流速能够达到 0.0149m/s，而研究结果表明在此流速下可保持湖泊水体水质良好，提升湖泊水体活力。而流速在 0.001m/s 以下的区域被称为滞水区，通过提取分析，其中在多水源补给下淀区滞水区的面积为 47.59km²，占淀区总面积的 13.73%。滞水区的空间分布较为零散，沿淀中村和一些未淹没区域的边缘呈零星分布。

淀区流场分布在空间上表现为从各入淀口逐渐向淀区中央汇集，在淀中央形成环流，随后汇入枣林庄出水口。其主流线在淀区西北部的分布特征较为明显，沿着主要入淀河流河槽自西向东汇入淀区中央区域。而淀区中央区域及边缘形成了环流则主要与淀区内部地形地势有关，在模拟过程中，地势较高处无水流通过，而未淹没区域的边缘会对淀区流动的水体造成回流，从而在边缘附近形成环流。

（5）分析与讨论

地形改造情景包括主要行水通道清淤和主要淤积区清淤两种情景。前者可有效提升淀区的平均流速，区域水面景观连通性和聚集性均有所提高。后者在流速层面上的改变相对较小，间接改善了水流的流通通道，同时增加了湖泊的调蓄能力，扩大了库容，减轻了内源污染，降低了底泥的释放。

洪水情景结果显示，在 20 年一遇、50 年一遇和百年一遇洪水过程下，淀区平均流速分别达到了 0.097m/s、0.112m/s 和 0.135m/s，淀区整体流动性较好。20 年一遇的洪水过程下，淀区的流速分布表现出较好的空间区域性。高流速区主要分布在 8 条入淀河流入淀口、枣林庄出水口和端村镇西南部的淀区，流速均维持在 0.5m/s 以上。淀区南部区域的流速也相对较大，维持在 0.1m/s 以上。淀区北部区域的流速相对较小，流速基本维持在 0.02m/s 以下。

水文节律重建情景结果显示，通过枣林庄进行泄水和三大水源补水，对淀区的平均流速改善不大。淀区水动力流场的变化一方面由于补水流量的驱动会形成一定的增益，而水位的升高会在一定程度上抑制淀区的水动力过程，对淀区流速的提升形成一定的弱化。将补水与泄水进行合理结合才能大大提升淀区水动力优化效果，单一措施对淀区水动力影响效果有限。

补水优化情景结果显示，在多水源补水方案下，白洋淀淀区优化区域大幅度增加，其优化区域空间分布主要集中在淀区的西北部、北部、南部及安新县的南部淀区。淀区的整体平均流速增加到 0.008m/s，整体流速提升了近 60%。多水源补给下淀区滞水区的面积为 47.59km²，沿淀中村和一些未淹没区域的边缘呈零星分布。

综上所述，地形改造情景中综合考虑主要行水通道清淤和淤积区清淤不仅可有效改善淀区水动力条件，而且有助于减轻内源污染；洪水情景和补水优化情景对于淀区的水动力条件改善显著，但补水优化情景更具有实际的生态效应；水文节律情景有助于恢复淀区自然水位变化过程，但受限于现状地形条件，需要将补水与泄水进行合理结合来提升淀区水动力优化效果。

3.6 白洋淀湿地植物立体化配置技术研究

3.6.1 湿地植物筛选指标体系

植物是湿地系统重要组成部分，其种类的选择和群落的配置将直接影响湿地综合功能的发挥，合理的植物配置方案对湿地功能的提升也具有重要意义。如何合理选择湿地植物，如何进行植物群落配置，只有对待选物种进行综合评价之后才能作出科学合理的决定。目前，建立科学、系统的湿地植物指标体系是人们进行综合评价的主要方法和手段。

（1）研究方法

通过大量相关文献阅读与资料整理，葛秀丽（2012）从生态价值、经济价值、社会价值 3 个方面所构建的指标体系引起我们的关注。以该研究为基础，本研究的二级指标紧密结合一级指标进行设定，将一级指标有序分解为多个可量化的二级指标，并对各个二级指标进行必要释义。在综合考虑不同权重确定方法存在的差异和本节所需实现的研究目标的前提下，我们应用专家调查法以确定不同指标的权重值。

在实际专家调查法展开过程中，本研究采取电话沟通、电子邮件、专家访谈等不同形式对专家意见进行收集。所访谈专家职称均为副高级以上，且熟悉环境科学、生态学、植物学等相关专业。通过调查，对调研数据的汇总、分析，确定出最后的权重赋值。过程中所沿用的计算公式如下：

$$指标权重值 = \sum (专家权重值 \times 专家权重系数 / 专家数) \qquad (3-39)$$

在研究展开过程中，为了准确、客观地体现指标所指代的特定内涵，我们坚持每个指标评价标准的唯一性，并以此为基础为湿地植被配置构建适当且可信的指标体系。

所构建的评价指标体系分为3个模块，具体如下。

1) 生态价值

生产力：强调所配置的植被物，在其生长过程中，有效利用环境物质生产的生物量。

重要值：物种在自然状态下发育良好群落中的地位，反映其竞争能力。

包容性：物种与其他物种的种间关系，是否能促进更多物种共生。

特殊生态功能：物种所具有的契合配置目标的一项或多项出色的生态功能，如水质净化等。

恢复难易程度：物种自然扩散、成群的能力。

2) 经济价值

直接经济产出：是指备选物种在经济价值上的表现或者在生产过程中作为原材料所体现的经济价值。

间接经济产出：是指从生态层面或社会层面观察其价值表现时，所体现的经济价值大小。

3) 社会价值

美学价值：所选物种具有一定观赏价值，如作为观赏植物或以盆栽形式应用于园林景观等所体现的社会价值。

文化象征价值：是指物种在传统文化中所寓涵的价值与意义，如莲、菊、雪松等在中国传统文化中均有不同的文化意涵和价值。

传统习惯：物种选配时充分考虑当地的民情、民俗和习惯来进行物种体系构建。

（2）研究结果

利用专家调查法得到指标体系各指标的权重值，如表3-42所示。

表3-42　淀区湿地植被配置物种评价指标体系及其评价标准

一级指标		二级指标		评价标准
指标名称	权重	指标名称	权重	
生态价值	0.51	生产力	0.11	以样方内物种的生物量作为评价标准
		重要值	0.10	以样方内物种的重要值作为评价标准
		包容性	0.10	以物种与其他物种的种间关系作为评价标准
		特殊生态功能	0.10	以是否具有突出生态功能（保土固沙、水质净化、提供栖息地）作为评价标准
		恢复难易程度	0.10	以能否自然扩散、成群作为评价标准

续表

一级指标		二级指标		评价标准
指标名称	权重	指标名称	权重	
经济价值	0.24	直接经济产出	0.10	以植物体利用的程度及直接带来的经济利益作为评价标准
		间接经济产出	0.14	以生态价值（如生态旅游、减少水质净化成本）带来的经济利益作为评价标准
社会价值	0.25	美学价值	0.11	以能否作为观赏植物（园林景观）作为评价标准
		文化象征价值	0.08	以该物种是否在传统文化或者文人作品中出现（如莲是传统名花）作为评价标准
		传统习惯	0.06	以当地居民是否有种植该物种的传统习惯作为评价标准

3.6.2 湿地植物配置物种评价

（1）研究方法

淀区湿地的植物配置根据2019年9月白洋淀植被调研所获得的28种湿地物种相关信息进行分析。以样方中某物种的生物量为计算依据，可给出湿地植物物种的生产力排序；在重要值指标的计算中，利用公式"重要值=（相对盖度+相对频度)/2"所得结果对植物进行排序；在包容性指标的确定上，结合物种间的种间关系，以SPSS软件为统计工具，对各物种做Spearman相关性分析，并进而给出目标物种与其他物种的相关性的值；恢复难易程度以植物的相对频度计算结果进行排序。针对其他指标的实际数值，均按照前述所制定的评价标准做相同处理，并随即对权重值进行排序处理。在完成指标赋值排序的基础上，研究采用5分制对各指标值进行打分，并将所打分数与所赋权重相乘，从而依据一级指标框架，对各二级指标按一级指标进行求和，并由此给出关于生态价值、经济价值与社会价值的排序结果。最后，将3个方面的排序值求和从而确定物种总体的排序结果。

（2）研究结果

应用评价标准体系对雄安新区湿地植物配置备选物种进行评价，并按照总体评价得分大小排序（表3-43）。

从表3-43中可以看出淀区湿地配置植物生态价值排前十位的是芦苇、金鱼藻、莲、狭叶香蒲、龙须眼子菜、水鳖、红蓼、密穗砖子苗、狸藻、轮叶黑藻；经济价值排前十位的是芦苇、莲、狭叶香蒲、美人蕉、菰、睡莲、黄花鸢尾、千屈菜、花蔺、菹草；文化价值排前十位的是莲、美人蕉、睡莲、芦苇、狭叶香蒲、千屈菜、菰、黄花鸢尾、花蔺、红蓼。从综合价值来看，芦苇、莲和狭叶香蒲排在前三位，这与我们现场调研的结果一致。淀区湿地中比较靠前的是金鱼藻和龙须眼子菜这类生态价值比较高的沉水植物。

表3-43　淀区湿地配置植被备选物种综合评价

序号	物种名称	生态价值	经济价值	文化价值	综合价值
1	芦苇	2.405	1.200	1.186	4.791
2	莲	2.210	1.200	1.300	4.710
3	狭叶香蒲	2.020	0.960	1.175	4.155
4	金鱼藻	2.30	0.480	0.374	3.154
5	睡莲	0.910	0.823	1.300	3.033
6	美人蕉	0.760	0.960	1.300	3.020
7	菰	1.020	0.960	0.988	2.968
8	龙须眼子菜	1.910	0.480	0.374	2.764
9	千屈菜	1.010	0.720	1.009	2.739
10	黄花鸢尾	0.810	0.823	0.957	2.590
11	水鳖	1.605	0.343	0.655	2.603
12	红蓼	1.600	0.240	0.738	2.578
13	花蔺	0.710	0.720	0.749	2.179
14	菹草	1.090	0.686	0.374	2.150
15	狸藻	1.300	0.343	0.489	2.132
16	轮叶黑藻	1.105	0.617	0.374	2.096
17	苲菜	0.915	0.480	0.655	2.050
18	穗花狐尾藻	1.010	0.480	0.374	1.959
19	密穗砖子苗	1.350	0.240	0.374	1.964
20	马来眼子菜	0.920	0.480	0.374	1.774
21	稗	1.060	0.240	0.458	1.758
22	荆三棱	1.050	0.240	0.374	1.664
23	紫背浮萍	0.640	0.343	0.624	1.607
24	槐叶萍	0.830	0.343	0.406	1.579

序号	物种名称	生态价值	经济价值	文化价值	综合价值
25	大茨藻	0.960	0.240	0.374	1.574
26	水蓼	0.700	0.480	0.312	1.492
27	扁杆藨草	0.710	0.480	0.198	1.388
28	五刺金鱼藻	0.600	0.343	0.374	1.318

3.6.3 湿地植物种间关联性分析

(1) 研究方法

葛秀丽（2012）的研究认为生态群落中不同物种间存在关联性是生态群落的重要特征。在对群落的水平格局形成、种群进化和群落演替动态等方面的观察中，种间存在的相互作用具有重大影响和意义。物种对生境选择和环境因子的要求上存在天然差异，彼此之间还存在相互排斥或吸引的可能，因此我们将种间关联的情形分为 3 种不同的情形：正相关、负相关及不相关。当物种间具有相似的生物学特征，在对生境的反应上体现出相似的生态适应性和生态位分化时，表现为物种间关联的正相关性。以物种相关性关系为划分依据，将群落中生态习性表现一致的种归为一类生态种组。在一定程度上，种间总体联结性与群体的稳定性呈正相关关系。在较为普遍的情形下，伴随群落演化的进程，群落结构与种类构成会逐步趋于相对完善和稳定，此时可观察到种间关系也逐渐体现出正相关关系。根据白洋淀湿地植被配置需求的实际情况，将现存的白洋淀优势水生植物作为配置基础，再强化同一组内两两物种间其种间关联尽量正相关的配置原则，提出对生境适应和满足生态恢复目标需求的湿地植物配置系统与方案。

Spearman 为非参数检验秩相关系数，在实际应用中首先需要将重要值数据做秩序化处理，并将重要值进行秩向量变换，变化后的秩向量可代入相关系数公式，从而得到相应的秩相关系数值，具体公式表述如下：

$$r_s(i,j) = 1 - \frac{6\sum_{k=1}^{n} d_k^2}{n^3 - n} \tag{3-40}$$

式中，n 为所采样方数；d_k 为两个（x_k 和 y_k）变量秩序（从小到大或从大到小）差值。

本研究采用 SPSS 软件的 18.0 版本进行 Spearman 秩相关分析，并做后续的相关数据处理和整理。

（2）研究结果

种间关联的研究是物种群落结构稳定程度与群落演替研究的重要基础。剔除偶发性水生植物菰、美人蕉、黄花鸢尾、睡莲、水蓼、扁杆藨草、花蔺和五刺金鱼藻，对61个样方20种物种组成的190个种对的Spearman秩相关分析结果显示，共有12个种对极显著正相关；4个种对极显著负相关；19个种对显著正相关；3个种对显著负相关；152个种对无显著关联（图3-30）。

1	1	2	3	4	5	6	7	8	9	10	11	12	13	14	15	16	17	18	19
2	O																		
3	★	O																	
4	★	O	O																
5	+	+	O	O															
6	★	O	★	O	★														
7	★	O	O	O	O	O													
8	+	O	O	O	O	+	O												
9	O	+	O	O	+	O	O	O											
10	O	O	+	O	O	O	+	+	O										
11	O	O	O	O	O	O	O	O	O	O									
12	O	O	O	O	O	O	O	O	O	O	O								
13	O	O	O	O	+	O	O	O	★	O	O	O							
14	O	O	O	O	+	O	O	O	O	O	+	O	+						
15	•	O	–	O	•	O	O	O	•	O	O	O	+	+					
16	O	O	O	O	O	O	O	O	O	O	O	O	O	O	+				
17	O	O	O	O	–	O	O	O	O	O	O	O	O	O	+	O			
18	O	O	O	O	•	O	O	O	O	O	O	O	–	O	★	O	O		
19	O	O	O	O	O	O	O	O	O	O	O	O	O	O	★	+	O	★	
20	O	O	O	O	O	O	O	O	O	O	O	O	O	O	★	O	O	+	★

图 3-30　白洋淀湿地植物种间关系分类示意图

Spearman 秩相关：+显著正相关；–显著负相关；★极显著正相关；•极显著负相关

1. 水鳖；2. 荇菜；3. 槐叶萍；4. 紫背浮萍；5. 金鱼藻；6. 菹草；7. 轮叶黑藻；8. 龙须眼子菜；9. 狸藻；10. 穗花狐尾藻；11. 大茨藻；12. 马来眼子菜；13. 莲；14. 狭叶香蒲；15. 芦苇；16. 密穗砖子苗；17. 荆三棱；18. 红蓼；19. 稗；20. 千屈菜

3.6.4 湿地植物配置模式研究

通过湿地植物配置模式筛选指标体系，可以获得雄安新区湿地综合价值较大的物种，但是没有按照物种的适合生境条件进行分类。为指导湿地植物配置工作，需要配合湿地的生境条件选择合理的植物配置模式。

白洋淀是雄安新区的一颗"明珠"。雄安新区建设过程中要实施生态过程调控，恢复白洋淀退化区域的原生湿地植被，促进水生动物土著种增殖和种类增加，恢复和保护鸟类栖息地，提高生物多样性，优化生态系统结构，增强白洋淀生态自我修复能力。因此，白洋淀作为未来核心城区的重要湿地资源，其在当地生态系统中生态功能的需求特别突出，这也决定了在进行淀区植物配置时，所选湿地物种的生态功能是优先考虑的指标，同时兼顾净化水质和提供生境等特殊生态需求，而经济价值和社会价值可以次之考虑。

根据白洋淀湿地水生植物野外调查数据，本研究分析了白洋淀水生植物自然分布的物种间相关性，考虑到白洋淀湿地的生态属性，合理的示范区水生植物配置应以白洋淀现存的生态价值最高的水生植物为核心，按照同一种组内的种两两之间尽可能有最大的正相关性原则进行配置。初步确定的 9 种物种搭配如表 3-44 所示，适应生境分为滨岸、浅水、季节性积水和 1~2m 水深区，在实践中可根据湿地生境和示范目标进行选择与调整。

表3-44 白洋淀湿地植被配置模式

编号	核心物种	主要价值	配套物种	适应生境
1	芦苇	生态价值、社会价值、经济价值	稗、红蓼、荆三棱	滨岸
2	红蓼	生态价值、社会价值	芦苇、千屈菜	滨岸
3	密穗砖子苗	生态价值	千屈菜、稗	滨岸
4	芦苇	生态价值、社会价值、经济价值	莲、狭叶香蒲	浅水或者季节性积水
5	狭叶香蒲	经济价值、生态价值、社会价值	金鱼藻、龙须眼子菜、穗花狐尾藻、莲	浅水或者季节性积水
6	莲	经济价值、生态价值、观赏价值	狸藻、金鱼藻、狭叶香蒲、芦苇	浅水或者季节性积水

续表

编号	核心物种	主要价值	配套物种	适应生境
7	水鳖	生态价值、社会价值	槐叶萍、紫背浮萍、金鱼藻、菹草、轮叶黑藻	1~2m 水深
8	金鱼藻	生态价值	菹草、狸藻、水鳖、荇菜、莲、狭叶香蒲	1~2m 水深
9	龙须眼子菜	生态价值	水鳖、菹草、穗花狐尾藻、狭叶香蒲	1~2m 水深

3.6.5 讨论

在物种配置模式的构建实践中，关于种间关系的讨论与研究具有重要的指引和价值。多数相关专家和实践者认为，在植物种群演化的进程中，种间关系是伴随植物群落演化逐步呈现出明显的正相关性的，这是植物群落中不同物种间可稳定共生、共存的关键因素；同时群落演替的时间越久，植物种间的相互作用也在逐渐加强。在群落演替达到顶极群落条件时，其群落内的各物种间将全面体现出正相关关系。当前对种间关联的调查可知，白洋淀湿地植被群落已达到群落演替的较高阶段，群落中的种对表现出正相关关系的种对数显著多于表现出负相关关系的种对数。因此，在白洋淀湿地植被的配置方案中，需要重点关注湿地植物间存在的相互作用，以避免群落演替中群落物种间可能存在的竞争和抑制影响，这是加速淀区湿地植被恢复进度的关键。

物种间天然存在的相似生物学特征，对不同生境的相近适应能力与生态位分化表现，是由物种间关联的正相关或正关联属性决定的。与此相对，物种间同样存在负相关或负关联属性，它们表现出与正向属性完全相对的种间关联和影响。观察白洋淀淀区的湿地植物群落，对相同或相似生境条件具有较高适应性的物种间表现出种间关联的正相关关系，以芦苇和稗、莲和狭叶香蒲、金鱼藻和菹草等为典型代表；另外，如水鳖和轮叶黑藻等为相同生境中生态位分化的典型物种，其分布水体水深均在 1~2m；当然，相同生境中也存在一些有特定依存关系的物种，像莲和金鱼藻或者狸藻，在莲生长的群落内，水流相对和缓，这样的水体环境对金鱼藻和狸藻的生长与生存有利。表现出负相关关系的物种，多数为对生境条件需求存在明显差异的物种，如莲（水生）和红蓼（湿生）。在淀区植物的选择和搭配中，需要优先选择具有正相关关系的物种进行配置，尽量规避选择可能存在负相关关联的湿地植物。

观察淀区当前的湿地物种，根据各种排序，芦苇均排名靠前。因此，可以确定，芦苇作为淀区原生物种，其不仅表现出较高的经济价值，在湿地生态恢复的实践中，其也可以做出较为突出的贡献。另外，考虑芦苇本身所具有的观赏价值，其也可以作为绿化植物的首选。在现阶段调研所了解的物种中，另外三种排序中靠前的物种分别为莲、狭叶香蒲和金鱼藻，这完全符合淀区当前的物种分布和相依存的实际情况。因此，在湿地植物配置方案中，上述4种植物将作为主要配置物种加以应用。另外，在考虑生态位分化时，菹草与金鱼藻占据相似的生态位，但需要指出的是，两者在生活史的表现上差异较大，菹草生长繁殖的高峰期为冬春时节，而金鱼藻则繁盛于夏季和秋季，故在考虑季节之间的衔接关系时，可将菹草和金鱼藻进行搭配配置。当然，需要指出的是，特定湿地植物在排序中也存在某一单一指标特别靠前的情形，如龙须眼子菜在生态价值方面表现突出，但在经济价值和社会价值上相对欠缺甚至排名较为靠后，对于此类物种的选用，可以考虑在以生态功能恢复为主的淀区区块引进和配置。

3.7 淀区湿地生境优化技术研究

湖泊湿地作为一种重要的自然资源，发挥着供水、灌溉、调洪、畜牧、航运、旅游、维护生物和遗传多样性、降解污染、净化水质和控制侵蚀等多种功能，在维持区域生态平衡和促进区域社会经济发展中发挥着重要作用。随着社会经济发展和人类对湖沼湿地不合理的开发利用加剧，湖泊湿地面临着众多威胁，如水体污染加剧、富营养化严重，生境破碎、生物多样性下降，大规模围垦种植、圈地养殖造成湿地面积萎缩、适宜生态空间锐减等，使得湖泊湿地生态系统逐渐丧失其功能，给生态环境带来严重的负面影响。

白洋淀是华北平原最大的淡水浅水型湖泊，但从20世纪开始，湖泊湿地逐渐被侵占，湖泊湿地生态空间被压缩。主要是由于淀区人民为了发展经济、提高收入，通过围埝大面积进行人工水产养殖，围垦台田种植芦苇、水稻等经济型作物。无序围堤、围埝的存在一方面阻碍了淀区水体连通性，造成生境破碎，影响湿地的水文循环过程；另一方面近直立的岸坡在水位出现波动时，无法形成不同水深分布的多样生境，生境类型较为单一，生态系统稳定性不够，进一步影响生物多样性的维持。本节针对白洋淀目前存在的水文连通不畅、生境类型单一和生物多样性不足等问题，基于土方平衡和景感生态学原理，采用微地形营造、立体化植被配置等技术手段进行生境优化，增强景观和水文连通性，营造多样化生境，提高生态系统稳定性。

3.7.1　研究区概况

选取圈头乡北部区域开展生境优化技术研究，研究区总面积 193.31hm²，主要景观类型为芦苇台田、明水面和围埝（图 3-31）。其中，芦苇台田主要分布在南部区域，中间密布壕沟；明水面区域主要用于鱼塘养殖，现在 6.6m 水位条件下平均水深为 2.0m；围埝主要分布在北部区域，宽度为 5～10m，长度约为 26.57km。

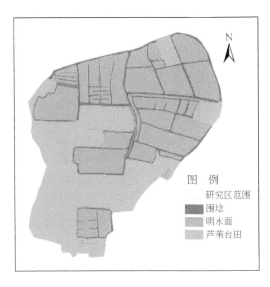

图 例
研究区范围
围埝
明水面
芦苇台田

图 3-31　研究区景观类型

3.7.2　数据及方法

（1）研究区 DEM 数据获取

基于 2017 年测量的白洋淀 1∶2000 地形数据，首先对研究区影像进行边缘检测得到待研究区域内的地物轮廓线，然后获取由地物轮廓线围成的面矢量多边形，并统计每个多边形的特征值；将特征值相似度大于预设阈值时对应的多边形合并为同一分区块，然后结合地形高程点数据采用地统计学插值方法生成每个分区块对应的高精度 DEM 数据，最后经过镶嵌处理后得到整个研究区的 DEM 数据。处理数据表明，研究区高程范围为 3.53～7.45m。其中，明水面高程范围为

3.53~4.96m，平均高程为4.60m；围埝高程范围为6.09~7.37m，平均高程为7.10m（图3-32）。

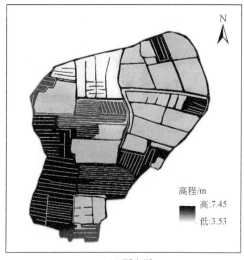
(a) 研究区

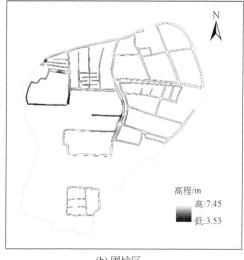
(b) 围埝区

图 3-32　研究区及围埝区高程分布

（2）现状生态空间划分

白洋淀的生态格局主要受人类活动和水位共同调控，依据淀区典型的动植物对水深的特定生境需求，结合平均水位与地形测量数据及土地利用分类进行生态空间类型划分。水面以上区域划分为陆生空间，考虑到水面波动及自然因素引起的干湿交替及台田和居民地的地势较高，设定水面以上高度0.6m和2.0m两个分界值。水面以下区域划分为水生空间，考虑到芦苇苇芽萌发适宜水深及鱼虾、游禽、涉禽的具体生境需求，设定水面以下0.3m、2.0m两个分界值。具体分类体系及主要生境见表3-45。

针对本研究区实际情况，以雄安新区规划纲要为参考，将常水位设置为7m，最终将研究区涉及的生态空间划分为5类（图3-33），分别为陆生空间-2、陆生空间-3、水生空间-1、水生空间-2和水生空间-3。其中，水生空间-2面积最大，达到90.71hm²，水生空间-1面积最小，仅为2.44hm²，陆生空间-2、陆生空间-3和水生空间-3面积分别为47.86hm²、25.41hm²和26.76hm²。

表 3-45　生态空间类型划分

水面高度/m	生态空间类型 一级	生态空间类型 二级	主要生境
>2	陆生空间	1	该区域距水面高度为2m以上，主要土地利用类型为滩地。植物主要为乔木、灌丛等陆生植被。该空间主要生存动物为刺猬、草兔等爬行动物。主要生存鸟类有麻雀、灰翅浮鸥、大杜鹃等
(0.6, 2]	陆生空间	2	该区域距水面高度为0.6~2m，主要土地利用类型为滩地。主要植物为乔木、灌丛、旱生芦苇、荻等，旱地主要种植玉米和小麦。该空间主要生存动物为草兔、赤狐等。主要生存鸟类有麻雀、大苇莺等，还有部分以旱地为生境的候鸟，如大鸨等
(0~0.6]	陆生空间	3	该区域距水面高度为0~0.6m，主要土地利用类型为滩地，可能面临季节性水淹。主要植物为芦苇、香蒲、荆三棱等湿地植被。主要生存动物为蛙类等两栖类。主要生存鸟类有秧鸡、骨顶鸡等
(-0.3, 0]	水生空间	1	该区域水深为0~0.3m，主要土地利用类型为滩地和湖泊，常年积水或季节性水淹，表现为沙滩、沼泽的特征。主要生境为芦苇沼泽，生长伴有香蒲、稗、密穗砖子苗等植物，是秧鸡、鹤类、鸻鹬类、鹭类、雁鸭类等鸟类的觅食场所，也可以作为部分鹭类的营巢地
(-2, -0.3]	水生空间	2	该区域水深为0.3~2.0m，主要土地利用类型为湖泊，水深较浅，但常年有水。主要生长挺水、浮叶、漂浮、沉水植物。其中荷花主要分布在水深1m左右的范围，1m以上的水深区域分布有金鱼藻、龙须眼子菜、狸藻、穗花狐尾藻、轮叶黑藻、水鳖、荇菜等植物。同时可作为鲤鱼、鲫鱼、鲂鱼、鲶鱼等主要鱼类的生长空间和部分雁鸭类、潜水鸟类的营巢区
<-2	水生空间	3	该区域水深大于2.0m，主要土地利用类型为湖泊，一般位于远离水岸的水域中心区。该区域优势植物类型以沉水植物为主，此外尚存在少量漂浮植物和浮叶植物。水域生长有草鱼、鳊鱼等生长水深较大的鱼类，是潜水鸟类、鸥类觅食的主要场所，也是部分雁鸭类休息游泳的场所

（3）优化形态情景设置

白洋淀是华北地区最大的淡水浅湖型湿地，鸟类资源丰富，是许多珍稀鸟类、淡水鱼类、水生植物等野生动植物的理想生境。白洋淀生物多样性维持功能显著，由于其处于东亚-澳大利亚候鸟迁徙通道内，作为重要的停歇地、繁殖地和越冬地，具有优越的地理位置和资源环境。因此，本节生态格局生境质量优化

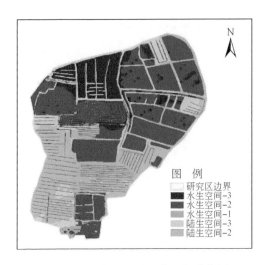

图 3-33　研究区现状生态空间分布图

主要围绕鸟类进行。

　　a. 生态鸟岛布置。为了节省施工成本并保障较好的水文连通性，生态鸟岛均匀布设在多条围埝相交的拐角位置，结合 ArcGIS 相关操作，最终得到生态鸟岛布局如图 3-34 所示，生态鸟岛数量为 68 个，密度达到 0.35 个/hm²。

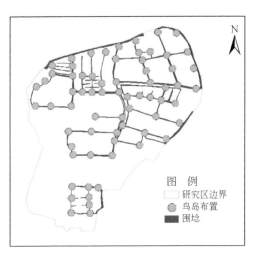

图 3-34　生态鸟岛空间布置

　　b. 生态鸟岛尺寸设计。鸟类生境好坏主要涉及地形地貌、景观类型、植被覆盖、食物状况和人类干扰因子等，生态鸟岛设置主要从地形地貌、植被覆盖需求进行考虑，良好的地形地貌和植被不仅能提供良好的栖息与筑巢环境，而且能够提供充足的食物。一般来说，巢址选择主要取决于小尺度上的地形和植被结构，如巢址周围植被的盖度、高度和视野开阔度等。本次设定1#和2#两种生态鸟岛类型（图3-35），其中1#形成凸岸型浅滩，能提供较高的视野开阔度；2#形成河湾型浅滩，在植被茂密条件下，能提供较高的隐蔽性。白洋淀典型鸟类包括青头潜鸭、白鹭、骨顶鸡、黑水鸡、灰鹤、白鹤、小天鹅，主要在芦苇台田、浅滩区和浅水区进行休息与觅食，故生态鸟岛周边设置缓坡，同时进行立体化植被配置，以满足不同鸟类生境需求。主要采用"芦苇+荷花+金鱼藻"和"千屈菜+香蒲+穗花狐尾藻+荇菜"两种配置模式。

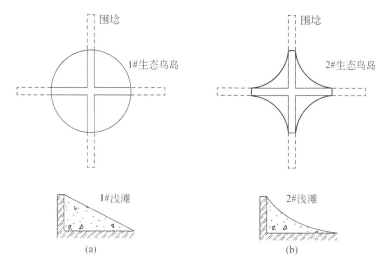

图3-35　生态鸟岛结构示意图

　　本节采用围埝土方量进行生态鸟岛营造。研究区围埝面积为19.93hm²，平均高程为7.10m，明水面底部平均高程为4.60m，故以此高程作为施工基准，可利用围埝高度为2.50m，结合围埝面积统计得到可利用围埝土方量为49.83万m³。最终确定生态鸟岛的结构为圆台型，顶部高程设置为围埝平均高程7.10m，底部高程设置为明水面底部平均高程4.60m，生态鸟岛高度即为2.50m。以6.60m为基准水位，可知水面以上高度为0.50m，水面以下高度为2.00m。圆台上底半径设置为20.00m，该区域设置为林草地；圆台斜面坡比设置为1:8，并在斜坡上进行立体化植被配置，同时可计算得到下底半径为40.00m。可设置为3种生态鸟岛搭配形式，第一种全部为1#，第二种全部为2#，第三种1#、2#各占一半。以下基于第一种搭配方案进行分析。

（4）结构情景设置

通过破除区域内的围埝，共营造 68 个生态鸟岛。结合 ArcGIS 相关操作，最终得到研究区优化后的生态空间布局，如图 3-36 所示，共分为 5 种生态空间类型。

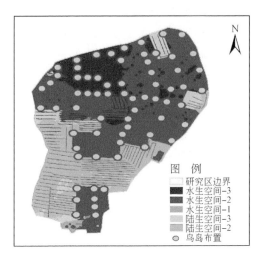

图 3-36　研究区生态空间优化后分布图

3.7.3　结果分析与讨论

（1）生态空间面积变化

由于设定水位 6.6m，而研究区最大高程为 7.47m，故不存在陆生空间–1 类型。从生态鸟岛的设置来看，斜坡的设置可使原来围埝地区的"深水直立驳岸"单一生境过渡到"陆地–浅水–深水"连续生境，由此带来了生态空间的面积变化。由表 3-46 中可见，陆生空间–2、陆生空间–3 和水生空间–3 面积减少，其中，陆生空间–2 占比从 24.76% 减少到 20.40%，陆生空间–3 占比从 13.14% 减少到 11.45%。陆生空间的减少主要是围埝的破除，使得处于较高高程的陆地面积减少，水生空间–3 面积的减少主要是生态鸟岛的修建，使得其转换成了水生空间–2 和水生空间–1。所以，水生空间–1 和水生空间–2 的面积有明显的增加，前者占比从 1.26% 增加到 2.30%，后者占比从 46.93% 增加到 54.05%。

表3-46　研究区生态空间优化前后对比

情景	参数	陆生空间-2	陆生空间-3	水生空间-1	水生空间-2	水生空间-3
优化前	面积/hm²	47.86	25.41	2.44	90.71	26.76
	比例/%	24.76	13.14	1.26	46.93	13.84
优化后	面积/hm²	39.43	22.13	4.44	104.49	22.69
	比例/%	20.40	11.45	2.30	54.05	11.74

（2）景感营造变化

景感可以理解为载体及其所承载的愿景的综合，将构思和构筑这种载体以实现目标的整个过程称为景感营造。生态系统服务为景感营造提供愿景与载体，景感营造保持、改善与增强生态系统服务，景感营造的作用与生态系统服务的效能相辅相成。由于景感涉及内容较多，本次研究主要从自然感知和人文感知两个方面进行分析，其中自然感知选取视觉、听觉、嗅觉三个感知类型，人文感知主要通过景观所表达的文化印记表示。

1）自然感知

在进行生态空间优化之前，研究区景观主要由芦苇台田、鱼塘和围埝构成，其中鱼塘基本为明水面，围埝基本为裸土，而且由于裸露围埝的存在，会限制人们的视野，对于自然景观的展示会带来不适感，整个区域的植被景观仅体现在芦苇的四季变化。芦苇视觉效果主要表现在碧绿色的直秆、长条枝叶和圆锥花絮，色彩较为单一；听觉感知主要体现在风吹芦苇的沙沙声；嗅觉体验基本没有。

通过微地形营造和立体化植被配置，研究区内围埝得到破除，明水面面积增大，视野变得开阔。生态鸟岛布置错落有致，陆地空间-1和水生空间-1选用本土生长周期较长的优势种芦苇与香蒲，水生空间-2选用花朵色彩丰富的荷花，水生空间-3选用金鱼藻、穗花狐尾藻和荇菜，另搭配生态位重叠值较小但观赏价值较高的千屈菜为伴生植物形成立体化植物配置。通过植物不同的季相变化进行合理配置，能够形成丰富的植物季相景观，充分展现各阶段植物的景观变化，使人们在四季的变迁中感受时空的变化。经过生态空间优化后，研究区植物种类增加了6种，视觉上浅绿、碧绿、深绿等植株色彩变幻，椭圆状、长穗状、盾状等叶片形态多样，粉、紫、黄各色花朵绽放，花期从5月维持至9月；嗅觉上荷花和千屈菜均能带来清新淡雅的花香；听觉上可感受到风吹芦苇和雨打荷叶的声音。丰富的视觉、嗅觉和听觉感知能够直接产生心理、生理上的响应，使人们体验到植物景观空间的舒适性。

2）人文感知

"荷塘苇海"是白洋淀重要的自然景观和文化元素。抗日战争期间，白洋淀形成了以"雁翎队"和"小兵张嘎"为代表的红色文化，芦苇荡也成为了白洋淀的文化印记。莲（荷花）品位高洁，含义隽永，源远流长，在儒家君子人格、佛家佛性与修行、道家修真养性等方面都有着丰富的文化内涵。景感营造过程中不仅保留了芦苇台田景观，而且新增了荷花生态空间，重点突出了芦苇和荷花的文化内涵，引起人们的情感共鸣，达到传承历史文化、"情景交融"的境界。

（3）景观格局指数变化

采用 Fragstats 4.2 软件对优化前后的研究区进行景观格局指数分析，本次共选取 11 个景观格局指数进行计算，其中，类型水平上选择斑块密度（PD）、最大斑块面积指数（LPI）、连接性指数（CONNECT）、斑块结合度（COHESION）和聚集度指数（AI）；景观水平上选择斑块结合度（COHESION）、聚集度指数（AI）、香农多样性指数（SHDI）、辛普森多样性指数（SIDI）、香农均匀度指数（SHEI）和辛普森均匀度指数（SIEI）。斑块密度主要用来表征斑块的破碎化程度，数值越大，表明斑块破碎化程度越高。最大斑块面积指数和斑块结合度用来表征斑块类型的优势度和整体性，数值越大，优势度和整体性越好。连接性指数和聚集度指数主要用来表征斑块的连通性和聚散性，两者数值越大，表明斑块连通性和聚集程度越高。香农多样性指数和辛普森多样性指数均用来表征景观的多样性大小。香农均匀度指数和辛普森均匀度指数均用来表征景观类型的均匀性程度，各景观类型比例趋于相近时，两者值越大。

通过表 3-47 类型尺度分析结果可以看出，优化后研究区的陆生空间-2、水生空间-1、水生空间-2 斑块密度显著增大，这其中主要是因为众多生态鸟岛的营造，使得各个生态空间的斑块数量增加；从最大斑块面积指数和斑块结合度来看，优化后的水生空间-2 和水生空间-3 的优势度与整体性得到了加强；从连接性指数和聚集度指数来看，陆生空间-2、陆生空间-3 和水生空间-3 的聚集程度与连通性都得到了加强。通过表 3-48 景观尺度分析结果可以看出，优化后研究区斑块结合度和聚集度指数都有较小的提高，表明景观斑块整体性和聚集程度得到加强；香农多样性指数和辛普森多样性指数均有些微减小，表明生态空间多样性降低；香农均匀度指数和辛普森均匀度指数也都有些微减小，表明生态空间的均匀度也降低了一些。

表 3-47　研究区类型尺度景观格局指数

类型	情景	PD	LPI	CONNECT	COHESION	AI
陆生空间-2	优化前	22.26	19.56	37.21	99.86	97.34
	优化后	33.65	16.32	37.55	99.84	97.51

类型	情景	PD	LPI	CONNECT	COHESION	AI
陆生空间-3	优化前	151.09	2.95	34.35	99.06	93.43
	优化后	133.03	0.98	37.38	98.39	97.12
水生空间-1	优化前	16.05	0.62	62.58	97.89	95.23
	优化后	45.55	0.62	36.08	95.79	82.37
水生空间-2	优化前	55.90	9.76	38.35	99.45	98.03
	优化后	267.62	44.09	28.72	99.88	98.08
水生空间-3	优化前	72.47	6.74	49.58	99.07	97.23
	优化后	71.95	7.96	49.95	99.29	97.32

表 3-48 研究区景观尺度景观格局指数

情景	COHESION	AI	SHDI	SIDI	SHEI	SIEI
优化前	99.57	97.11	1.30	0.68	0.81	0.85
优化后	99.76	97.41	1.24	0.64	0.77	0.80

(4) 生境质量变化

在 InVEST 模型当中，生境质量取决于生境损失和破碎威胁的接近度与强度。通过结合景观类型敏感性和外界威胁强度，得到生境质量的分布，并根据生境质量的优劣，评估生物多样性维持状况。本次采用 InVEST 模型中的生境质量模块进行生境质量指数计算。以围埝为威胁源，该方法为通过 GIS 平台将威胁源栅格数据赋值为 1，非威胁区域赋值为 0，对于 Nodata 栅格也注意赋值为 0，相关参数如表 3-49 所示。同时，结合白洋淀各景观类型对典型鸟类的生境适宜度及对威胁源的敏感度进行参数设置如表 3-50 所示。最终得到优化前平均生境质量指数为 0.52，优化后平均生境质量指数为 0.73。从表 3-51 中可见研究区优化前生境质量指数均小于 0.8，0.6~0.8 占比为 42.11%；研究区优化后生境质量指数均大于 0.6，0.6~0.8 达到了 82.41%，0.8~1 区间占比为 17.63%。已有的示范研究成果也已表明，生态鸟岛的多样化生境能够使得底栖动物的物种多样性和均匀性有显著提升。从图 3-37 中也可以看出，由于围埝的存在对区域整体的生境质量会有较大的影响，生态鸟岛的构建不仅增加了连通性，对区域整体生境质量的提升也起促进作用。

表 3-49　白洋淀湿地威胁因子

威胁因子	最大胁迫距离/km	权重	退化类型
围埝	1	0.5	直线型

表 3-50　各景观类型对生态威胁源的敏感度

生境类型	生境适宜度	围埝威胁源敏感度
林草地	0.8	0.3
芦苇台田	0.7	0.5
滩地	1	0.6
浅水区	0.9	0.5
深水区	0.7	0.2
围埝	0.1	0

表 3-51　研究区生境质量指数优化前后对比

情景	参数	0~0.2	0.2~0.4	0.4~0.6	0.6~0.8	0.8~1.0
优化前	面积/hm²	22.76	17.02	72.16	81.40	0.00
	比例/%	11.77	8.80	37.33	42.11	0.00
优化后	面积/hm²	0.00	0.00	0.00	159.33	34.08
	比例/%	0.00	0.00	0.00	82.41	17.63

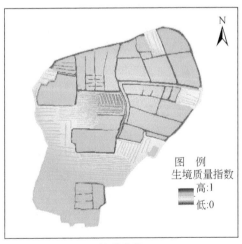

(a) 优化前

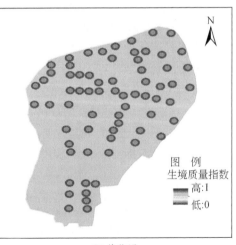

(b) 优化后

图 3-37　研究区优化前后生境质量指数分布

（5）碳储存量变化

InVEST 模型的碳储存模块是通过四大碳库相加计算区域碳储量，共包括植被的地上碳部分、地下碳部分、土壤碳部分和枯落物碳部分，植被地上碳部分包括地表上所有存活植被的碳储量，植被地下碳部分包括植物活根的碳储量，枯落物碳包括植被枯落物的碳储量，土壤碳是指土壤中的有机碳储量。区域碳储存总量主要由各个碳库的平均碳密度乘以各自对应的面积来计算，然后进行累加。通过整合雄安新区和白洋淀景观类型碳密度相关研究成果（李瑾璞等，2020；杨薇等，2020），得到研究区景观类型的碳密度分布情况（表 3-52）。由于本次研究主要针对生态空间分类进行，通过 ArcGIS 叠置分析，得到优化前后的各生态空间景观类型组成（表 3-53 和表 3-54），由此加权确定优化前和优化后的生态空间类型碳密度分布情况（表 3-55 和表 3-56）。已有的示范研究成果表明，生态鸟岛区域"芦苇+荷花+金鱼藻"（配置 1）和"千屈菜+香蒲+穗花狐尾藻+荇菜"（配置 2）两种配置模式对该区域的生物量积累效果显著，其中，配置 2 的生物量可达到 433g/m²，配置 1 的生物量可达到 264g/m²。模型分析结果表明，优化前平均碳密度为 13.49t/hm²，优化后平均碳密度为 14.32t/hm²，研究区碳储存量从 2608t 增长到 2768t，增幅为 6.13%（图 3-38）。

表 3-52　研究区景观类型碳密度　　　　　（单位：t/hm²）

生境类型	地上部分	地下部分	土壤部分	枯落物部分	总碳密度值
林草地	3.53	1.73	9.35	0	14.96
芦苇台田	0.42	1.37	13.75	0.46	16.00
滩地	6.25	3.81	17.12	0.18	27.36
浅水区	1.60	0.16	9.65	0.00	11.41
深水区	0.34	1.21	8.64	0.00	10.20
围埝	0.00	0.00	6.03		6.03

表 3-53　优化前生态空间景观类型组成　　　　　（单位：%）

生态空间类型	围埝	林草地	芦苇台田	滩地	浅水区	深水区
陆生空间-2	28.12	0.00	71.88	0.00	0.00	0.00
陆生空间-3	22.55	0.00	77.45	0.00	0.00	0.00
水生空间-1	55.72	0.00	44.28	0.00	0.00	0.00
水生空间-2	7.10	0.00	80.59	0.00	0.00	12.31
水生空间-3	0.00	0.00	0.00	0.00	0.00	100.00

表3-54 优化后生态空间景观类型组成 （单位：%）

生态空间类型	围埝	林草地	芦苇台田	滩地	浅水区	深水区
陆生空间-2	0.00	0.00	100	0.00	0.00	0.00
陆生空间-3	0.00	19.59	79.68	0.73	0.00	0.00
水生空间-1	0.00	0.00	62.48	37.52	0.00	0.00
水生空间-2	0.00	0.00	62.91	0.00	13.55	23.54
水生空间-3	0.00	0.00	0.00	0.00	0.00	100.00

表3-55 优化前生态空间类型碳密度 （单位：t/hm^2）

生态空间类型	地上部分	地下部分	土壤部分	枯落物部分	总碳密度值
陆生空间-2	0.30	0.99	11.59	0.33	13.21
陆生空间-3	0.33	1.06	12.01	0.36	13.75
水生空间-1	0.19	0.61	9.45	0.20	10.44
水生空间-2	0.38	1.25	12.57	0.37	14.58
水生空间-3	0.34	1.21	8.64	0.00	10.20

表3-56 优化后生态空间类型碳密度 （单位：t/hm^2）

生态空间类型	地上部分	地下部分	土壤部分	枯落物部分	总碳密度值
陆生空间2	0.42	1.37	13.75	0.46	16.00
陆生空间-3	1.07	1.46	12.91	0.37	15.88
水生空间-1	2.61	2.29	15.01	0.35	20.26
水生空间-2	0.56	1.17	11.99	0.29	14.01
水生空间-3	0.34	1.21	8.64	0.00	10.20

综合上述分析，通过选取白洋淀内部受围堤、围埝影响强烈的区域，基于土方平衡和景感生态学原理，通过破除围堤围埝，采用微地形营造、立体化植被配置技术进行生境优化。分析结果表明：该区域生境优化后，水生空间-1和水生空间-2的面积有明显的增加，水生动植物适宜生态空间范围扩大；立体化的植被配置所带来丰富的视觉、嗅觉和听觉等自然感知与人文感知能够使人们直接产生心理、生理上的响应，达到"情景交融"；类型尺度上有助于提升水生空间-2和水生空间-3的优势度与整体性及陆生空间-2、陆生空间-3和水生空间-3的聚集程度与连通性，景观尺度上有助于提升整体生态空间类型的聚集程度和整体

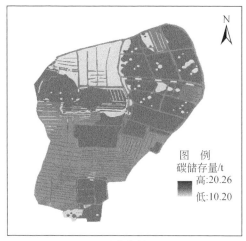
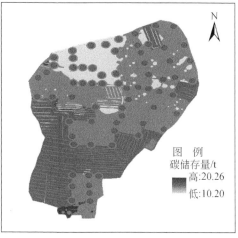

(a) 优化前   (b) 优化后

图 3-38 研究区优化前后碳储存量分布

性；生境质量和碳储存均得到了提升，其中平均生境质量指数从 0.52 提高到 0.73，平均碳密度从 13.49t/hm² 提高到 14.32t/hm²。

3.8 淀区芦苇综合利用模式和对策

3.8.1 白洋淀芦苇生长野外观测实验研究

芦苇（*Phragmites australis*）的生态幅较宽，广泛分布于季节性或永久性低洼积水地带，在淡水或含盐的湿地中均可生存，亦可生长于地下水埋深较浅的旱地之上。作为湖泊湿地中重要的初级生产者之一，芦苇具有固碳、净化水体，同时具有调节气候、改良土壤、维持生物多样性等多种生态服务功能。芦苇地上生物量是衡量湿地生态系统稳定性和健康状况的一项重要指标，因此芦苇地上生物量及其环境影响因子成为湿地学家关注的热点问题之一。已有关于芦苇生物量及其空间分布与环境因子关系的研究表明，在淡水生境中，水深、营养物质的可获得性是两类最关键的环境因子。

白洋淀是华北平原最大的草型湖泊湿地，于 2002 年被批准成为省级自然保护区，主要保护对象是内陆淡水湿地生态系统和珍稀濒危野生动植物，在维持生物多样性、保障区域生态安全和水安全方面发挥着重要作用。受特殊的地貌控制及农业生产活动影响，白洋淀芦苇主要分布在台田和沼泽两类生境中，形成了特有的"台田–芦苇沼泽–明水面"景观。作为优势物种，芦苇不仅在维持湿地的草型清水稳态方面起到了至关重要的作用，同时，还为白洋淀湿地鱼类和鸟类提供了高质量的生境，因而受到了学者们的关注，如刘佩佩等（2013）分析了台田生境中芦苇等优势植物群落生物量及其影响因子；徐卫华等（2005）运用 RS 和 GIS 技术，揭示了白洋淀地区 16 年芦苇湿地面积的变化规律，并分析了水位与芦苇湿地面积的关系。实际上，芦苇对不同生境的长期适应过程中，个体及种群间可能发生分化和变异，从而构成种内的不同生态型。目前，以白洋淀湿地台田和沼泽两类生境中的芦苇为对象，对比分析两类生境中芦苇地上生物量的差异性，并进行影响因子分析的研究成果尚不多见。因此，开展野外调查工作，揭示台田和沼泽生境中芦苇地上生物量的关键影响因子具有重要意义。

（1）实验设计

在前期调查的基础上，考虑样地位置的水深，在远离旅游景区与养殖区的台田和沼泽内布置了 12 个监测采样区，其中，台田、沼泽样区个数均为 6 个。在每个区域内随机设置 3 个 1m×1m 的样方，在芦苇生长季末期，采用收割法采集样方内的芦苇地上部分。采用烘干法测量测定各样方内芦苇的干重（DW）。为分析水深对芦苇地上生物量的影响，在芦苇生长季内（4~9 月）的每个月下旬测量样方内的水深（WD），作为相应样方当月的平均水深，根据不同深度梯度，记录样方内芦苇株数、测定芦苇株高和茎粗，最后将芦苇齐根割下带回实验室进行生物量（干重）测定。

（2）数据与分析

1）水深与株高的关系

根据水深与株高数据，二者呈线性相关，如图 3-39 所示。

$$Y = -80.607h + 295.26 \tag{3-41}$$

从图 3-39 可以看出，二者相关系数 $R^2 = 0.89$。随着水深增加，单株芦苇的株高减小，台地芦苇（水深为负）的株高大于沼泽芦苇（水深为正）。当 $h = 1.63$，$Y = 163.87$，即水深达到 1.63m 时，芦苇的生长高度为 163.87cm，芦苇露出水面的高度仅为 0.87cm，遭到淹没而不能生长，此时芦苇生长达到极限水深。

2）水深与茎粗的关系

根据水深与茎粗数据，二者呈线性相关，如图 3-40 所示。

$$D = -0.3452h + 0.8123 \tag{3-42}$$

从图 3-40 可以看出，二者相关系数 $R^2 = 0.9012$。随着水深增加，单株芦苇

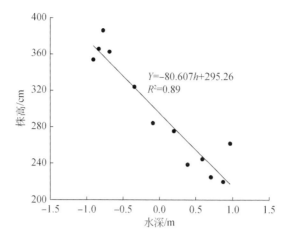

图 3-39　芦苇的水深与株高关系图

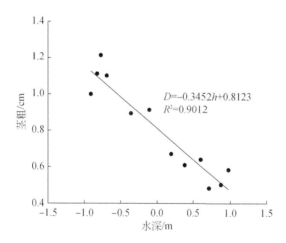

图 3-40　芦苇的水深与茎粗关系

的茎粗减小，台地芦苇的茎粗大于沼泽芦苇。当 $h=2.35$，$D=0$。由此可以看出，水深超过 2.35m 时，芦苇由于茎非常细而无法生长。

3）水深与密度的关系

根据水深与密度数据，二者呈线性相关，如图 3-41 所示。

$$Q=16.102h+52.65 \tag{3-43}$$

从图 3-41 可以看出，二者相关系数 $R^2=0.9365$。随着水深增加，芦苇的密度增加，台地芦苇的密度小于沼泽芦苇。当 $h=-3.27$，$Q=0$。由此可以看出，苇

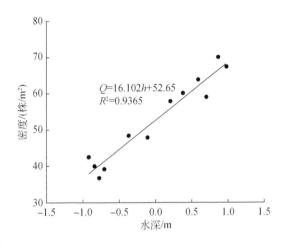

图 3-41　芦苇的水深与密度关系

田高于水面 3.27m 时，芦苇无法获得水分而死亡。

4）水深与产量的关系

从上述分析，可以看出台地芦苇随着水深逐渐向沼泽芦苇发展，芦苇变矮、苇茎变细，而苇株间距变短（芦苇变密），芦苇生长水深范围在 -3.27 ~ 1.63m，当苇田高程超出水面高度 3.27m，芦苇不能获得其生长需求水分而死亡，当芦苇根部淹没深度超过 1.63m，芦苇遭到淹没死亡。研究表明，常见的白洋淀芦苇生长水深为 [-0.5, 1]，即水面以上 0.5m 和水面以下 1m 范围内。

根据水深与芦苇生物量数据，拟合关系曲线，如图 3-42 所示。

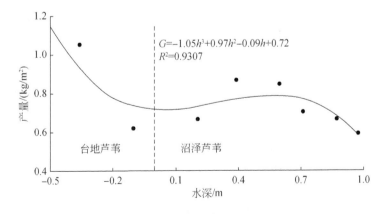

图 3-42　芦苇的水深与产量关系

$$G = -1.05h^3 + 0.97h^2 - 0.09h + 0.72 \tag{3-44}$$

从图 3-42 可以看出，水深与芦苇生物量的相关系数 $R^2 = 0.9307$，曲线存在两个极值。对于台地芦苇，苇田离水面的高度为 0.5m 时，单位苇田的生物量为最大，其值为 1.14kg/m²；对于沼泽芦苇，水深为 0.5m 时，单位苇田的生物量为最大，其值为 0.79kg/m²，水深为 1.0m 时，单位苇田的生物量为 0.55kg/m²。

将不同水深芦苇单产进行离散化，见表 3-57。

表 3-57　水深与芦苇单产的关系表

水深/m	产量/(kg/m²)
[0.7, 1.0]	0.68
[0.5, 0.7]	0.78
[0.3, 0.5]	0.77
[0.1, 0.3]	0.73
[-0.1, 0.1]	0.73
[-0.3, -0.1]	0.80
[-0.5, -0.3]	0.99

5）不同水深芦苇产量

尹健梅等（2009）研究得出白洋淀水面面积–水位关系曲线，见图 3-43。

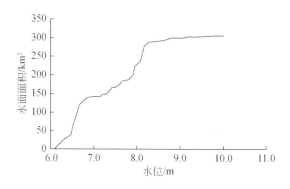

图 3-43　水面面积与水位的关系图

选取不同的水位，以芦苇生长的临界水深 [-0.5, 1]，计算芦苇生长的临界水深范围内相应的水面面积变化值，与其他研究者（表 3-58）对白洋淀地表水年、季变化与芦苇面积变化关系曲线进行拟合，当淀区水位低于 6.5m（大沽）

时称为半干淀，当水位低于5.5m时称为干淀。

表3-58　白洋淀年平均水位和芦苇面积表

年份	年平均水位/m	芦苇面积/km²	数据来源
1978	8.26 *	161.34 **	
1980	7.87 *	149.24	
1984	5.50 *	90.50	
1990	8.35 *	148.83	
1991	8.61 *	116.08 ***	
1996	8.61 *	125.06 ***	* ：尹健梅等，2009
1998	7.81 *	177.30 ***	** ：赵玉灵等，2006
2000	6.71 *	175.34	*** ：徐卫华等，2005
2003	6.00	152.60 ***	
2010	6.41	158.22	
2013	8.70	116.92	
2017	7.22	178.47	

＊：尹健梅等，2009

＊＊：赵玉灵等，2006

＊＊＊：徐卫华等，2005

根据图3-44，可以得知1978~2017年的芦苇面积与水位显著性相关，其相关系数 $R^2 = 0.8936$，且呈二次函数相关，相关函数表达为

$$F = -28.895z^2 + 416.35z - 1318.7 \qquad (3-45)$$

求导可得：

$$\frac{\mathrm{d}F}{\mathrm{d}z} = -57.79z + 416.35 \qquad (3-46)$$

令 $\frac{\mathrm{d}F}{\mathrm{d}z} = 0$ 时，即 $z = 7.20$ 时，$F = 181.10$。说明临界水位在7.20m时，芦苇分布面积达到最大值181.10km²。当淀区水位低于临界水位时，芦苇无法获得充足的水分，导致芦苇面积减少；而当淀区水位高于临界水位时，苇地遭到洪水淹没，由苇田转变为白洋淀水域面积。

根据表3-58和图3-44白洋淀芦苇面积-水位及水面差计算芦苇面积，如图3-45所示。

取不同水位，计算相应水位不同水深芦苇面积，结合表3-57，计算不同水深芦苇的总产量，见图3-46和图3-47。

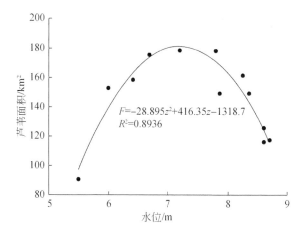

图3-44　白洋淀芦苇面积与年平均水位关系

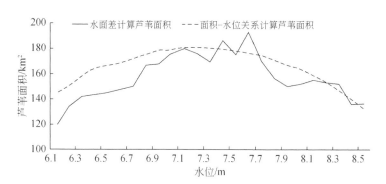

图3-45　芦苇面积–芦苇水位关系图

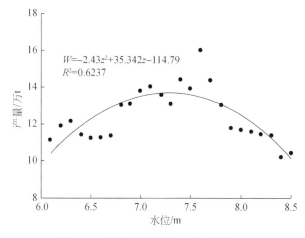

图3-46　白洋淀芦苇产量–水位关系图

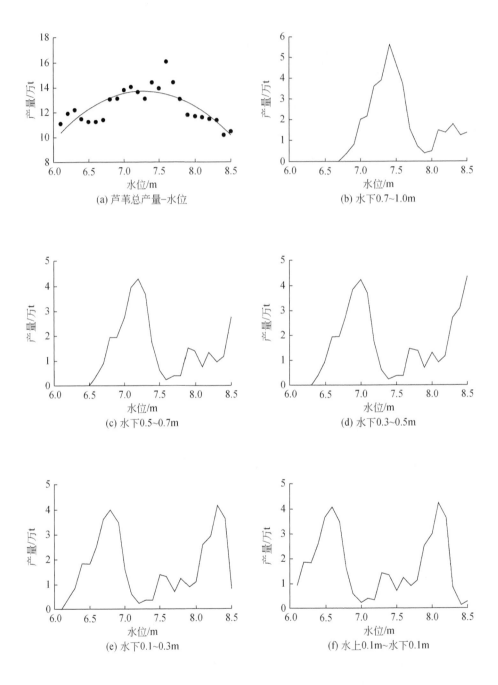

(a) 芦苇总产量-水位

(b) 水下0.7~1.0m

(c) 水下0.5~0.7m

(d) 水下0.3~0.5m

(e) 水下0.1~0.3m

(f) 水上0.1m~水下0.1m

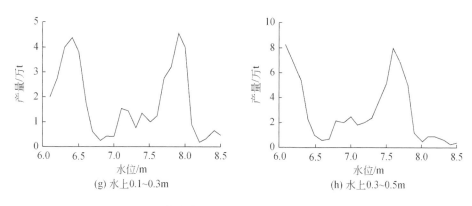

(g) 水上0.1~0.3m (h) 水上0.3~0.5m

图 3-47 白洋淀水位对应不同芦苇深度的产量图

（3）情景水位芦苇产量分析

1）不同水深的芦苇性状

根据上述相关成果，总结出在水深 [-0.5，1]，芦苇最适合生长，当芦苇分布在水深大于1m或水深小于-0.5m时，芦苇生长受到限制，此时，芦苇产量、株高、茎粗、密度受到严重制约，此时芦苇产量取区间的临界值（表3-59）。

表 3-59 不同水深的芦苇性状分析

水深/m	产量/(kg/m²)	株高/cm	茎粗/cm	密度/(株/m²)
[0.7，1.0]	0.68	226.74	0.52	66
[0.5，0.7]	0.78	246.90	0.61	62
[0.3，0.5]	0.77	263.02	0.67	59
[0.1，0.3]	0.73	279.14	0.74	56
[-0.1，0.1]	0.73	295.26	0.81	53
[-0.3，-0.1]	0.80	311.38	0.88	49
[-0.5，-0.3]	0.99	327.50	0.95	46

2）情景水位的产量和面积

选取白洋淀特征水位6.5m和7.0m，进行情景水位芦苇产量分析，面积和产量随水深变化如表3-60所示。

表 3-60　白洋淀特征水位芦苇面积和产量

水深/m	面积/km²		产量/万 t	
	6.5m	7.0m	6.5m	7.0m
[0.7, 1.0]	0	30	0.00	2.04
[0.5, 0.7]	0	35	0.00	2.73
[0.3, 0.5]	12	55	0.92	4.24
[0.1, 0.3]	25	22	1.83	1.61
[-0.1, 0.1]	50	3	3.65	0.22
[-0.3, -0.1]	48	5	3.84	0.40
[-0.5, -0.3]	10	26	0.99	2.57
合计	145	176	11.23	13.80

3）不同芦苇性状的产量分布

选取白洋淀特征水位 6.5m 和 7.0m 不同株高的芦苇产量与芦苇面积（图 3-48 和图 3-49），分析发现当株高在 263cm 时，芦苇面积和芦苇产量最高，当株高为 295cm 时，芦苇面积和芦苇产量最低。

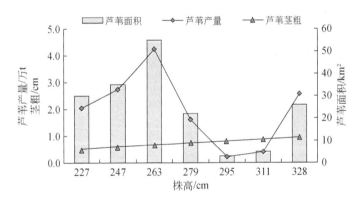

图 3-48　白洋淀水位 6.5m 不同株高和株茎对应的芦苇面积与产量

芦苇分为茎、叶面和叶鞘，一株芦苇的总重量分为茎重量、叶鞘重量和叶面重量（表 3-61 和表 3-62）。根据李博（2010）的研究成果，茎、叶鞘和叶面分别占芦苇总量的 34%、36% 和 30%。

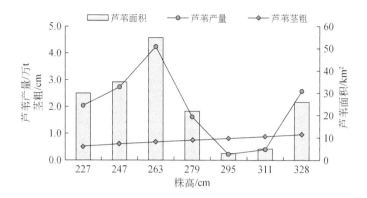

图 3-49　白洋淀水位 7.0m 不同株高和株茎对应的芦苇面积与产量

表 3-61　水位 6.5m 时相应的产量分布

株高 /cm	茎粗 /cm	总产量 /万 t	茎产量 /万 t	叶鞘产量 /万 t	叶面产量 /万 t
226.74	0.52	0.00	0.00	0.00	0.00
246.90	0.61	0.00	0.00	0.00	0.00
263.02	0.67	0.92	0.31	0.33	0.28
279.14	0.74	1.83	0.62	0.66	0.55
295.26	0.81	3.65	1.24	1.31	1.10
311.38	0.88	3.84	1.31	1.38	1.15
327.50	0.95	0.99	0.34	0.36	0.30

表 3-62　水位 7.0m 时相应的产量分布

株高 /cm	茎粗 /cm	总产量 /万 t	茎产量 /万 t	叶鞘产量 /万 t	叶面产量 /万 t
226.74	0.52	2.04	0.69	0.73	0.61
246.90	0.61	2.73	0.93	0.98	0.82
263.02	0.67	4.24	1.44	1.53	1.27
279.14	0.74	1.61	0.55	0.58	0.48
295.26	0.81	0.22	0.07	0.08	0.07
311.38	0.88	0.40	0.14	0.14	0.12
327.50	0.95	2.57	0.87	0.93	0.77

3.8.2 基于遥感和生境特征的芦苇空间分布

(1) 白洋淀芦苇分布的遥感提取

1) 数据源

白洋淀湿地分布有大量的水生植物和旱地作物，它们有不同的生长周期，因此不同月份的遥感影像提取结果有一定的差异。为了更好地识别不同的湿地结构类型，同时考虑云量的影响，因此尽量选取 6~9 月的影像。由于水位对淀区植物的影响，还需要考虑具有代表性水位的年份。因此本节采用的遥感数据分别为 1980 年、1990 年、2000 年、2009 年、2011 年、2013 年、2017 年这几个年份的影像，如表 3-63 所示，遥感影像来源为地理空间数据云（http：//www. gscloud. cn/），由于 1980 年的遥感影像与其他年份影像存在错位，因此需要对该影像进行几何精校正。

表 3-63 遥感影像信息

时间 （年/月/日）	传感器	分辨率/m	条带号	行编号	云量/%	水位/m
1980/8/22	MSS	30	133	33	10	5.76
1990/9/18	TM	30	123	33	0.02	7.50
2000/9/13	TM	30	123	33	0.09	5.25
2009/6/2	TM	30	123	33	—	5.42
2011/5/23	TM	30	123	33	4	5.86
2013/9/1	OLI	30	123	33	0.25	7.28
2017/7/10	OLI	30	123	33	0.04	6.73

2) 数据处理方法

A. 实地考察

为了了解白洋淀湿地结构类型及其对应的影像特征，分别于 2019 年 10 月、2020 年 7 月、2020 年 12 月对白洋淀湿地开展实地考察（图 3-50），主要的考察方式为对当地居民的走访调查和对湿地的野外观测。考察路线 100 多千米，包括纯水村、半水村。通过考察了解到水体类、水生植物类、居民地类及旱地类湿地的地表覆被特征、空间分布特征和对应的影像特征，为影像解译奠定了基础。

图 3-50　白洋淀湿地实地考察

B. 建立分类体系

由实地考察结果了解到，白洋淀湿地主要的水生植物为芦苇、蒲草、莲藕，芦苇面积最大，分布最广，其中人工收割的苇田主要分布在圈头乡附近的乡镇，2013 年后芦苇基本全面弃收，苇田均转化为野生芦苇。根据主导变化的因素将湿地结构类型划分为人类活动占主导的湿地结构类型和自然湿地结构类型两大类，人类活动占主导的湿地结构类型包括旱地类、居民地类、苇田类；自然湿地结构类型包括开阔水体类、浮水植物类和野生芦苇类。由于淀区内其他挺水植物相对于芦苇所占比例较小，且与芦苇不易区分，因此将其他挺水植物和野生芦苇合并为一类，具体划分情况如表 3-64 所示。

表 3-64　湿地结构类型划分

一级分类	二级分类	纹理特征	影像
人类活动占主导的湿地结构类型	旱地类	浅棕色，形状规则，集中分布	
	居民地类	亮白色，分布连续	

一级分类	二级分类	纹理特征	影像
人类活动占主导的湿地结构类型	苇田类	深绿色，条纹状，主要分布在居民地周围	
自然湿地结构类型	开阔水体类	黑色，主要分布在河道附近	
	浮水植物类	绿色，色彩均匀，形状规则	
	野生芦苇类	深绿色，分布不均匀，形状不规则	

3) 数据处理及精度验证

对 Landsat 遥感影像进行处理前需要进行预处理，由于从地理空间数据云下载的 Landsat 遥感影像进行过几何校正，因此预处理流程包括辐射定标、大气校正、裁剪等。再对预处理后的白洋淀遥感影像进行处理。

A. 阈值法提取

首先采用湿地提取方法将白洋淀湿地划分为湿地、非湿地，湿地类型包括开阔水体类、浮水植物类、野生芦苇类及苇田类，非湿地类型包括居民地类、旱地类；再利用水体提取方法将开阔水体类湿地提取出来；最后根据不同湿地类型在不同波段的波谱特征，通过不同波峰、波谷之间的阈值来区分不同的湿地类型。

针对湿地、非湿地的提取，常用的方法多为基于湿度分量的提取方法，包括 LVB-B、KT_3、WI 和改进的指数法 $M\text{-}KT_3$。各方法的计算公式如表 3-65 所示。

表 3-65　湿地提取方法

指数方法	公式
LVB-B	$1.126\,971 \times b_{Green} + 0.673\,348 \times b_{Red} + 0.077\,966 \times b_{NIR} - 1.878\,287 \times b_{SWIR1} + 159$
KT_3	缨帽变换
WI	$(KT_3 + b_{Green}) > (b_{NIR} + b_{Red})$
$M\text{-}KT_3$	$N\,(KT_3) - N\,(NIR)$

b_{Red}、b_{Green}、b_{NIR}、b_{SWIR1} 分别为红色波段、绿色波段、近红外波段、短红外波段 1 的反射率，$N\,(KT_3)$、$N\,(NIR)$ 分别表示湿度分量 KT_3、近红外波段反射率经过归一化处理后的值。

不同类型的传感器 KT$_3$ 指数具有不同的转换系数，传感器 MSS、TM、OLI 的 KT$_3$ 公式如下：

$$-b_{Blue}\times0.829+b_{Green}\times0.522-b_{Red}\times0.039+b_{NIR}\times0.194 \tag{3-47}$$

$$b_{Blue}\times0.1509+b_{Green}\times0.1973+b_{Red}\times0.3279+b_{NIR}\times0.3406-b_{SWIR1}\times0.7112$$
$$-b_{SWIR2}\times0.4572 \tag{3-48}$$

$$b_{Blue}\times0.2651+b_{Green}\times0.2367+b_{Red}\times0.1296+b_{NIR}\times0.059-b_{SWIR1}\times0.7506$$
$$-b_{SWIR2}\times0.5386 \tag{3-49}$$

式中，b_{Red}、b_{Green}、b_{Blue}、b_{NIR}、b_{SWIR1}、b_{SWIR2} 分别为红色波段、绿色波段、蓝色波段、近红外波段、短红外波段 1、短红外波段 2 的反射率。

采用不同的指数法对白洋淀的湿地与非湿地进行区分，选取区分精度较高的湿地结果进行水体的提取，常用的水体提取方法包括 NDWI、MNDWI、RNDWI 和谱间关系法，计算公式如表 3-66 所示。

表 3-66 水体提取方法

提取方法	公式
NDWI	$(b_{Green}-b_{NIR})/(b_{Green}+b_{NIR})$
MNDWI	$(b_{Green}-b_{SWIR1})/(b_{Green}+b_{SWIR1})$
RNDWI	$(b_{SWIR1}-b_{Red})/(b_{SWIR1}+b_{Red})$
谱间关系	$(b_{Green}+b_{Red})>(b_{NIR}+b_{SWIR1})$

采用水体指数将开阔水体从湿地中区分出来后，再根据其他类型湿地在不同波段的波谱特征，通过阈值法依次将各湿地类型提取出来，非湿地类型的提取同理。

B. 监督分类法提取

监督分类，又称为训练分类法，用被确认类别的样本像元去识别其他未知类别像元的过程。它就是在分类之前通过目视判读和野外调查，对遥感图像上某些样区中影像地物的类别属性有了先验知识，对每一种类别选取一定数量的训练样本，计算机计算每种训练样区的统计或其他信息，同时用这些种子类别对判决函数进行训练，使其符合于对各种子类别分类的要求，随后用训练好的判决函数对其他待分数据进行分类。使每个像元和训练样本做比较，按不同的规则将其划分到与其最相似的样本类，以此完成对整个图像的分类。监督分类法一般包括以下几个步骤，如图 3-51 所示。

其中分类器的种类一般包括最大似然法、最小距离、马氏距离、神经网络、支持向量机及其他等，这里选择常用的最大似然法。分类后的处理包括更改类别颜色、名字、小斑块处理、分类后统计等。

图 3-51　监督分类处理流程

C. 精度验证

对湿地结构进行提取后均要进行精度验证，以保证分类的精度和可靠性。采用高分辨率影像目视解译的结果作为验证数据。由于白洋淀整体面积比较大，选取具有代表性湿地结构类型的区域进行目视解译的同时结合实地考察结果进行解译，然后把解译结果叠加到 Google 地图上进行对比，确定目视解译结果作为验证样本是可靠的。验证区域目视解译结果如图 3-52 所示。

根据阈值法和监督分类法对验证区域湿地结构类型进行提取的结果如图 3-53 所示，图 3-53（a）为阈值法提取结果，图 3-53（b）为监督分类提取结果。

采用 Kappa 系数法对提取结果进行精度验证，Kappa 系数法的计算公式为

$$K=(p_0-p_e)/(1-p_e) \tag{3-50}$$

式中，p_0 为所有正确分类的样本数之和除以总样本数；p_e 为偏向性指标，假设每一类的真实样本数为 a_1、a_2、a_3、a_4、a_5，提取出来的每一类样本数为 b_1、b_2、b_3、b_4、b_5，

$$p_e=a_1b_1+a_2b_2+a_3b_3+a_4b_4+a_5b_5/5^2 \tag{3-51}$$

Kappa 系数可分为 5 个级别：$0 \sim 0.2$ 为极低一致性；$0.21 \sim 0.4$ 为一般一致性；$0.41 \sim 0.6$ 为中等一致性；$0.61 \sim 0.8$ 为高度一致性；$0.81 \sim 1$ 为完全一致性。

经计算得，阈值法提取结果的 Kappa 系数为 0.75，监督分类法提取结果的 Kappa 系数为 0.83，阈值法提取结果和目视解译的结果具有高度一致性，监督分类法提取结果和目视解译结果具有完全一致性，由此可以得出采用监督分类法对

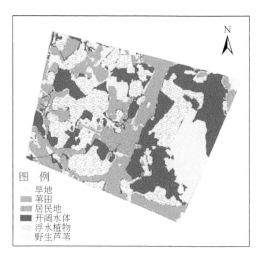

图 3-52　验证区域目视解译结果

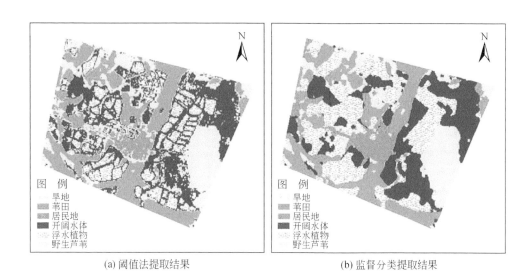

(a) 阈值法提取结果　　　　　　　　　(b) 监督分类提取结果

图 3-53　验证区域解译结果

白洋淀湿地结构进行提取时，提取结果具有更高的精度，并且此提取结果可靠。

4）芦苇数据解译结果

基于 1980 年、1990 年、2000 年、2009 年、2011 年、2013 年、2017 年遥感解译结果发现，芦苇主要分布在水域边缘和台地上，主要分布于北部、中部和东部，当淀区水位变化时西北与西南地势较高的地方会有芦苇与耕地的转变，北部与中间部分等地势较低的地方会有苇地和水域的相互转换；一般透明度较高的水体，芦苇生长茂密，而在藻类繁殖量大、透明度低的区域，由于藻类等浮水植物的竞争，芦苇的生长优势减弱，导致其占地面积较小（表3-67）。

表 3-67　实际情况与解译的白洋淀苇田对比表

苇田所属	实际面积/km²	解译面积/km²	误差/%
安新县	76. 67	80. 23	4. 64
安新镇	22. 67	24. 98	10. 19
大王镇	8. 67	7. 95	−8. 30
刘李庄镇	7. 33	7. 89	7. 64
圈头乡	18. 67	19. 67	5. 36

　　根据现有资料情况，选取 2017 年为校核年份，由于解译得出的芦苇面积中不能很好地将有主苇田和野生苇田区分开来，所以根据实地考察结果结合地图中显示的影像，将有主苇田和野生苇田区分开来，区分之后选取安新镇、大王镇、刘李庄、圈头乡共 4 个乡镇作为校核区域，判断解译结果的准确性。之后再与所查询文献中的数据进行比较，做进一步的判断。

　　由表 3-68 看出，1980～1984 年，芦苇面积减少，相对于 1980 年，芦苇面积由 149.24km² 减少到 90.50km²，减少了 58.74km²，部分苇田转换为耕地或者居民其他用地。1984～2000 年，芦苇面积由 90.50km² 增加到 1990 年的 148.83km²，后又缓慢增加到 2000 年的 175.34km²，总体上呈现一个增加的趋势。淀区在经历持续干淀后，直到 1988 年开始重新蓄水，芦苇得以恢复和发展。2000～2017 年由于部分芦苇用地转变为耕地和居民用地，芦苇占地面积减少到 158.22km²，2017 年芦苇面积又增加到 178.47km²，在此期间苇田面积经历了一个减少再增加的过程。

表 3-68　白洋淀历年芦苇面积情况表　　　　　　　　（单位：km²）

苇田	1980 年	1984 年	1990 年	2000 年	2010 年	2013 年	2017 年
苇田面积	47. 29	39. 6	67. 97	64. 97	67. 965	47. 29	78. 91
野生面积	101. 95	50. 9	80. 86	110. 37	90. 255	69. 63	99. 56
芦苇总面积	149. 24	90. 5	148. 83	175. 34	158. 22	116. 92	178. 47

　　由图 3-54 看出，1980～2017 年，苇田面积占芦苇总面积的 31.69%～45.67%，多年平均值为 40.83%，其中 1980 年所占比例最少，其次为 2000 年的

37.05%，其余年份均在40%以上。

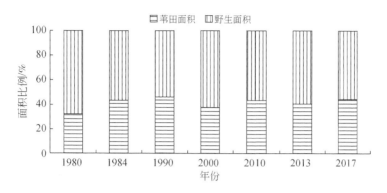

图 3-54　白洋淀近 40 年苇田面积与野生面积比例

（2）芦苇生境及其分布

1）白洋淀芦苇生境特征分析

芦苇湿地作为一种重要的湿地类型，芦苇生境的研究已有了长足的发展，研究表明芦苇一般 1~2 月种子休眠，3~4 月发芽，发芽期间，积水长时间超过一定深度会导致苇芽死亡，一般水深不宜超过 30cm；5~6 月，芦苇发育最快，生物量出现快速增长，7 月中旬芦苇高度一般可以达到全株最终高度的 70%~80%，10 月中下旬种子完全成熟，生长阶段适宜水深为 40~60cm；之后进入种子扩散阶段（表 3-69）。

表 3-69　芦苇月过程适宜水深

项目	1 月	2 月	3 月	4 月	5 月	6 月	7 月	8 月	9 月	10 月	11 月	12 月
生长阶段	种子休眠		发芽成苗		营养生长				生殖生长		种子扩散	
适宜水深/cm	15		15~30		40~60				40~60		15	

2）芦苇生境空间分布

根据芦苇生境生长特征，选取适宜芦苇生长水深 0.5m，以 2017 年现状和年平均水位为 7m 的年内水位在芦苇生长 4 月水位最低为界限，划定芦苇适宜生长空间分布，发现 2017 年适宜芦苇生长面积为 92.73km²，未来居民地搬迁退还后适宜芦苇生长的面积是 104.03km²。

（3）白洋淀不同发展情景的芦苇分布

根据《白洋淀环境综合整治与生态修复规划（2017—2030 年)》规定，并结合相关成果，设置 2017 年年平均水位与现状芦苇分布、年平均水位为 7m 与现状芦苇分布、年平均水位为 7m 与未来芦苇分布的 3 种白洋淀芦苇分布情景，修正遥感解译的芦苇分布，并根据芦苇生境特征，增加未来居民地迁出白洋淀后，退还芦苇分布。

情景一：以遥感解译数据为基础，结合现状年 2017 年年平均水位，通过判别在 2017 年水位下芦苇生境空间分布，遥感解译数据与芦苇生境空间分布叠加，得到基于现状年 2017 年年平均水位下的现状白洋淀芦苇空间分布。

情景二：通过生态补水，恢复白洋淀生态水文节律，恢复白洋淀年平均水位至 7m。以遥感解译数据为基础，结合恢复后的白洋淀年平均水位 7m 情况，将遥感解译数据与芦苇生境空间分布叠加，得到白洋淀年平均水位恢复至 7m 情况下的现状芦苇空间分布。

情景三：根据雄安新区建设规划，除圈头乡外，未来居民地逐渐迁出，迁出居民地将得到退还。此时生态水位已恢复至年平均水位 7m，结合芦苇生境空间分布得到在未来居民地搬迁后退还的芦苇分布，并与情景二的现状芦苇分布进行合并，得到白洋淀未来芦苇空间分布。

3.8.3 综合利用模式和对策

(1) 功能分区

本次研究将白洋淀划分为生态功能区、复合功能区和生态服务功能区，主要划分依据为《白洋淀省级自然保护区总体规划》(修编版)、《河北雄安新区规划纲要》和《白洋淀生态环境治理和保护规划 (2018—2035 年)》，主要涉及白洋淀自然保护区分区和白洋淀国家湿地公园未来构建分区，其中生态功能区划分参考白洋淀自然保护区核心区边界，复合功能区划分参考白洋淀国家湿地公园未来构建分区中荒野区边界，其他区域划分为生态服务功能区。

具体设置如下：生态功能区由藻杂淀、烧车淀、大麦淀、小白洋淀等各大小淀组成，总面积 86.33km²，主要保护白洋淀重要的动植物资源及其自然环境，实施严格生态保护管控措施；复合功能区由小麦淀、荷叶淀、鲥鲹淀等各大小淀组成，总面积 49km²，主要作为生态功能区的缓冲区域，兼具自然环境保护和自然风光展示功能，适度减少人类活动，实现人为干扰低影响；生态服务功能区由淀区其他区域组成，总面积 180.54km²，主要展示自然风光和人文景观。

(2) 利用模式

根据遥感解译结果和芦苇分布得到白洋淀不同发展情景的芦苇分布，基于白洋淀功能分区与区域发展要求，对白洋淀功能分区芦苇收割模式进行计算。确定白洋淀功能区划分，确定生态功能区保留芦苇，复合功能区作为旅游功能区采用分片轮流收割，50%的面积收割，且两年收割一次，生态服务功能区尽量全部收割的基本收割原则，考虑研究区内道路和航道通行，以及村庄生态景观的建设，生态功能区芦苇作为生态利用空间进行保留，航道、道路优先收割，村庄采用分片轮流收割，50%的面积收割，且两年收割一次的收割方式。对研究区内道路或航道周围100m范围内的芦苇秋季收割，考虑芦苇在10月后完全成熟，收割时期较长，白洋淀结冰期，年平均最大冰厚在0.21m，采用收割量为地上部分的80%，收割方式为芦苇地面以上高度和水面上或冰面上10cm留茬。对研究区居民点周边50m范围内采用轮流收割，考虑到村庄地势较高，芦苇地面以上高度和冰面10cm留茬。

以芦苇收割模式方法为原则，针对白洋淀不同发展情景的芦苇分布，对白洋淀芦苇利用模式进行分类计算，计算情景如下。

情景一：以遥感解译数据为基础，结合现状年2017年年平均水位，通过判别在2017年水位下芦苇生境空间分布，遥感解译数据与芦苇生境空间分布叠加，得到基于现状年2017年年平均水位下的现状白洋淀芦苇空间分布。结合芦苇收割模式方法，并考虑现状年白洋淀居民地分布和芦苇水深分布与产量等相关关系，计算在现状年水位下，不同水深的芦苇产量，并与得到的现状白洋淀芦苇空间分布叠加，计算得到现状年水位和现状年芦苇分布的综合利用模式（表3-70）。

表3-70　情景一芦苇利用模式

分区	生态利用面积/km²	芦苇收割面积/km²	实际收割产量/万 t			
			全株	茎	叶鞘	叶面
生态功能区	16.22	—	—	—	—	—
复合功能区	2.37	3.80	0.25	0.09	0.09	0.08
生态服务功能区	1.07	38.43	2.60	0.88	0.94	0.78
合计	19.66	42.23	2.85	0.97	1.03	0.86

情景二：通过生态补水，恢复白洋淀生态水文节律，恢复白洋淀年平均水位至7m。以遥感解译数据为基础，结合恢复后的白洋淀年平均水位7m情况，将遥感解译数据与芦苇生境空间分布叠加，得到白洋淀年平均水位恢复至7m情况下的现状芦苇空间分布。结合芦苇收割模式方法，并考虑现状年白洋淀居民地分布和芦苇产量–水深关系，计算在年平均水位7m下的芦苇综合利用模式（表3-71）。

表 3-71　情景二芦苇利用模式

分区	生态利用面积/km²	芦苇收割面积/km²	实际收割产量/万 t			
			全株	茎	叶鞘	叶面
生态功能区	16.18	—	—	—	—	—
复合功能区	2.35	3.77	0.24	0.08	0.08	0.07
生态服务功能区	1.07	38.33	2.44	0.83	0.88	0.73
合计	19.60	42.10	2.68	0.91	0.96	0.80

　　情景三：根据雄安新区建设规划，除圈头乡外，未来居民地逐渐迁出，迁出居民地将得到退还。此时生态水位已恢复至年平均水位 7m，结合芦苇生境空间分布得到在未来居民地搬迁后退还的芦苇分布，并与情景二的现状芦苇分布进行合并，得到白洋淀未来芦苇空间分布。结合芦苇收割模式方法，考虑到未来白洋淀居民地分布和芦苇产量-水深关系，计算未来年平均水位保持在 7m 的未来芦苇综合利用模式（表 3-72）。

表 3-72　情景三芦苇利用模式

分区	生态利用面积/km²	芦苇收割面积/km²	实际收割产量/万 t			
			全株	茎	叶鞘	叶面
生态功能区	18.44	—	—	—	—	—
复合功能区	2.93	5.01	0.31	0.10	0.11	0.10
生态服务功能区	0.66	43.77	2.77	0.94	1.00	0.83
合计	22.03	48.79	3.08	1.05	1.11	0.93

（3）对策和建议

　　分析三种芦苇综合利用模式发现，随着恢复白洋淀生态水文节律，从 2017年年平均水位 6.63m，通过生态补水恢复至年平均水位 7m，白洋淀芦苇现状收割面积变化不大，但由于水深的改变，导致一部分芦苇因水位的改变而枯萎死亡，实际收割产量下降了 6.28%。在雄安新区的建设要求引领下，白洋淀生态补水保证率提高和淀区内村庄陆续迁出，未来白洋淀生态利用面积较现状年水位和现状芦苇分布情况下有明显提高，总体较情景一现状年，生态利用面积增加了12.05%，芦苇收割面积增加了 15.54%，芦苇实际收割产量增加了 8.07%，芦苇全株、茎、叶鞘、叶面实际收割产量分别增加了 0.23 万 t、0.08 万 t、0.08 万 t、0.07 万 t，这为白洋淀芦苇产业振兴和产业经济效益增长带来了促进作用，因此，针对芦苇产量、用途、效益等和白洋淀水环境特点，提出以下对策和建议。

实施白洋淀芦苇产业复产延伸行动。根据市场需求调查，芦苇作为一种天然的生态资源，芦苇产业具有很强的经济效益。应复产并建设芦苇秆造纸和人造纤维产业、芦苇苇席编织产业、芦苇空茎芦笛产业、芦苇生态浮岛生产产业等，建设白洋淀芦苇复产延伸产业链和供应链，从而实现效益增收。

实施芦苇生态浮岛产量提升和水体净化行动。白洋淀是大清河系自然形成的蓄洪滞洪洼淀，部分区域水深较深，无法达到芦苇适宜生长的条件，并且当前白洋淀虽水质控制较好，但水质富营养化程度仍然较为严重。因此，应以白洋淀芦苇产业生产产品为基础，制作能够调整浮床整体吃水深度的浮力调节组件的可种植芦苇的生态浮岛，充分满足芦苇在水深 $-0.5 \sim 1m$ 的生长条件，从而增加芦苇产量。同时，建设芦苇生态浮岛，应利用生态工学原理和无土栽培技术，以水环境质量和容量标准确定治理区域当前的污染物总量，基于治理区域的水环境资料，获取水体中污染物的来源总量和去除总量，以水质治理目标、污染物总量及来源总量和去除总量为基础，计算出污染物削减量，获取单位质量芦苇对污染物的吸收率，并结合吸收率和单位面积内芦苇最佳产量，计算达到水质治理目标时需种植芦苇的面积，实现芦苇对水生态水环境的生态修复。

实现芦苇精细化智慧管理评估行动。应建立白洋淀芦苇专业评估部门，推动监督白洋淀芦苇产业复产延伸建设有序进行，同时设定芦苇产量目标和建设生态浮岛治理、管理奖惩机制，监督当地生态浮岛建设，提高芦苇产量和白洋淀生态芦苇面积，保障芦苇产业和芦苇生态环境治理工作，引领白洋淀芦苇生产、治理、生态化的合理性与科学性。

4　雄安新区城区湿地系统构建和功能提升技术与示范

4.1　城区湿地现状与问题

河北省容城县位于太行山东麓、冀中平原中部，年均气温 11.7℃，年日照 2685h，年平均降水量 551.5mm，无霜期 185 天左右，是一个传统的农业县城，主要栽种小麦、玉米等。安新县属于海河流域大清河水系中游，年平均气温 12.2℃，年日照 2578.3h，年平均降水量 529.7mm，历年无霜期平均为 200 天，安新县城坐落在新安北堤保护区内，规划面积 15km^2，常住人口 5 万余人，是旅游开放城市。

4.1.1　城区湿地分布情况调查与分析

本研究于 2019 年 6 月、9 月开展了雄安启动区、容城组团、安新组团湿地系统野外考察与调研。考察范围覆盖安新县与容城县 7 个镇（安新镇、三台镇、大河镇、大王镇、小里镇、容城镇、南张镇）、94 个村（西里街村、北新村、张村、王村、东牛村、南六村、东孙村、羊定村、南阳村、八于村、南关村、沙河村等）、143 个坑塘、33 个池塘、60km 沟渠。获得的资料和信息主要包括城区湿地的经纬度、所属湿地类型、连通性、利用情况、水生植物种类等。

调查结果表明，雄安启动区、容城组团、安新组团湿地几乎都是人工湿地，有坑塘、池塘和沟渠 3 种类型。调查区域湿地受人为干扰较大，143 个坑塘中有 73 个人工蓄水坑塘（图 4-1），其中 51 个正在治理，水体感观不一，有的水体发黑发臭，垃圾围塘，有的水质清澈，环境优美；33 个底部干涸（图 4-2），部分已种玉米等农作物，有的底部被开发进行水产养殖；37 个有自然积水（图 4-3），积水清浅，无明显人为因素的影响。33 个池塘（图 4-4）中有鱼塘 10 个，芦苇塘、睡莲塘和荷塘共 19 个，其他类型池塘 4 个，其中 1 个芦苇塘无明显人为因素的影响。沟渠（图 4-5）均为人工挖掘，主要涉及排水干渠、农田灌溉沟渠、污水处理厂排水沟渠等。总体来看，除沟渠以外雄安新区湿地彼此之间几乎没有连通。

图4-1 人工蓄水坑塘

从地理位置来看，雄安新区湿地分布极不均匀，呈现南多北少、淀区沿岸多内陆少的趋势。安新县行政区位于雄安新区中南部，集中了绝大部分湿地资源，坑塘、池塘和沟渠的占有率分别达到72%、88%和86%。坑塘湿地多分布在居民村落附近，这可能与河北农村习惯在村边取土修房盖屋有关。

沟渠一般可分为干渠、支渠和毛渠三级，按照其功能主要可分为道路排水渠、污水厂排水渠和农田灌排沟渠。沟渠系统呈网状结构，由于农田间的灌排渠和部分排水干渠水量不稳定，经常处于干涸断流的状态，因此根据此次现场观察的情况，主要讨论南河干渠、龙王跑干渠、公堤干渠、中轴干渠、中轴右侧干

图 4-2　干涸坑塘

渠、中部斜向干渠和大张庄干渠。

　　龙王跑干渠、中部斜向干渠、公堤干渠、大张庄干渠水量充沛,除了中部斜向干渠新庄克村至张村段干涸,没有断流的情况出现。其中龙王跑干渠调查长度约11km,北部连接容城西南部污水处理厂出水口,途经东午北庄村西,穿过东小里村、山西村,在山西村南入白洋淀。中部斜向干渠调查长度约8km,北起新庄克村北面的南河干渠,东南向沿徐新公路,南至334省道。公堤干渠调查长度约15km,北起南河干渠,穿过大张庄干渠,绕过朱公堤村,入白洋淀,与大张庄干渠(约13km)分别位于安新县城西部与北部,形成环城水系。中轴干渠调查长度约8km,向南顺着235省道,一直到达大张庄干渠。中轴右侧干渠调查长

图 4-3　积水坑塘

度约 7km，北起北张庄村南河干渠，一直向南到达大张庄干渠。这两条干渠北部均已干涸，南部可能因为大张庄干渠、安新县北部污水处理厂出水的补给，水量较为充沛。南河干渠约 15km，西起于黑龙口村东，途经小王营村北，到南河村入白洋淀，该干渠多处断流。

　　整体而言，研究区湿地分布极不均匀，呈现南多北少、淀区沿岸多内陆少的趋势。安新县行政区位于雄安新区中南部，集中了绝大部分湿地资源，坑塘和沟渠的占有率均达到了 70% 以上。

图 4-4　池塘

4.1.2　城区湿地水生植物调查

本研究于 2019 年 9 月对雄安新区城区开放性坑塘和沟渠水生植物进行普查。雄安新区城区坑塘大多为人工蓄水坑塘，大小形状不规则，水位较深，驳岸陡峭壁立，沉水植物稀少且难以采集，沿岸多是田间小径或者村庄道路。因此，主要对坑塘水陆交界带挺水植物和漂浮植物进行普查。池塘与大多数沟渠也有类似的问题，因此水生植物普查方法与坑塘类似。

人为因素对雄安新区湿地系统的发展起着主导作用，对湿地水生植物的生长发育、植被类型、种类组成及演替有着直接影响。因此，除了以上常规性的调查，本研究还在公堤干渠、中轴干渠、中轴右侧干渠选取了部分人为因素干扰较小的区段进行水生植物的调查。这些区段虽然紧邻道路或者农田，驳岸带狭窄，但是水体清浅（<1m），水力条件多样，各种水生植物生长繁茂，可视为城区湿

图4-5 沟渠

地植物配置研究的标准样地。样地长100m，公堤干渠1个，中轴干渠1个，中轴右侧干渠2个，每个样地分别设置1m×1m的样方10个，调查内容包括水生植物分布面积、多度、盖度等。

（1）城区湿地水生植物普查

雄安启动区、容城组团、安新组团普查共记录25种水生植物，隶属15科23属（表4-1）。按照生活型划分，挺水植物共12种，占总数的48%；沉水植物6种，占总数的24%；浮叶根生植物3种，占总数的12%；漂浮植物4种，占总数的16%。

表 4-1 雄安新区城区水生植物普查名录

科	属	物种
禾本科	芦苇属	芦苇
	稗属	稗
	牛鞭草属	牛鞭草
香蒲科	香蒲属	狭叶香蒲
蓼科	蓼属	水蓼
千屈菜科	千屈菜属	千屈菜
莎草科	藨草属	荆三棱
	莎草属	旋磷莎草
	砖子苗属	密穗砖子苗
黑三棱科	黑三棱属	黑三棱
鸢尾科	鸢尾属	鸢尾
睡莲科	睡莲属	睡莲
	莲属	莲
	芡属	芡实
龙胆科	荇菜属	荇菜
金鱼藻科	金鱼藻属	金鱼藻
小二仙草科	狐尾藻属	穗花狐尾藻
眼子菜科	眼子菜属	菹草
		马来眼子菜
		篦齿眼子菜
水鳖科	黑藻属	轮叶黑藻
	水鳖属	水鳖
浮萍科	浮萍属	紫背浮萍
	无根萍属	微萍
槐叶萍科	槐叶萍属	槐叶萍

　　频度分析抽取重要值排在前列的部分湿生植物种类进行分析。其中芦苇检出频度最高，达到91.3%，其次是水蓼、稗、密穗砖子苗、狭叶香蒲、莲，检出频度分别达到了41.3%、41.3%、37.0%、21.7%、21.7%。漂浮植物水鳖、紫背浮萍在所有样方中也占有一定的比例，分别有23.9%、34.8%。千屈菜、鸢尾主要应用在人工浮岛上。由于城区湿地大多驳岸直立，水位较深，水体清淤频繁，难以采集到沉水植物进行分析，因而沉水植物检出频度普遍较低。

依据水生植物群落分类原则，普查区域内主要水生植物群落有5个（表4-2）：芦苇群落、香蒲群落、睡莲群落、莲群落、微萍+紫背浮萍群落，其中芦苇群落是雄安新区优势群落，大多数点位均有检出；香蒲群落、睡莲群落和莲群落多出现在人工景观池塘或者景观坑塘；微萍+紫背浮萍群落在治理坑塘中较为常见。另外，在22号坑塘底部漫滩上我们还发现旋磷莎草+密穗砖子苗群落。整体来说，雄安新区湿地水生植物并不丰富，每个样方植物种类一般不会超过3种。

表4-2　雄安新区城区水生植物群落普查名录

编号	群落类型	主要物种	主要伴生种
1	芦苇群落	芦苇	稗、水蓼、密穗砖子苗
2	香蒲群落	香蒲	芦苇
3	莲群落	莲	金鱼藻、紫背浮萍
4	睡莲群落	睡莲	金鱼藻
5	紫背浮萍+微萍群落	紫背浮萍、微萍	
6	旋磷莎草+密穗砖子苗群落	旋磷莎草、密穗砖子苗	稗

（2）雄安城区标准样地水生植物调查

如表4-3所示，公堤干渠、中轴干渠、中轴右侧干渠共记录20种水生植物，隶属13科18属。按照生活型划分，挺水植物共9种，占总数的45%；沉水植物6种，占总数的30%；漂浮植物5种，占总数的25%。

表4-3　公堤干渠、中轴干渠、中轴右侧干渠水生植物名录

科	属	物种
禾本科	芦苇属	芦苇
	稗属	稗
	牛鞭草属	牛鞭草
香蒲科	香蒲属	狭叶香蒲
蓼科	蓼属	水蓼
莎草科	藨草属	荆三棱
	砖子苗属	密穗砖子苗
黑三棱科	黑三棱属	黑三棱
睡莲科	莲属	莲
金鱼藻科	金鱼藻属	金鱼藻

续表

科	属	物种
小二仙草科	狐尾藻属	穗花狐尾藻
眼子菜科	眼子菜属	菹草
		马来眼子菜
		篦齿眼子菜
水鳖科	黑藻属	轮叶黑藻
	水鳖属	水鳖
浮萍科	浮萍属	紫背浮萍
	无根萍属	微萍
满江红科	满江红属	满江红
槐叶萍科	槐叶萍属	槐叶萍

　　频度分析表明，标准样地水生植物分布与雄安新区普查结果具有一定的相似性。挺水植物中芦苇检出频度依然较高，为72%，其次是稗、密穗砖子苗，检出频度分别达到了52%、16%。然而，漂浮植物紫背浮萍在所有样方中检出频度高达75%，其次是水鳖32.1%。而且沉水植物也比较常见，金鱼藻、菹草、轮叶黑藻、篦齿眼子菜的检出频度达到了76%、44%、28%、20%，远远高于雄安新区普查结果（2.2%~13%）。标准样地水生植物比较丰富，有的样方植物种类达到7种。这可能是因为所选择的样地基本没有人工清淤，水体清浅光照充足，水流平缓，更适合漂浮植物与沉水植物的生长。

　　标准样地主要水生植物群落有11个（表4-4）：芦苇群落、香蒲群落、牛鞭草群落、莲群落、水鳖群落、紫背浮萍群落、满江红群落、篦齿眼子菜群落、马来眼子菜群落、菹草群落、金鱼藻+穗花狐尾藻+轮叶黑藻群落。样地水生植物群落的分布具有明显的复合性特征，同时分布有挺水植物群落、漂浮植物群落和沉水植物群落。在垂直方向上，金鱼藻、穗花狐尾藻、轮叶黑藻、篦齿眼子菜等沉水植物均分布在1m以上的水深；紫背浮萍、水鳖等漂浮植物常成为沉水植物的伴生种外，还能形成大片的优势种；芦苇、香蒲等挺水植物多分布在0~0.5m处，常与稗、密穗砖子苗、水蓼伴生，与在干渠中的莲群落相映成趣。调查结果与前人的研究是一致的，水生植物种群数量会受到水深的影响。除此之外，水力条件也是一个重要因素。马来眼子菜、篦齿眼子菜和菹草有一定适应风浪的能力，在干渠拐弯、涵洞出水或者支渠汇合处等水流较急的区域比较常见。而金鱼藻、穗花狐尾藻、轮叶黑藻及漂浮植物喜欢缓流、静水环境，多在回水湾或是岸边带等滞水区中形成大片优势群落。

表 4-4 公堤干渠、中轴干渠、中轴右侧干渠水生植物群落名录

编号	群落类型	主要物种	主要伴生种
1	芦苇群落	芦苇	稗、水蓼
2	香蒲群落	狭叶香蒲	芦苇、金鱼藻等
3	牛鞭草群落	牛鞭草	水鳖、金鱼藻
4	莲群落	莲	金鱼藻、紫背浮萍等
5	水鳖群落	水鳖	紫背浮萍、金鱼藻、轮叶黑藻等
6	紫背浮萍群落	紫背浮萍	微萍、水鳖、金鱼藻等
7	满江红群落	满江红	紫背浮萍、金鱼藻、狐尾藻等
8	篦齿眼子菜群落	篦齿眼子菜	菹草
9	马来眼子菜群落	马来眼子菜	
10	菹草群落	菹草	
11	金鱼藻+穗花狐尾藻+轮叶黑藻群落	金鱼藻、穗花狐尾藻、轮叶黑藻	紫背浮萍、满江红

4.1.3 城区湿地存在的问题

研究区湿地主要有沟渠和坑塘两种类型，沟渠均为人工挖掘，根据其功能分为道路排水渠、污水厂排污渠和耕地灌溉沟渠。沟渠系统在研究区呈现网状结构，沿道路、耕地分布。研究区坑塘主要因农村建房、采集砖坯、灌溉等人工开挖而成，紧邻村镇分布。经过系统的调研与分析，城区湿地主要存在以下几个问题：

a. 研究区湿地面积比例较小，连通性较差。

b. 湿地分布不均匀，呈现南多北少的格局。

新区湿地分布极不均匀，呈现南多北少、淀区沿岸多内陆少的趋势。安新县行政区位于雄安新区中南部，集中了绝大部分湿地资源，坑塘和沟渠的占有率均达到了 70% 以上。

c. 水生植物种类单一，分布不均匀。

根据城区湿地水生植物普查，研究区绝大多数湿地单元水生植物较少，种类单一，多为芦苇、稗、水蓼、密穗砖子苗等耐旱能力较强的滨岸带植物，水鳖、紫背浮萍、微萍等漂浮植物，沉水植物较为少见。这可能是因为坑塘与沟渠多位于农田、村庄和城镇附近，易受农业生产、清淤扩容、边岸整治等人类活动的影响。

4.2 基于景观格局分析的城区湿地 生态健康评价

4.2.1 研究方法与数据来源

（1）空间数据预处理和景观类型分类

本研究的主要数据源是中国科学院遥感与数字地球研究所网站所提供的 2019 年卫星遥感影像（Landsat），分辨率为 30m。研究过程中利用 ENVI 5.3 软件对获取的影像依次进行校正、波段合成、信息加强、影像裁剪等影像预处理。借助 ArcGIS 10.3 软件，运用精度较高的目视解译分类法，提取不同地类的地物信息，建立不同的解译标识，进行影像分类。

参考《土地利用现状分类》（GB/T 21010—2017），结合野外实地调查和研究主题需要，将研究区划分为 5 种景观类型，即水域（坑塘和沟渠）、建设用地（住宅区、商服用地和公共设施用地）、林地、耕地（旱地和水浇地）和未利用地（裸地和空闲地），得到研究区 2019 年土地利用类型图。实地调查发现，草地多与林地混合分布，影像上难以区分，且面积较小，因此在解译过程中将其统一划分为林地。

（2）景观格局指数的选取

将解译的遥感影像分类图进行栅格化处理，转化为 GRID 格式，利用 Fragstats 4.2 软件从不同层面上进行景观格局指数的计算。可用于景观格局分析的指标种类较多，但许多指标缺乏对研究对象的代表性，且在进行景观空间特征分析时会相互干扰，对分析结果造成一定的误差。因此参考其他学者对雄安新区景观格局的相关研究，结合本节的研究目标，在不同层次上选取对应的特征指标，进行雄安新区城区湿地景观格局分析。

（3）评价指标体系的建立

目前对湿地生态系统健康的评价还没有一套较为成熟的标准。本研究综合考虑雄安城区湿地的生态、经济和社会要素，借鉴前人关于湿地生态系统健康的研究，运用 PSR 模型，从压力、状态、响应 3 个方面筛选出 11 个指标构建雄安新区城区湿地生态系统健康评价体系（表4-5）。

表 4-5 雄安新区城区湿地生态系统健康评价指标体系

目标层 O	原则层 P	指标层 Q
湿地生态系统健康评价	压力 P1	开发系数 Q11
		人口密度 Q12
		降水 Q13
		气温 Q14
	状态 P2	景观多样性指数 Q21
		平均斑块面积 Q22
		水文调节指数 Q23
		均匀度指数 Q24
		水体污染指数 Q25
		植被覆盖率 Q26
	响应 P3	斑块破碎化指数 Q31

压力指标：湿地生态健康的压力主要来源于系统自身和外界人为干扰。经过实地调查，雄安新区城区湿地生态健康主要受到人类活动的强烈影响，如城市化建设、污水排放、大规模农耕等，进而严重威胁湿地的生态健康。另外，研究区湿地生态健康还受到气候因子的影响。因此，选取开发系数、人口密度、降水和气温 4 个指标来反映研究区湿地所面临的压力。具体计算如下：

$$开发系数 = 城镇面积/研究区总面积 \tag{4-1}$$

式中，城镇面积来源于 ArcGIS 的面积统计计算。

$$人口密度 = 研究区人口数/研究区总面积 \tag{4-2}$$

式中，人口数据来自于 2018 年保定市统计年鉴，主要包括容城县和安新县的总人口。气象数据来源于研究区周边的气象站（容城、徐水、安新、雄县），包括 2018 年降水及气温的月平均数据和年平均数据。

状态指标：可以反映出自然环境的现状和生态系统的状况，包括环境及生态系统的结构、功能、弹性、活力等。本节选取了景观多样性指数、平均斑块面积、均匀度指数、水文调节指数、植被覆盖率、水体污染 6 个指标。其中，景观多样性指数（landscape diversity index，LDI）、平均斑块面积（mean patch size，MPS）和均匀度指数（Shannon's evenness index，SHEI）通过 Fragstats 4.2 软件求得，具体计算公式如下：

$$LDI = -\sum_{i=1}^{m}(P_i \times \log_2 P_i) \tag{4-3}$$

式中，P_i 为第 i 类景观类型所占面积比例；m 为景观类型数目。

$$\text{MPS} = \frac{S_i}{N_i} \tag{4-4}$$

式中，S_i 为第 i 类景观类型的总面积；N_i 为第 i 类景观类型的斑块数目。

$$\text{SHEI} = \frac{\sum_{i=1}^{m} (P_i \times \log_2 P_i)}{\log_2 m} \tag{4-5}$$

式中，P_i 为第 i 类景观类型所占面积比例；m 为景观类型数目。

$$\text{水文调节指数} = (\text{坑塘面积} + \text{沟渠面积}) / \text{研究区总面积} \tag{4-6}$$

式中，坑塘和沟渠面积来源于 ArcGIS 的面积统计计算。

$$\text{植被覆盖率} = \text{林地面积} / \text{研究区总面积} \tag{4-7}$$

式中，林地面积来源于 ArcGIS 的面积统计计算。

水体污染指数：本研究采集研究区各湿地的水样，于中国科学院城市环境研究所城市环境与健康重点实验室进行检测与分析，主要检测指标有氮磷营养盐、金属阳离子等，综合分析本研究将总氮浓度作为城区湿地污染指数。

响应指标：响应指标是指生态系统在人类活动影响下的自身反应，本节选取斑块破碎化指数（fragmentation index of patch，FN）作为响应指标，该指标通过 Fragstats 4.2 软件求得，计算公式如下：

$$\text{FN} = \frac{\sum N_i}{\sum A_i} \tag{4-8}$$

式中，$\sum N_i$ 为研究区景观斑块总数或某景观要素斑块类型的斑块总数；$\sum A_i$ 为研究区总面积或某景观斑块类型的面积。

(4) 单因子评价

对生态系统健康进行评价时，由于研究对象和评价尺度的不同，涉及多种不同类型、不同数量级、不同量纲的指标，不利于统一分析和评价。为消除量纲等差异带来的影响，需要对所有评价指标进行标准化处理，使其统一转化为无量纲的数值，从而完成数据间的计算。参照张猛和秦建新（2014）在洞庭湖湿地生态系统健康评价中对模型参数的处理，本节采用极差法对数据进行标准化处理，把评价指标的数值标准化到 0 和 1 之间。

$$P = \frac{R_{\max} - R}{R_{\max} - R_{\min}} \tag{4-9}$$

$$P = \frac{R - R_{\min}}{R_{\max} - R_{\min}} \tag{4-10}$$

当单项指标量值增加方向与生态健康增加方向相同时采用式（4-9）进行评

价，反之采用式（4-10）进行评价。

（5）指标权重的确立

层次分析法（analytic hierarchy process，AHP）是一种将复杂系统的思维过程通过层次化、数量化的方法进行简单化，定量分析指标权重的方法。本节运用 Yaahp 层次分析软件，根据各指标对湿地生态系统健康影响程度的差异构建判决矩阵，最终确立湿地生态系统健康评价体系指标层和准则层的权重。

层次分析法是一个较为成熟的给指标权重赋值的方法，大量研究用其来确定指标的权重，其主要步骤如下所述。

首先，将评价因子分类组合，构成一种包含目标层（objective layer，O）、准则层（principle layer，P）和指标层（quota layer，Q）的层次结构模型。其次，将同一层级下元素的重要程度进行两两比较分析，构建判决矩阵。矩阵形式如下：

$$P_k = (Q_{ij})_{n \times n} = \begin{bmatrix} Q_{11} & \cdots & Q_{1n} \\ \vdots & \ddots & \vdots \\ Q_{n1} & \cdots & Q_{nn} \end{bmatrix} \tag{4-11}$$

最后，构建的矩阵还需检验矩阵一致性 CR，若 CR<0.1，表示判决矩阵满足一致性，否则需要调整判决矩阵初始取值。其中，

$$CR = \frac{CI}{RI} \tag{4-12}$$

$$CI = \frac{\lambda_{max} - n}{n - 1} \tag{4-13}$$

式中，RI 为随机一致比例；λ_{max} 为判断矩阵的最大特征根；n 为矩阵阶数；CI 为一致性指标。

（6）湿地生态系统健康指数计算

根据上述计算所得到的各指标的权重和单项指标评价值，通过加权求和综合评价湿地生态系统健康，其表达式为

$$E = \sum_{i=1}^{n} S_i A_i \tag{4-14}$$

式中，E 为研究区湿地的生态系统健康指数，其值越大表示湿地生态系统越健康；n 为指标个数；S_i 为单项指标评价值；A_i 为指标对应的权重。

（7）评价标准

参考前人有关湿地健康评断标准的研究内容，并结合研究区的实际特征，本

节建立雄安新区城区湿地生态系统健康评定等级标准（表4-6）。采用连续的实数区间［0，1］表示湿地生态系统健康等级，其值越接近1，表示湿地生态系统健康状态越佳，反之湿地生态健康状态越差。将湿地生态健康分为5级，作为评定研究区湿地生态健康的判断依据。对照标准和计算所得的综合评价指数即可得到湿地生态健康的评价结果。

表4-6　湿地生态系统健康等级标准

健康等级	健康综合指数	健康状态描述
很健康	1.0～0.8	湿地生态系统结构完整，功能稳定，生态恢复能力强，各项指标良好，受到外部干扰极小，没有污染
健康	0.8～0.6	湿地生态系统结构较为完善，功能较稳定，生态恢复能力较强，略受到外部干扰，基本没有污染
亚健康	0.6～0.4	湿地生态系统结构发生一定程度的改变，功能基本可以发挥，系统基本维持动态平衡，受到一定程度的外部干扰，有一定的污染
不健康	0.4～0.2	湿地生态系统结构发生较大程度的改变，功能开始恶化，系统动态平衡受到威胁，部分干扰超出系统的承受能力，污染严重
病态	0.2～0	湿地生态系统结构破坏，功能严重退化或丧失，系统动态平衡被破坏，各类外部干扰超出系统自身的承载能力，污染极为严重

4.2.2　景观格局特征分析

(1) 类型水平上景观格局特征

为了直观有效地反映研究区景观的总体结构特征，并对不同类型景观的分布规律加以剖析，表4-7列出研究区不同景观类型的基础信息。

表4-7　不同斑块类型基本特征

土地利用类型	CA	PLAND	LPI	NP
建设用地	6 809.76	22.57	3.114	311
林地	215.19	0.71	0.035	142
未利用地	1 126.62	3.73	0.174	313
耕地	21 567.78	71.49	66.101	17
水域	449.37	1.49	0.079	294

注：CA. 斑块面积（hm²）；PLAND. 斑块面积百分比；LPI. 最大斑块指数；NP. 斑块数量（个）

斑块面积（total class area，CA）指数和斑块面积百分比（percentage of landscape，PLAND）均是表征景观中不同斑块类型组成的指标，斑块面积百分比还是确定区域中景观优势度的重要依据。根据表4-7发现研究区的主要景观是耕地和建设用地，是优势的土地利用类型。研究区耕地面积最大，面积占比达71.49%；其次是建设用地，面积占比为22.57%；林地（0.71%）、未利用地（3.73%）和水域（1.49%）面积较小，面积占比均未超过5%。最大斑块指数（largest patch index，LPI）是指某种斑块类型的最大斑块占景观总面积的比例，也是优势度的一种度量方法。各景观类型的最大斑块指数（LPI）的数值大小顺序与斑块面积百分比一致，即耕地>建设用地>未利用地>水域>林地。斑块数量（number of patch，NP）分析结果表明研究区中建设用地的斑块数量为311个，林地为142个，未利用地为313个，耕地为17个，水域为294个。结合CA、PLAND和LPI这三项指标，不难发现研究区中耕地和建设用地在环境中占主导地位，且耕地在保持研究区斑块整体性方面发挥主要的作用，建设用地起到一定的辅助作用。

为进一步分析研究区湿地景观的分布特征，本研究选取斑块密度（patch density，PD）、平均斑块面积（mean patch size，MPS）、聚合度指数（aggregation index，AI）和景观形状指数（landscape shape index，LSI）这4个具有一定代表性，且独立性较好的景观格局指标进行计算分析。这些指标可以直观表征研究区的破碎化程度，很好地反映人类活动对景观格局的干扰。

斑块密度可以反映景观破碎化程度，PD值越大，景观的破碎化程度越高。从表4-8中可以看出，水域、未利用地、建设用地、林地和耕地的PD值分别为0.975、1.031、0.666、0.471和0.056。耕地的斑块密度最小，破碎化程度最低；未利用地的PD值最大，破碎化程度最高。通过LPI和NP值进一步验证，耕地的破碎度最低，集聚性最高，未利用地和水域的破碎度相对处于较高程度。平均斑块面积在一定程度上揭示了景观的破碎化程度，MPS值越大，景观的破碎度越低。5种斑块的MPS值从大到小依次为耕地>建设用地>未利用地>水域>林地，表明了耕地的低破碎度及其他斑块类型对应的破碎度。聚合度指数（AI）是根据同种斑块类型的公共边界长度来表征同种斑块的聚合程度，值越大反映同一斑块类型的聚集程度越高，破碎度越低。表4-8说明了耕地和建设用地较高的聚合度，林地和未利用地的聚合度相对较低。结合MPS和AI分析，建设用地的破碎度高于耕地，聚合度小于耕地；未利用地、水域和林地主要呈现小斑块分布，破碎化程度高，聚合度低。景观形状指数（LSI）是反映斑块形状特征的指标，其值越大，表示该景观类型形状越复杂，景观的异质性越大。表4-8结果显示未利用地的LSI相对较高，其次为水域和建设用地，耕地和林地的LSI相对较低，说明耕地、林地的景观斑块形状较为规则，异质性更小，相对来说破碎度更低。

表4-8　不同斑块类型破碎度指数

土地利用类型	PD	MPS	AI	LSI
建设用地	0.666	33.879	93.256	19.456
林地	0.471	1.515	73.100	13.857
未利用地	1.031	3.623	82.045	20.888
耕地	0.056	1268.693	97.565	12.886
水域	0.975	1.529	73.659	19.261

注：PD. 斑块密度；MPS. 平均斑块面积；AI. 聚合度指数；LSI. 景观形状指数

连通性对景观的生态过程有重要的影响，是另外一种反映景观分布特征的指标。本节采用平均邻近指数（mean proximity index，PROXIM_MN）、最小邻近距离（mean euclidean nearest-neighbor index，ENN_MN）和连接度指数（connectivity index，CONNECT）来反映景观的连通性。最小邻近距离（ENN_MN）用来度量同类型斑块间的最大距离。平均邻近指数（PROXIM_MN）反映同类型斑块之间的邻近程度，其值越小，表示景观的连通性越差。耕地在最小邻近距离和平均邻近指数都具有最值，说明耕地有着最佳的连通状态。由表4-9可见，耕地、林地、建设用地、未利用地和水域的CONNECT值分别为13.791、1.458、1.503、0.807和0.792。5种土地利用方式中，耕地的连接度遥遥领先，说明耕地在研究区内连接程度最高，且斑块很少被分割，呈集中连片分布，是核心优势景观。水域在平均邻近指数和连接度指数上具有最小值，最小邻近距离仅次于林地；林地的最小邻近距离最大，平均邻近指数略大于水域。结合土地利用类型分布图看，林地和水域景观分布破碎且连接度较差。建设用地斑块面积较大，但被道路、耕地等分隔，产生破碎化，连接度处于中等状态。

表4-9　不同斑块类型连通性指数

土地利用类型	ENN_MN	PROXIM_MN	CONNECT
建设用地	170.339	0.690	1.503
林地	357.459	0.594	1.458
未利用地	245.892	0.649	0.807
耕地	117.616	0.690	13.971
水域	311.133	0.588	0.792

注：ENN_MN. 最小邻近距离；PROXIM_MN. 平均邻近指数；CONNECT. 连接度指数

（2）景观水平上景观格局特征

由表4-7、表4-8和表4-9可知研究区不同景观类型的面积、破碎度及连接度等状况，为从整体水平上对研究区景观格局进行更全面和更准确的解析，本研究选取斑块密度（PD）、聚合度指数（AI）、香农多样性指数（Shannon's diversity index，SHDI）、均匀度指数（SHEI）和蔓延度指数（contagion index，CONTAG）对研究区整体景观格局进行剖析。

聚合度指数和蔓延度指数均是表征景观构型的指数，AI反映斑块的聚集程度，CONTAG则描述斑块的团聚程度或延展趋势，二者的取值范围均在0~100。表4-10显示，研究区AI值为95.482，CONTAG值达68.767，这表明研究区景观聚合度比较高，景观连接度处于中等水平。SHEI是反映景观中优势斑块及其分布状态的指标，取值范围为0~1。SHEI值越接近1，说明景观中没有明显优势斑块，且各斑块均匀分布。研究区SHEI值为0.495，表明景观中存在优势斑块类型。研究区景观以耕地为主，景观破碎度较高，连通性并不显著。吕金霞等（2019）对雄安新区的景观格局进行研究，分析结果表明2015年雄安新区的PD值、SHDI值和AI值分别为0.59、0.6和96.75。由表4-10可知，研究区PD值为3.199，SHDI值为0.797，显著高于2015年雄安新区的斑块密度和多样性指数，这说明与2015年相比，研究区斑块密度增加，多样性增加，表明研究区景观破碎度增加，景观异质性增加，各斑块类型在景观中呈现均衡化的趋势。

表 4-10　研究区景观格局特征指数

PD	AI	CONTAG	SHDI	SHEI
3.199	95.482	68.767	0.797	0.495

注：CONTAG. 蔓延度指数；SHDI. 香农多样性指数；SHEI. 香农均匀度指数

4.2.3　雄安新区城区湿地生态健康评价

（1）湿地空间结构分析

已有研究表明坑塘和沟渠在节水、防洪与生态效益上具有重大的意义，并呼吁在今后的城市发展建设中将坑塘和沟渠纳入完善的管理体系中，使之因地制宜发挥其功能。因此，对雄安新区城区坑塘和沟渠进行空间结构分析，有助于深入剖析城区湿地的生态现状。

GIS 分析结果表明, 研究区湿地总面积 $3.65km^2$, 主要有沟渠和坑塘两种类型, 其中, 沟渠 $2.30km^2$, 坑塘 $1.35km^2$。根据野外调研, 沟渠均为人工挖掘, 根据其功能分为道路排水渠、污水厂排污渠和耕地灌溉沟渠。沟渠系统在研究区呈现网状结构, 沿道路、耕地分布。研究区坑塘共计 143 个, 坑塘主要因农村建房、采集砖坯、灌溉等人工开挖而成, 紧邻村镇分布。

研究区现状湿地分布极不均匀。南部邻近白洋淀区域湿地分布多, 内陆北部分布较少, 这可能与区域的高程和地下水位有关。华北平原干旱少雨, 地下水资源是该区域生产、生活用水的主要来源, 地下水超负荷开采导致其水位显著下降, 部分坑塘和沟渠出现季节性干涸现象, 尤其是研究区北部, 这一现象尤为普遍。此外, 白军红等 (2013) 研究也表明白洋淀上游经济的快速发展、水利设施的建设加之大面积开垦耕作, 改变了水资源的时空分布, 造成上游径流量减少。

本研究借助景观格局指数进一步详细分析湿地的空间结构。根据表 4-11 可知, 沟渠的 PLAND 值为 63.046, 坑塘为 36.954, 且沟渠的 LPI 值也大于坑塘, 表明沟渠在研究区湿地景观中占据优势。从斑块密度看, 沟渠的 PD 值为 102.307, 远大于坑塘 (37.028), 说明沟渠的完整性要明显优于坑塘。根据现场勘查和遥感影像可知, 沟渠间多有连接, 形成一个较完整的沟渠网络体系; 坑塘多独立分布, 这与景观格局的分析结果一致。从聚合度指数看, 坑塘和沟渠的 AI 值分别为 66.804、38.893, 且 AI 的取值范围在 0~100, 表明坑塘的聚集程度显著高于沟渠。沟渠的聚集程度低, 在研究区中分布间隔较大; 坑塘受村镇分布的影响, 分布较为密集。

表 4-11　不同湿地类型景观格局特征指数

湿地类型	PLAND	PD	LPI	AI
沟渠	63.046	102.307	8.886	38.893
坑塘	36.954	37.028	2.913	66.804

(2) 湿地生态系统健康综合评价

本研究运用 "压力–状态–响应" 模型对雄安新区城区湿地生态系统健康状况进行综合评价, 得出湿地的生态系统健康指数为 0.262 (表 4-12), 根据雄安新区城区湿地健康评价等级标准可知, 当前研究区湿地生态系统处于不健康状态。

如表 4-12 所示, 研究区湿地生态环境面临的主要压力为人为因素 (开发系数、人口密度) 和自然因素 (降水、气温), 其中人为因素对湿地生态系统造成的威胁较大。Song 等（2018）也在其研究中指出，白洋淀上游受到强烈的人为活动作用，水位下降，甚至部分池塘等干枯、消失。近 30 年来，雄安新区人口持续增长，社会经济快速发展，城镇化建设不断推进。伴随人口的增加，人们对水资源的需求也在不断增长，地下水过度开采，地下水补给能力减弱，影响湿地的蓄水量，湿地面积萎缩。居住地面积扩张和耕地开垦等不合理的土地开发改变了原有的下垫面条件，如水土保持措施、植被覆盖、地表供水能力等，致使湿地防洪调蓄、净化水质、维持生物多样性等生态功能发生不同程度的弱化。湿地周边污染源增加，且缺乏一定的防护管理措施，水质恶化，进而影响湿地的生态环境。

表 4-12　湿地生态系统健康综合评价结果

评价准则	评价指标	指标值	单项权重	综合评价值
压力 0.665	开发系数/%	0.226	0.263	
	人口密度/（人/km²）	713.157	0.263	
	降水/mm	42.500	0.081	
	气温/℃	12.900	0.057	
状态 0.231	景观多样性指数	0.797	0.015	0.262
	平均斑块面积/hm²	31.263	0.012	
	水文调节指数/%	0.012	0.089	
	均匀度指数	0.495	0.021	
	水体污染指数/（mg/L）	5.566	0.056	
	植被覆盖率/%	0.007	0.039	
响应 0.104	斑块破碎化指数	0.032	0.104	

　　频繁的人为干扰不是影响研究区湿地生态健康的唯一原因，气候因子在其中也占有相当比例。研究区湿地属于半干旱型湿地，湿地景观对水位的依赖性很强。凤蔚等（2017）通过分析雄安新区长时间的水位、降雨和北太平洋指数的周期性变化，证实雄安新区地下水位动态变化与区域降雨呈现较强的相关性。降雨是研究区水体主要的补给方式，对湿地生态环境有着制约作用。1990 年以来，华北地区气候趋于暖干，降雨量持续减少，径流量急剧减少，地下水位明显下降。地下水位的下降，对植被、土壤等产生一系列影响，从而改变原有的生态环境状态，使得湿地面积萎缩，地表景观格局发生变化。虽然有研究表明气温与白洋淀区域水位的相关性不显著，但湿地小环境气温的升高会增加蒸发量，对湿地景观格局造成一定的影响。

　　从状态系统看，制约湿地生态健康的主要因素有水文调节指数、植被覆盖率和水体污染指数。研究区景观异质性增加，斑块破碎化现象严重；植被覆盖率低，生物多样性降低，水体受污染程度严重，湿地生态系统健康面临威胁。从响应系统看，研究区整体的破碎化程度较高，尤其是坑塘和沟渠之间连通性较差，无法发挥其调控水源、防洪调蓄、净化水质等功能，湿地资源遭到严重破坏，湿地当前的保护和管理水平较低。

从以上评价结果可知，目前雄安新区城区湿地生态系统健康状况不容乐观。因此，需要降低雄安新区城区湿地生态健康的压力和威胁，采取对应的措施使其向有利于稳定的方向发展。结合景观格局分析和生态健康评价结果，提出以下建议：①贯通坑塘、沟渠及河流，增加景观连通性，优化水资源配置，充分发挥其在经济、生态和景观上的重大价值；②改变农业种植结构，改变农业灌溉方式，提高水资源利用率，减少水资源的过度开采；③限制周边企业生产、农业生产活动、人类生活等源头污染物的排放，利用湿地植被构建湿地污水处理系统，提高湿地自身的水质净化功能；④增大湿地植被覆盖面积，调整景观构型，增强景观格局的异质性和稳定性。

4.2.4　结论

雄安新区具有承载优化京津冀城市布局、疏解北京非首都功能等重任。在此背景下，本节以雄安新区城区（雄安启动区、容城组团和安新组团）为研究对象，基于景观格局和雄安新区城区湿地的特点，以"压力–状态–响应"模型为主线，探讨雄安新区城区湿地的生态系统健康和景观格局特征，以期为未来的城市发展建设和湿地生态恢复提供正确的指引。研究结果如下：

a. 耕地和建设用地是研究区的优势景观，受人类活动的影响，二者斑块形状较规则。耕地完整性最高，连接度最好；其次为建设用地。水域、未利用地和林地占地面积较小，破碎化程度高，连接度较差；水域和未利用地的聚合度较低。研究区整体聚合度较高，非优势景观破碎度较高，连通性和均匀度不显著。

b. 沟渠为研究区的主要湿地类型，湿地分布集中在南部淀区旁，内陆北部分布较少。沟渠在区域中优势度高，整体性和连通性都优于坑塘，但聚合度低；坑塘破碎度高，连通性差，但分布较沟渠密集。

c. 本节通过综合评价计算出研究区湿地生态系统健康指数为0.262。受频繁的人为活动和多变的气候影响，湿地生态系统处于不健康状态。湿地植被覆盖率低，水体污染严重，连通性较差，景观破碎化严重，生态功能退化。未来需加强管理和保护工作，减少湿地生态系统健康的压力和生态威胁，推进湿地生态可持续发展。

4.3 城区湿地水系构建及水量调控技术研究

4.3.1 研究区水系构建

雄安新区的建设是在相对落后的地区，按照千年大计、国家大事的城市发展定位进行规划建设。现状条件下起步区内没有天然河流，主要的水域类型为沟渠和零散分布的坑塘。为了与新区的城市发展定位相匹配，需要建设新的水系，研究新型城镇化背景下城市湿地生态系统构建与功能提升技术。为更好地实现雄安新区的建设，选取雄安新区起步区作为水系构建的研究区。

（1）新型现代化城市水系结构影响因素相似性分析

由于雄安新区的建设是在经济社会发展相对落后、生态基础设施建设相对不完善的基础上进行的高起点、高标准建设，其城市水系为全新规划、全新构建，起步区内没有天然河道，规划河道均为后期人工建造，因此难以利用现有水系结构对建成后的水系进行评价和预测分析。选取东营市、苏州市作为参照，通过对两个城市的水系结构进行分析，来规划确定起步区（典型区）河流水系的结构，以保证河流水系建设的合理性。

东营市、苏州市和雄安新区城市的定位均为生态城市，注重水和城的融合；地形上均为平原地区，且地势比降较缓，建设的河流都面临着水动力较小的问题，且苏州姑苏区和东营东城区为了满足城市定位、配合城市发展，在近 10 年内，都对城市水系做出了相应的调整。

通过降雨特征分析，3 个城市集中降雨时期相近，各频率下的累积降雨相差不大，在水文情景上相似（表 4-13）。

表 4-13 三个地区的降雨频率分析对比

降雨累计频率 /%	雄安新区起步区 /mm	苏州市姑苏区 /mm	东营市东城区 /mm
20	16.14	29.79	20.1
10	34.17	54.43	39.45
5	56.32	82.26	62.28
2	89.54	122.10	95.78
1	116.65	153.77	122.8

为分析 3 个地区的产流情况，随机在苏州姑苏区和东营东城区选取两个完整的小区，对照分辨率 1m×1m 的卫星图进行目视解译。将小区用地分为建筑、路面、地面和绿地 4 类，参考《建筑给水排水设计规范》（GB50015—2009），计算径流系数。

由表 4-14 可知，苏州姑苏区和东营东城区的城市径流系数都在 0.75 左右。根据雄安新区规划，起步区的五组团属于城镇建筑密集区，根据《室外排水设计规范》，该区域的径流系数在 0.6~0.8，与姑苏区及东城区的系数相似。因此三者在产汇流方面也存在一定的相似性。

表 4-14　研究区不同地类径流系数表

类型	径流系数 Ψ	苏州市姑苏区 /m^2	东营市东城区 /m^2
建筑（房顶）	0.9	69 871.58	100 442.90
路面	0.9	44 958.4	52 724.23
地面	0.9	125 900.48	319 869.07
绿地	0.15	67 911.82	113 102.78
径流系数	—	0.735	0.755

由此可见，三个区域在地理条件和自然环境条件方面都较为相似，因此可以参考苏州姑苏区和东营东城区的水系结构对研究区的水系进行规划构建。

（2）参考城市的水系提取及结构分析

1）水系提取

苏州姑苏区和东营东城区，两者水系已发展得相对成熟，水系结构稳定，在本研究中，采用改进归一化差异水体指数（MNDWI）提取水域，计算公式如下：

$$MNDWI = \frac{float(b_1) - float(b_2)}{float(b_1) + float(b_2)} \tag{4-15}$$

式中，b_1 为绿色波段；b_2 为中红外波段。

同时为减少水系提取的误差，通过 2m×2m 的遥感影像进一步对两个地区的水系进行提取，得到两地区的水系分布图。

苏州市姑苏区面积 80.91km^2，水面面积为 6.16km^2，河网长度 169.13km。姑苏区河网密布，河道纵横，水系呈网格状分布。东营市东城区面积 267.3km^2，水面面积为 23.57km^2，河流长度 260.81km。与姑苏区不同，东营市东城区水系呈网格状，以形式化为主。

2）水系结构参数分析

本研究从水系的一般特征和结构特征两方面选用 4 个结构参数进行水系结构参数的计算，并依据平原地区已有的划分标准，根据河流宽度对河流进行等级划分：一级河流，河宽大于 40m；二级河流，河宽大于 20m；三级河流，河宽为 0~20m。根据以上标准，对姑苏区和东城区的水系进行分级划分，并进一步分析其水系结构。

苏州姑苏区包含苏州古城，其中环城水系由京杭大运河、黄花泾–朝阳河、苏州外城河、媚长河和西塘河组成，近十多年并未发生过大面积的内涝灾害，但遇到短时强降雨时，部分地段会出现积水内涝现象。因此姑苏区对水系结构的设计，主要是在原先的水系基础上，对河道进行疏浚，以此来提高水系调蓄能力。同时也会开挖部分河道打通部分河流，理顺水系。

东营东城区在规划水系时，将水系分成三级，分别是主干水系、骨干水系和次干水系。一级水系作为城区的涝水外排通道，确保外分洪水，确保上游涝水不进城；二级水系承担各片区的主要排泄能力，涝水排入主干河道；最后的三级河流连通一、二级河流，便于涝水就近入河。重新规划后的水系可以消减中心城区的洪水流量，同时又为中心城区增加了调蓄"库容"，确保中心城区的排涝安全。

为分析水系结构的空间变化相似性，将 3 个研究区的结构参数 D_R、W_P、K_W 和 R_{AL} 参数作比较，得出水面率的高低分布地区与调蓄能力参数的大小分布地区（表4-15）。苏州姑苏区水系水面率为 7.61%，东营东城区的水面率为 13.8%，各级河道的面积长度比都呈现出逐步减小的规律。两地的河网密度和二级河网发育系数相差较大，可能是因为姑苏区的河流多为天然河流，河网的形成受长期自然因素的影响，人工的后期建设也主要集中在对河道的加宽清淤及对河岸的治理上。而东营东城区的水系主要是靠后期修建，河道线路单一，多为直道，河面较宽，各级河流的过水能力较强。因此水系结构相对姑苏区的更为简单，但水面率也维持在较高水平。

表4-15　姑苏区和东城区河网结构参数

参数		苏州姑苏区	东营东城区
河网密度（D_R）		2.09	0.95
水面率（W_P）/%		7.61	13.8
河网发育系数（K_W）	K_1	0.96	1.21
	K_2	1.45	0.47

参数		苏州姑苏区	东营东城区
面积长度比 (R_{AL})	一级	0.07	0.11
	二级	0.03	0.03
	三级	0.02	0.02

（3）研究区水系构建

根据起步区的排水防涝格局和各项确定指标，结合已有研究结果，对研究区水系进行规划。为方便规划，将起步区分为城区和苑区两部分（表 4-16）。其中，城区以建筑用地为主，苑区以城市绿地为主。一、二级河流的范围依据规划图上已有的河流进行划分，其中环城水系规划为一级河流，以保证起步区的水源充足。除此之外，根据起步区规划，将起步区内五组团之间的间隔河流和直接与泵站相连的河流都规划为一级河流，起步区内其余已规划用于承担景观作用的河流划分为二级河流，主要分布在苑区，其中大溵古淀附近的水系分布更密集。这些河流在承担防洪排涝作用的同时，也承担着居民亲水的需求。

表 4-16　各级河流的估计长度

河流 等级	河宽/m	河长/km			河流面积/km²		
		起步区	城区	苑区	起步区	城区	苑区
一级	60	113.49	60.06	53.43	6.81	3.60	3.21
二级	30	115.35	72.47	42.88	3.46	2.17	1.29
三级	15	98.86	88.35	10.51	1.49	1.33	0.16
合计	—	327.70	220.88	106.82	11.76	7.10	4.66

对于三级河流的规划，根据苏州姑苏区和东营东城区的三级河流的分布情况，对起步区的三级河流的长度和面积进行估计取值。起步区的三级河流的水系密度为 0.5，大约规划长度为 99km，单位河网面积为 0.005，河流具体位置根据实际情况进行分配。规划中一、二、三级河流的宽度分别控制在 60m、20～30m 和 5～20m。

《河北雄安新区起步区控制性规划》中对三级河流的规划要求为，紧邻城市建设用地或城市道路，水面宽度控制在 10～20m。考虑到研究区北部主要为建设用地，地面不透水性较高，遇到短时强降雨时，可能存在无法将雨水及时排走的情况，因此三级河流主要分布在起步区北部。根据起步区骨干道路规划图，对三级河流进行规划。

4.3.2　新区水系溢流风险评估

根据规划的起步区水系结构，采用 SWMM 模型进行水动力建模，对起步区的水系节点溢流情况进行分析。

（1）模型汇水区划分

起步区主要分为两部分，城镇建设用地和城市湿地。其中，城镇建设用地约为 100km²，绿地约为 90km²。本研究结合起步区规划对下垫面进行概化处理，主要分为城市建筑区和城市绿地区。

本研究中选用人工划分的方法对研究区进行子汇水区划分。结合规划图纸，研究区一共可划分成 637 个子汇水区，如图 4-6 所示。子汇水区面积（m²）：利用 SWMM 软件计算得到，最大、最小和平均面积。不渗透率（%）：城镇用地的不透水率取为 75%，城市绿地的不透水率取为 20%。子汇水区平均坡度（%）：采用研究区 30m×30m 的 DEM 数据，通过 ArcGIS 软件进行分区统计，计算子汇水区平均坡度范围为 0.23%~1.34%。无注蓄不透水面积比率（%）：结合模型手册该值可在 5%~30% 取值，本研究拟取 25%。

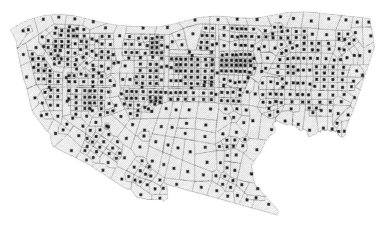

图 4-6　研究区子汇水区概化图

（2）河道数据提取

河流概化是指将原本的河流在 SWMM 软件中以开口明渠的形式表现出来。

为更好地模拟出河流的蜿蜒性，在河流弯曲处设置节点加以连接，进而将整个研究区的水系改划为一个由"节点"与"管段"组成的网络系统。对概化之后的管网采用平均坡度、统一糙率与断面的形式开始模拟。图4-7为构建的研究区域水系概化图，共有9个排放口、616个节点、741条管段。

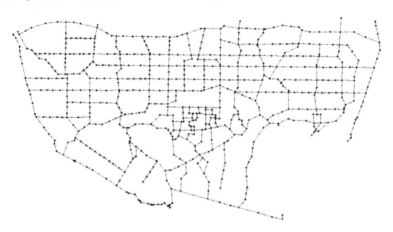

图4-7 研究区域水系概化图

结合河流的功能和居民的亲水性需求，可将起步区的断面形式大致确定为两类，一类是复式断面，一类是矩形断面（图4-8）。复式断面占地面积大，拥有较宽的河滩，不仅可以满足居民休闲、娱乐、亲水的需求，还可为河道中的水生生物和两栖动物提供生长空间。这一特征刚好符合规划对一、二级河流的定位，因此一、二级河流采用复式断面。矩形断面占地面积较少，边缘规整，施工难度较小，且矩形断面的河道的过流能力强，有利于水流的快速输送，常作为城镇排水渠的首选断面。故三级河流的断面采用矩形断面。

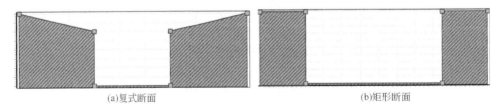

(a)复式断面   (b)矩形断面

图4-8 起步区河道断面的选择

（3）降雨及时间序列的确定

本研究选取芝加哥雨型合成设计暴雨。查询《室外排水设计规范》

（GB50014—2006），我国常用的设计暴雨强度公式如下：

$$q = \frac{167A(1+C\log_{10}P)}{(T+b)^n} \tag{4-16}$$

$$i = \frac{q}{167} \tag{4-17}$$

式中：q 为平均暴雨强度 $[L/(s\cdot hm^2)]$；P 为设计降雨重现期（a）；T 为降雨历时（min）；i 为降雨强度（mm/min）；A、C、b、n 均为常数，根据统计方法计算确定。根据同济大学利用解析法分析得到的保定市暴雨强度公式，确定 A、C、b、n 分别为 14.973、0.686、13.877 和 0.776。即

$$i = \frac{14.973(1+0.686\log_{10}P)}{(T+13.877)^{0.776}} \tag{4-18}$$

基于保定市的暴雨强度公式，采用芝加哥雨型对起步区 1 年、2 年、5 年、10 年、20 年、50 年及 100 年的 2h 降雨过程进行分配，雨峰系数取值 0.4，时间步长为 1min，计算不同重现期的降雨（表 4-17 和图 4-9）。

表 4-17 不同频率年下的累积降雨量

时间 /min	不同频率年下的累积降雨量/mm						
	$P=1$	$P=2$	$P=5$	$P=10$	$P=20$	$P=50$	$P=100$
0	0.10	0.12	0.15	0.17	0.19	0.22	0.24
5	0.64	0.78	0.95	1.09	1.22	1.39	1.53
10	1.25	1.51	1.85	2.11	2.36	2.71	2.96
15	1.94	2.34	2.87	3.27	3.67	4.19	4.59
20	2.73	3.30	4.04	4.61	5.17	5.92	6.48
25	3.68	4.44	5.45	6.21	6.97	7.97	8.73
30	4.85	5.86	7.18	8.18	9.19	10.51	11.51
35	6.39	7.71	9.46	10.78	12.10	13.84	15.16
40	8.61	10.39	12.74	14.52	16.30	18.65	20.43
45	12.48	15.05	18.46	21.04	23.61	27.02	29.59
50	20.18	24.34	29.85	34.02	38.19	43.69	47.86
55	25.07	30.24	37.09	42.26	47.44	54.28	59.46
60	28.14	33.95	41.63	47.44	53.26	60.94	66.75
65	30.34	36.61	44.89	51.16	57.43	65.71	71.98
70	32.05	38.67	47.42	54.04	60.66	69.41	76.02
75	33.44	40.35	49.47	56.38	63.29	72.41	79.32

时间 /min	不同频率年下的累积降雨量/mm						
	$P=1$	$P=2$	$P=5$	$P=10$	$P=20$	$P=50$	$P=100$
80	34.61	41.76	51.20	58.35	65.50	74.95	82.09
85	35.62	42.98	52.70	60.06	67.41	77.14	84.49
90	36.51	44.05	54.02	61.56	69.09	79.06	86.60
95	37.30	45.01	55.19	62.90	70.60	80.78	88.49
100	38.02	45.88	56.26	64.11	71.96	82.34	90.19
105	38.68	46.67	57.23	65.22	73.20	83.76	91.75
110	39.29	47.40	58.12	66.24	74.35	85.07	93.19
115	39.85	48.08	58.95	67.18	75.41	86.29	94.52
120	40.37	48.71	59.73	68.07	76.40	87.42	95.76

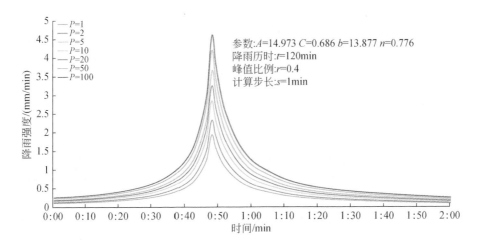

图4-9　不同重现期2h（$r=0.4$）降雨强度过程线

（4）模型验证

本研究以城市的径流系数作为验证指标，采用综合径流系数法对模型进行验证。此方法常用于缺少实测数据的情况，并在徐慧珺（2021）、何福力等（2015）、汪川（2018）等的实验中取得了良好的验证效果。

1）模型参数率定

以$P=2$频率的降雨为例（表4-18），对起步区的径流系数进行率定验证。

起步区大致分为两部分，一部分为城市建筑区，另一部分为城市绿地区。校准后，城市建筑区不透水区曼宁系数为0.011；透水区曼宁系数分为两部分，一部分是城市建筑区的，为0.24，另一部分为城市绿地区的，为0.015；不透水区注蓄量为1.5mm，透水区注蓄量3mm，最大入渗率70.5mm/h，最小入渗率3.5mm/h，衰减常数为2/h。

表4-18　模型部分参数校准过程

城市建筑区 校准参数	初始值	调整值				
		第1次	第2次	第3次	第4次	第5次
不透水区曼宁系数	0.012	0.012	0.015	0.015	0.02	0.02
透水区曼宁系数	0.3	0.3	0.3	0.3	0.3	0.3
不透水区注蓄量/mm	1.8	2.2	2.2	2.5	3	3
透水区注蓄量/mm	6	6	6	6.5	6.5	6.5
最大入渗率/(mm/h)	75.5	75.5	75.5	75.5	75.5	77
最小入渗率/(mm/h)	3.5	3.5	3.5	3.5	3.5	3.7
衰减常数/(1/h)	2	2	2	2	2	2
模拟径流系数	0.857	0.765	0.761	0.757	0.705	0.689

城市绿地区 校准参数	初始值	调整值		
		第1次	第2次	第3次
不透水区曼宁系数	0.012	0.012	0.012	0.012
透水区曼宁系数	0.015	0.015	0.015	0.015
不透水区注蓄量/mm	1.8	2.2	3	3
透水区注蓄量/mm	6	6	6	6.5
最大入渗率/(mm/h)	75.5	75.5	75.5	77
最小入渗率/(mm/h)	3.5	3.5	3.5	3.7
衰减常数/(1/h)	2	2	2	2
模拟径流系数	0.551	0.218	0.216	0.204

2）模型参数验证

为了验证模型的稳定性，换用不同频率的降雨对模型进行验证。本研究分别采用降雨频率为$P=1$、$P=5$、$P=10$和$P=20$的设计降雨对模型进行验证。

由表4-19可知，在频率$P=1$、$P=5$、$P=10$和$P=20$的降雨中，城市建筑区的模拟径流系数均处于0.6～0.8，城市绿地区域的模拟径流系数处于0.15～0.45，符合规划规范及要求，因此该模型满足研究区规划阶段的研究及分析需求，可用于分析研究区降雨情况下的水系结构及流量。

表4-19　模型验证结果

	城市建筑区			
系数	$P=1$	$P=5$	$P=10$	$P=20$
模拟径流系数	0.687	0.724	0.746	0.767
综合径流系数	0.55～0.75			

	城市绿地区			
系数	$P=1$	$P=5$	$P=10$	$P=20$
模拟径流系数	0.188	0.3	0.371	0.431
综合径流系数	0.15～0.45			

（5）极端降雨事件溢流风险区分析

为分析极端降雨时间下起步区水系的防洪排涝能力，采用50年一遇降雨和100年一遇降雨对起步区进行降雨模拟分析。

在$P=50$的降雨事件下，有14个溢流节点，其中节点375溢流超过50min，4个节点溢流超过0.5h。在$P=100$的降雨事件下，有15个溢流节点，其中节点375溢流时长从$P=50$的50min增加到整1h，基本持续到降雨事件结束。7个节点溢流超过0.5h，对比$P=50$的降雨事件，溢流超过0.5h的节点增加了近1倍（表4-20、图4-10和图4-11）。

表4-20　$P=50$和$P=100$降雨事件下节点溢流情况

降雨事件	节点	溢流时长/h	最大流量/(m³/s)	峰值时刻(h：min)	总积水容积/10³m³
$P=50$	100	0.03	3.158	00：58	0.191
	1156	0.49	8.346	01：05	7.873
	1158	0.71	7.667	00：57	11.083
	1171	0.53	15.328	00：57	15.771
	1182	0.20	7.328	00：56	3.973
	1183	0.38	6.457	00：57	6.032
	1184	0.35	4.935	00：56	4.151
	1185	0.16	3.962	01：01	1.644
	364	0.09	6.961	00：59	0.837

续表

降雨事件	节点	溢流时长/h	最大流量/(m³/s)	峰值时刻（h：min）	总积水容积/10³m³
P=50	369	0.04	5.756	00：52	0.378
	370	0.64	6.092	00：55	9.048
	375	0.84	4.464	00：57	6.992
	98	0.07	3.593	00：57	0.279
	99	0.44	5.276	00：56	5.442
P=100	100	0.06	4.514	00：56	0.455
	1156	0.55	9.220	01：05	10.809
	1158	0.85	10.350	00：56	16.318
	1171	0.64	19.511	00：58	23.844
	1182	0.30	8.806	00：56	6.021
	1183	0.51	6.936	00：57	8.302
	1184	0.46	6.950	00：54	8.393
	1185	0.25	5.152	01：00	2.853
	274	0.13	8.798	00：59	1.960
	364	0.14	10.796	00：57	1.969
	369	0.08	5.614	00：52	0.693
	370	0.75	7.030	00：55	11.387
	375	1.00	5.855	00：57	10.794
	98	0.12	8.056	00：55	1.550
	99	0.55	6.544	00：54	7.861

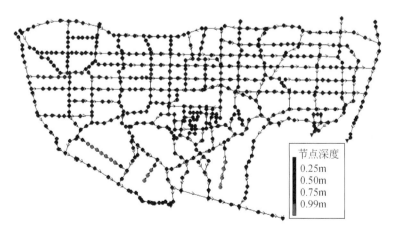

图4-10 50年一遇降雨溢流的节点

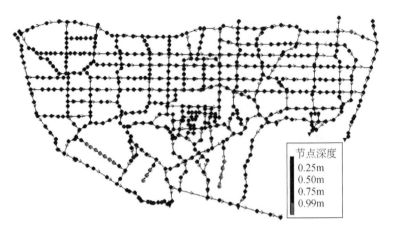

图 4-11　100 年一遇降雨溢流的节点

通过极端降雨情景分析可知，起步区一共存在 4 块积水风险区。针对积水风险区，可以在大暴雨来临之前，对原本河道中的水量进行调控，通过堰和泵站对研究区水系中的水量进行拦截与抽排。

（6）调蓄设施分析

雄安新区的定位为高质量、高标准的新型城镇，因此起步区的年径流控制率应控制在 95% 以上。同时起步区的河湖排涝重现期的标准选为 50 年。

选取起步区 1989～2019 年 30 年的日降雨对年径流控制率进行计算。当年径流控制率为 95% 时，对应的特定日降雨量为 45.52mm。利用 P-Ⅲ 曲线，对这 30 年的日降雨进行降雨频率分析（图 4-12），对应 50 年一遇的日降雨量为 56.96mm。

为保证起步区水系在 50 年一遇的日降雨情境下仍保持无内涝，需要规划规模适中的湖泊对多余的降雨量和相应的河道溢流水量进行收集。湖泊的蓄存变容积计算公式如下：

$$湖泊蓄存变化水量 = 需存储雨量 \times 起步区面积 + 溢流水量 \qquad (4-19)$$

其中，溢流水量为 11.32 万 m^3，需要存储的水量为 11.44mm，起步区面积 193.27km^2，经过计算，起步区的湖泊蓄存变化容积为 232.42 万 m^3。考虑到城市湖泊的水位要维持相对稳定，依据相关规范，将起步区湖泊的允许变化水深定为 1m，根据允许变化水深，确定起步区湖泊的蓄存变化面积为 2.32km^2。

调蓄湖泊设置在起步区内低洼处，根据起步区 30m×30m 的 DEM 数据，利用淹没分析方法，识别出起步区内的低洼处，按集中连片，结合水系上下游关系和

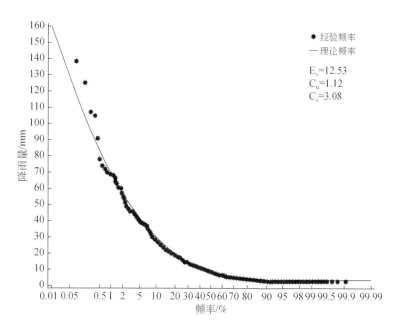

图 4-12　近 30 年日降雨量频率曲线图

起步区的河段溢流情况，对调蓄和湖泊的位置进行确定。最终将起步区的调蓄湖泊设置在起步区的苑区低洼处，该区域地势低洼，位于水系下游，便于储水，且靠近溢流风险区，便于收集溢流水量。

4.3.3　新区水系结构特征评价

起步区水系为树杈形（表 4-21），河流总长 327.70km，河流水面面积 11.76km²，整个水系的常水位顶高程维持在 7~8m，最高水位高程为 8~9m，结合雄安新区规划，将起步区水系常水位下的深度分别定为 3m、2m 和 1m。其中，一、二级河流断面选为复式断面，浅滩宽带为深槽宽度的 2 倍。三级河流选为矩形断面，不设浅滩。湖泊水面面积 2.32km²，湖泊允许变化水深 1m。整体水面率为 7.28%。

表 4-21　各级河流长度及面积

河流等级	河流均宽/m	河流长度/km	浅滩面积/km²	河流面积/km²
一级	60	113.49	13.62	6.81
二级	30	115.35	6.92	3.46

河流等级	河流均宽/m	河流长度/km	浅滩面积/km²	河流面积/km²
三级	15	98.86	—	1.49

通过河流水系结构和起步区调蓄设施规模构建,起步区的水系规划基本完整,起步区水系水面面积增大 2.32km²,增加的水面均分布在起步区的苑区内。根据规划结果,对起步区的水系结构参数进行计算。起步区河网发育系数相差不大,表明各级河流发育相对平均,基本不存在河网主干化趋势,对径流的调节作用有利。为保证起步区的水系结构安排合理,查阅《城市水系规划规范》(GB 50513—2009)2016 修订版,雄安新区的适宜水面率应在 3% ~ 8%。规划的水面率为 7.28%,属于合理范围(表4-22)。

表 4-22　起步区水系结构参数

参数		起步区	城区	苑区
河网密度(D_R)		1.66	1.74	1.61
水面率(W_P)/%		7.28	5.59	8.4
河网发育系数(K_W)	K_1	1.03	1.21	0.80
	K_2	0.872	1.47	0.20
面积长度比(R_{AL})		0.04	0.03	0.04

4.3.4　城市湿地水量调控技术研究

(1) 研究区典型水平年分析

本研究以保定和雄县国家气象站点 1961 ~ 2019 年 59 年的降水资料,采用泰森多边形法进行计算,作为雄安新区面降水量代表值进行频率分析,绘制年降水量频率曲线(图4-13)。

雄安新区降水丰水年($P=25\%$)、平水年($P=50\%$)和枯水年($P=75\%$)分别对应降水量为 629.83mm、490.73mm 和 315.84mm。本研究选取 2012 年为丰水年($P=25\%$)代表年、2016 年为平水年($P=50\%$)代表年和 2006 年为枯水年($P=75\%$)代表年。

(2) 城区水系生态需水量计算

生态环境需水是维持、发展、恢复、保护生态环境最基本、最重要、最关键

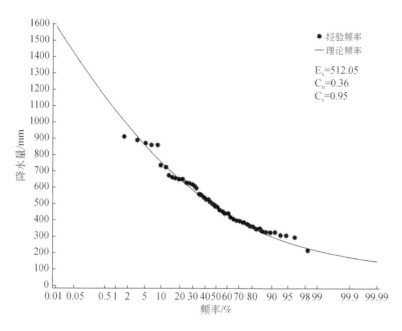

图 4-13 研究区典型降水水平年分析

的因素之一，是处理人与生态关系的核心。河流系统生态需水研究是国内外生态需水研究的核心。河流生态需水量主要由河段生态需水量及与河段连接的湿地生态需水量组合构成，包括河流蒸散通量、渗漏通量，如生物消耗、河流生态系统基流、河流维持自净流量、河流景观流量等，具体如下：

$$Q_t = \max(Q_{at}, Q_{bt}, Q_{ct}) + Q_{dt} + Q_{et} \tag{4-20}$$

式中，Q_t 为第 t 时段上的河流生态需水总量，包括河流生态基流量 Q_{at}、河道为维持水质所需的生态换水量 Q_{bt}、河流其他功能需水量 Q_{ct}、河流渗漏消耗量 Q_{dt}、河流蒸散消耗量 Q_{et}。

1）生态基流量

本研究中的河流属于在规划中的人工河道，缺乏历史资料，因此本研究采用城市河流的最小流速计算研究区的生态基流量。

研究区水系河流属于纯人工修建，流速和河道断面受人工调控的可操作性较大。查阅相关文献，结合研究区居民对溪水潺潺的向往及水中溶解氧的浓度，本研究取 5cm/s 为河流的日常流速。结合研究区居民的生活作息，调控研究区水系以 5cm/s 的流速从 8 点流到 20 点，除去每年的年平均降水 68 天和冬季 3 个月，保证剩余 80% 的时间内 80% 的河道可以保持该流速，以此求得研究区每天的生态基流量为 45.99 万 m³，生态基流量 Q_{at} 为 9289.73 万 m³。

2）河道为维持水质所需的生态换水量

对于城市湖泊而言，采用新鲜水源可促进河湖水体流动而提高水环境承载力，换水的年需水量计算公式如下：

$$Q_{bt} = A_{bt} H U_h \tag{4-21}$$

式中，Q_{bt} 为河流在 t 时间维持自净需水量；A_{bt} 为河流面积；H 为河流的基本水深；U_h 为换水系数，通常根据换水周期、换水频率或换水量比率推算。计算可得，研究区的生态换水量 Q_{bt} 为 5782 万 m^3（表 4-23）。

表 4-23 河道生态换水量计算表

河流等级	河流平均深度 /m	河流面积 /km^2	生态换水量 /万 m^3
一级	3	6.81	4086
二级	2	3.5	1400
三级	1	1.49	296
合计	—	—	5782

3）河流渗漏消耗量

河流渗漏消耗量是当河流水位高于地下水位时，通过河流底部渗漏和岸边侧渗向地下水补充的水量。针对本研究，选取经验公式法进行计算，公式如下：

$$Q_{dt} = K \times A_1 \tag{4-22}$$

式中，A_1 为水面面积；K 为渗透系数，K 的取值要综合考虑河流所处的位置，及河流的防渗漏情况。

4）河流蒸散消耗量

雄安新区起步区城市湿地的河流蒸散消耗量主要包括河流深槽的水面蒸散发量和河流浅滩的植被蒸散发量两个部分。根据降水水平年的不同，其蒸散消耗也存在差异，因此将蒸散消耗量分为丰、平、枯降水水平年分类计算。其具体的计算公式如下：

$$Q_{et} = A_{wt} E_t + A_{pt} E_p \tag{4-23}$$

式中，A_{wt}、A_{pt} 为水面和植被面积（m^2）；E_t 为河流蒸散发量（mm/d）；E_p 为植被蒸散发量（mm/d）。

A. 河流滩地植被蒸散需水量

滩地人工植被需水量包括绿地植被蒸散需水量、植被生长需水量、维持植被生长的最小土壤含水量。植被生态需水主要以植物需水及土壤需水为主，即主要通过天然降水补充，通过土壤蒸发作用和植物蒸腾作用消耗，受人类活动影响较小。因此，植被需水需满足蒸散发的要求，在自然状态下，由于土壤含水量的限制，实际蒸散量往往小于潜在蒸散量。

植被蒸散需水量Q_E是指植物在生长过程中蒸散所消耗的水资源量，由下列公式进行计算：

$$Q_E = A_{pt} \times E_P \tag{4-24}$$

$$E_P = \mathrm{ET}_0 \times K_c \times K_s \tag{4-25}$$

$$\mathrm{ET}_0 = \frac{0.408\Delta(R_n - G) + \gamma\dfrac{900}{T+273}u_2(e_s - e_a)}{\Delta + \gamma(1 + 0.34\,u_2)} \tag{4-26}$$

式中，K_c为植物系数；K_s为土壤水分限制系数，本研究中只计算河流和湿地的生态需水，通常取 1；ET_0为参考植物蒸散速率（mm/d）；R_n为冠层表面净辐射 [MJ/(m^2·d)]；G为土壤热通量 [MJ/(m^2·d)]；T为每月平均气温（℃）；u_2为高度 2.0m 处的风速（m/s）；e_s为饱和水汽压（kPa）；e_a为实际水汽压（kPa）；Δ为饱和水汽压温度曲线的斜率（kPa/℃）；γ为湿度计常数（kPa/℃）。

本研究中起步区的植物系数K_c采用单作物系数法进行赋值（表4-24）。作物的选取，以白洋淀的优势物种芦苇作为河流浅滩的主要植物进行蒸散发的计算。

表 4-24   各月景观的作物系数K_c

景观类型	月份											
	1	2	3	4	5	6	7	8	9	10	11	12
明水面	0.9	0.9	0.9	1.0	1.0	1.0	1.0	1.0	1.0	0.9	0.9	0.9
沼泽芦苇	1.0	1.0	1.0	1.0	1.2	1.2	1.2	1.2	1.2	1.0	1.0	1.0
旱地芦苇	0.7	0.7	0.7	0.7	0.9	1.2	1.2	1.2	1.2	0.7	0.7	0.7
综合选取	0.7	0.7	0.9	1.0	1.2	1.2	1.2	1.2	1.2	1.0	0.7	0.7

植物的蒸散消耗量受降水的影响较大，对丰水年（25%）、平水年（50%）和枯水年（75%）3 个代表年，采用白洋淀的植物蒸散数据，对研究区丰、平、枯水年的植物蒸散消耗进行估算。研究区丰、平、枯水年的植物蒸散消耗分别为 1781.73 万 m^3、1708.21 万 m^3 和 2110.13 万 m^3。

B. 河流水面蒸发需水量

河流水量耗损的重要途径之一是水面蒸发，且河道也需要一定的水量来维系其正常的环境功能。当降水量低于水面蒸发量时，蒸发消耗的净水量由水面蒸发量与降水量之差得到，称为水面蒸发需水量。当水面蒸发量低于降水量时，则认为水面蒸发需水量为 0，其计算公式为

$$Q_E = (E_t - P) \times A_{wt} \qquad E_t > P \tag{4-27}$$

$$Q_E = 0 \qquad E_t < P \qquad\qquad (4\text{-}28)$$

式中，Q_E 为水面蒸发需水量（m^3）；E_t 为各月平均蒸发量（m）；P 为各月平均降水量（m）。

本研究中的河道均为规则的矩形河道，实际蒸发系数（实际蒸发系数为蒸发系数与降水量的差值）查阅水文年鉴，由研究区周边的水文站获取。通过计算可知，研究区丰、平、枯水年的水面蒸发消耗分别为 922.55 万 m^3、1123.18 万 m^3 和 1127.84 万 m^3。

5）城市湿地生态需水总量

对研究区的河流生态需水总量进行汇总，各月生态需水量见表 4-25，其中 4~8 月的生态需水量较其他月份更高，丰水年和平水年的生态需水量峰值都出现在 5 月，而枯水年的则出现在 6 月。起步区的年生态需水量汇总结果见表 4-26。研究区年生态需水总量为 1.3 亿 m^3 左右，其中，河流丰水年的生态需水总量为 12 985.88 万 m^3，平水年的为 13 112.99 万 m^3，这两个水平年下的生态需水总量相差不大。枯水年的生态需水总量为 13 519.57 万 m^3，是三类水平年中最多的。丰、枯水年的总需水量相差 533.69 万 m^3。

表 4-25　各月生态需水量　　　　　　　　（单位：万 m^3）

月份	丰水年	平水年	枯水年	月份	丰水年	平水年	枯水年
1	134.47	134.11	127.02	7	365.71	371.25	404.39
2	174.60	177.58	162.23	8	324.03	375.795	372.04
3	296.21	362.29	386.61	9	297.62	338.25	411.62
4	446.48	484.23	440.71	10	269.27	190.56	295.66
5	607.87	576.99	558.94	11	143.86	131.82	200.50
6	517.29	559.81	724.50	12	117.48	119.34	144.38

表 4-26　研究区生态需水总量

需水量	丰水年	平水年	枯水年
蒸散发需水量/万 m^3	2 704.28	2 831.39	3 237.97
河流渗漏需水量/万 m^3		991.87	
生态换水量/万 m^3		5 782	
生态基流量/万 m^3		9 289.73	
合计/万 m^3	12 985.88	13 112.99	13 519.57

（3）补水过程分析

为分析不同情景下的起步区生态需补水情况，依据不同时间段和不同水平年对起步区的生态需补水量进行分析。起步区的生态需补水量分析大致可分为两类，一类是依据降水丰、平、枯水年对起步区进行补水分析，另一类是依据不同时间段的耗水情况对起步区进行补水分析。

A. 冬季补水量

起步区在冬季冰期，只有蒸散发和渗漏消耗（表4-27），查阅相关文献，起步区的冰期为每年的1月、2月和12月（共92天）。

表4-27　冬季补水量计算表

项目	丰水年	平水年	枯水年
蒸散发消耗水量/万 m³	183.20	187.67	190.28
渗漏消耗水量/万 m³		250.01	
生态需补水量/万 m³	433.21	437.68	440.29
平均每天需补水量/万 m³	4.71	4.76	4.79
平均需补水流量/(m³/s)	0.545	0.551	0.554

B. 非冬季补水量

非冬季的补水量可分为两个时段计算，一个时段是早8点到晚8点，另一个时段是晚8点到次日早8点。

早8点到晚8点：起步区在早上8点到晚上8点，除了蒸散发和渗漏消耗，还有维持河流流速的水量消耗（表4-28）。

表4-28　非冬季补水–白天

项目	丰水年	平水年	枯水年
蒸散发消耗水量/万 m³	1 260.54	1 321.86	1 523.85
渗漏消耗水量/万 m³		370.93	
生态流量消耗水量/万 m³		9 289.73	
生态需补水量/万 m³	10 921.20	10 982.52	13 519.57
平均每天需补水量/万 m³	40.00	40.23	49.52
平均需补水流量/(m³/s)	9.26	9.31	11.46

晚8点到次日早8点：起步区在每天晚上8点到次日早上8点，只有蒸散发

和渗漏消耗（表4-29）。

表4-29 非冬季补水-晚上

项目	丰水年	平水年	枯水年
蒸散发消耗水量/万 m³	1 260.54	1 321.86	1 523.85
渗漏消耗水量/万 m³		370.93	
生态需补水量/万 m³	1 631.47	1 692.79	1 894.78
平均每天需补水量/万 m³	5.98	6.21	6.95
平均需补水流量/(m³/s)	1.38	1.44	1.61

C. 不同水平年补水量

根据不同水平年对水量进行调控时，主要分为丰、平、枯水年3种情况。丰水年的生态需补水量为9889.30万 m³，平水年的为10 016.41万 m³，枯水年的为10 422.99万 m³。

（4）排水过程分析

针对各种降水情景，起步区要提前关闭上游进水口，并在降水时充分利用下游排水口进行抽排。不同降水情景下的排水口排水量见表4-30。出水口391规划的泵站抽排能力为80m³/s，排水口43、44规划的泵站的抽排能力是60m³/s，排水口45、46、1089、1090、1087和1084规划的泵站的抽排能力是30m³/s。排水口示意图见图4-14。对比模拟的各出水口出水情况，规划的排水口泵站在1年一遇、2年一遇、5年一遇、10年一遇和20年一遇时都可以满足排涝要求，在50年一遇时，排水口1089处的泵站规格略小于排水口的最大排水流量。在百年一遇降水时，排水口44、46、391、1089、1090的最大排水流量均超出规划泵站的规格，其中排水口1089超出的最多。

表4-30 各出水口排水量、最大排水流量及出现时间

频率	各出水口排水量/万 m³									合计
	43	44	45	46	391	1084	1087	1089	1090	
P=1	17.15	28.69	4.78	8.44	31.07	1.615	7.30	10.34	7.35	116.73
P=2	24.49	37.81	7.52	13.96	44.96	2.75	11.42	17.63	13.23	173.77
P=5	39.19	54.59	14.06	26.52	74.21	5.60	20.64	34.62	27.15	296.57
P=10	52.71	69.39	20.07	38.03	100.78	8.27	28.98	50.65	39.94	408.81
P=20	67.33	85.19	26.60	50.52	129.32	11.12	37.75	68.00	53.89	529.71

续表

频率	各出水口排水量/万 m³									合计
	43	44	45	46	391	1084	1087	1089	1090	
$P=50$	87.74	107.37	35.85	67.52	167.77	15.09	49.78	91.83	73.41	696.36
$P=100$	103.23	124.67	43.48	80.38	198.11	18.02	58.65	108.63	87.66	822.84

频率	各出水口最大排水流量/(m³/s)								
	43	44	45	46	391	1084	1087	1089	1090
$P=1$	6.64	11.37	2.29	3.74	11.08	0.73	2.85	5.23	4.31
$P=2$	9.77	15.54	3.45	5.38	15.85	1.04	4.04	7.52	6.19
$P=5$	16.21	23.49	6.35	9.13	26.66	1.75	6.73	12.81	10.39
$P=10$	22.71	31.19	9.31	12.96	37.61	2.48	9.46	18.31	17.78
$P=20$	30.49	40.17	12.79	17.72	50.47	3.70	12.72	24.89	20.09
$P=50$	41.74	53.87	17.99	24.61	67.90	5.76	17.71	34.51	28.01
$P=100$	49.48	63.39	22.53	30.13	81.65	7.52	21.38	40.77	33.11

频率	各出水口的最大流量出现时间（h：min）								
	43	43	43	43	43	43	43	43	43
$P=1$	5：06	5：06	5：06	5：06	5：06	5：06	5：06	5：06	5：06
$P=2$	4：24	4：24	4：24	4：24	4：24	4：24	4：24	4：24	4：24
$P=5$	3：40	3：40	3：40	3：40	3：40	3：40	3：40	3：40	3：40
$P=10$	3：14	3：14	3：14	3：14	3：14	3：14	3：14	3：14	3：14
$P=20$	2：57	2：57	2：57	2：57	2：57	2：57	2：57	2：57	2：57
$P=50$	2：42	2：42	2：42	2：42	2：42	2：42	2：42	2：42	2：42
$P=100$	2：34	2：34	2：34	2：34	2：34	2：34	2：34	2：34	2：34

4.3.5　结论

通过对新型现代化城市的水系结构的分析，构建雄安新区水系。基于SWMM模型建立起步区水系水动力模型，针对存在风险的河段，分析其在极端降雨情景下的溢流情况。溢流量较大且溢流时间较长的节点，可以通过调节原本河床里的水位进行改善，以确保河流水系的安全。同时利用模拟得到的溢流水量和无内涝规范，进一步确定起步区内调蓄湖泊的规模和位置，完善起步区的水系结构。

基于居民对溪水潺潺的向往，结合生态基流和水质保持对水量的需求，分析起步区不同降水频率下的水文循环、水量转化过程，模拟计算出在不同水平年份

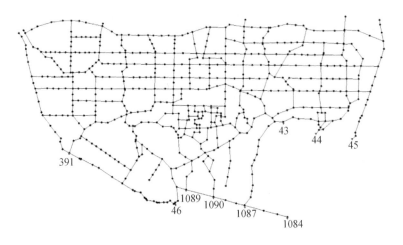

图 4-14　排水口示意图

的城区湿地的生态需水量，分析不同时间段和不同水平年起步区的生态需补水量。

4.4　基于典型情景的城市水系污染物转化运移与调控研究

4.4.1　城市水系水动力水质耦合模拟模型构建

a. 起步区内河流水质风险区的识别主要依据 SWMM 模型中模拟的各河段的污染物浓度来判断。当河段浓度超过当地河流允许的污染物浓度时，该河段为水质污染风险区。结合积水风险区的识别，降水频率越大，出现的风险区越多。因此，以 $P=100$ 为例，以 COD、TN 和 TP 三种污染物为对象，确定研究区的河流水质风险区。

b. 因为每一种用地性质对应的特色污染物和增长速度都不一样，所以，本模型中的用地分为三种：居住用地、建设用地和城市绿地。

c. 根据已有研究和相关资料，对污染物的增长和冲刷模型均选用指数函数。污染物指数增长函数：增长遵从指数增长曲线，渐近达到最大限值。

$$B=C_1(1-e^{-C_2t}) \tag{4-29}$$

式中，B 为污染物增长累积量；C_1 为最大增长可能；C_2 为增长速率常数（1/d）。

污染物指数冲刷函数：冲刷负荷（W）单位为质量每小时，正比于径流的 C_2

次幂与增长累积量 B 的乘积。

$$W = C_1 q^{C_2} B \qquad (4\text{-}30)$$

式中，W 为冲刷负荷；C_1 为冲刷系数；C_2 为冲刷指数；q 为单位面积的径流速率（mm/h）；B 为污染物增长累积量，质量单位。

关于公式中参数的选取可查阅相关文献，本研究中的参数选取见表 4-31。

表 4-31 增长模型和冲刷模型参数选取

土地类型	参数	COD	TN	TP
居住用地	最大累积量/(kg/hm²)	80	4	0.4
	半饱和累积时间/天	4	4	4
	冲刷系数	0.006	0.004	0.002
	冲刷指数	1.8	1.7	1.7
城市绿地	最大累积量/(kg/hm²)	40	10	0.6
	半饱和累积时间/天	4	4	4
	冲刷系数	0.0035	0.002	0.001
	冲刷指数	1.2	1.2	1.2
建筑用地	最大累积量/(kg/hm²)	170	6	0.4
	半饱和累积时间/天	4	4	4
	冲刷系数	0.007	0.004	0.002
	冲刷指数	1.8	1.7	1.7

d. 对每一块子汇水区进行土地利用赋值。建筑密集区赋值为，居住用地占50%，建设用地占30%，城市绿地占20%。城市湿地区的赋值为，建设用地占25%，城市绿地占75%。

在实际中，各个污染物都有一个初始值，因为在产生地表径流前，各种污染物在地表会进行累积。SWMM中使用前期干旱天数或者指定子汇水区域的初始增长值来定义初始污染物浓度。这里定义前期干旱天数为5天。

4.4.2 水质风险区识别

以 $P=100$ 降水为例，分析水系的污染物分布情况。结合现在雨污分流的实际情况，查阅《化工建设项目环境保护设计标准》（GB 50483—2019）等相关的规范，取降水初期前30mm的降水作为初雨。为减少这部分降水对模型模拟的影响，将初雨冲刷的污染物从总的污染物中去除，对应的降水也从降水序列中去除。模拟其余降水下的污染物冲刷情况。以地表水体Ⅲ类水（COD 20mg/ml；TN

1.0mg/ml；TP 0.2mg/ml）为标准，对存在水质污染的河段进行分析。

由模拟结果可知，研究区水系中的 TP 相对稳定，降水及汇流过程中，TP 的浓度均不超标。COD 和 TN 存在超标情况。COD 的污染河段基本存在于整个水系体系；TN 污染相对少一些，在大溵古淀周围基本不存在 TN 污染河段。

根据存在水质风险的河段，划分水质风险区。认定污染河段上游的子汇水区为水质风险区，需要建立相应的污染物消减措施。

针对起步区污染种类的不同，对起步区的水质风险区进行等级划分。只有 COD 污染风险的为中风险区，同时存在 COD 和 TN 风险的为高风险区。

4.4.3 污染物调控技术体系分析

为减小水质风险区的污染风险，可采取相对应的技术对风险区的河道及浅滩进行污染物消减。

针对污染风险河段，可在河漕内采用砾间接触氧化技术（图 4-15 和图 4-16）。该技术通过为河槽中的微生物营造合适生境，增加微生物作用面积和水流停滞时间，从而消减水体中的污染物。

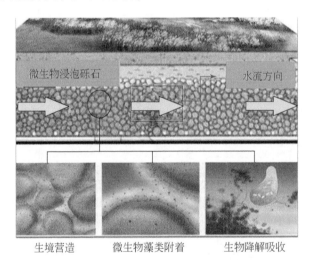

生境营造　　　　微生物藻类附着　　　　生物降解吸收

图 4-15　技术原理纵向剖面说明图

针对存在污染风险的河流浅滩，如果河段位于城区，可利用的空间有限，可将河流浅滩设置为多层渗滤系统+下凹式绿地组合的形式。该技术通过选择合适的过滤介质及其组合，在降雨径流汇集到河槽的过程中完成对径流污染物的去除。如果河段位于苑区，可采用水质-景感植物配置技术对河岸进行设计。通过

图 4-16　砾间接触氧化技术效果图

在水岸交接地带配置不同种类的水生植物对水质进行净化，改善水体富营养化，增强河道的自净能力。该技术在消减污染物的同时，还可以营造出良好的水文景观（图 4-17 和图 4-18）。

图 4-17　透水基面+草坡护岸组合技术

针对同时存在积水风险和水质风险的区域，除了进行水量调控和污染物消减措施的建立，还需要建立兼具调蓄储存水量和改善水质作用的陆面-湖泊-湿地措施。

图 4-18　水质–景感植物配置技术效果图

4.4.4　小结

通过建立起步区水系水动力–水质耦合模型，模拟不同降水情景下起步区河流的污染情况，分析不同河段、不同污染物的污染情况；并根据上下游关系，对起步区进行了水质风险区识别及划分，针对污染物出现位置的不同，设置对应的污染物消减措施，制定了一套较为完整的起步区水污染物消减体系。

4.5　城区湿地水质提升技术研究

4.5.1　主要水质问题分析

雄安新区拟建设 4 条南北向排涝主干通道，2 条东西向涝水疏导传输通道，兼具雨水滞蓄、水质净化、景观塑造和休闲游憩等功能。在启动区中央绿谷北部、金融岛周边结合水系与周围环境建设综合公园；在东部溪谷合理利用原有坑塘，维持崖壁景观，呈现土壤沉积的地质年代特征，保护鸟类栖息地。在坑塘底部种植四季风景林，局部营造湿地景观，建设以谷地坑塘为主要特色的生态型综合公园。因此，雄安启动区城市湿地系统主要包括：北部环城林带人工湿地、城区和南部临淀湾区纵横交错浅水河溪和开阔性水域、公园湿地等。

根据《河北雄安新区启动区控制性详细规划》中"蓝绿空间""水资源利用与再生系统""海绵城市"等方面的内容可知，雄安新区建成后将对污水进行高标准处理并再生利用，收集处理率和再生利用率达到 100%，处理后水质主要指标达到地表水 IV 类标准，满足城市杂用和景观环境等用水需求。上游汇水和兰沟洼湿地补水也是启动区水系的重要水源，这些来水（包括再生水）经过北部环城林带人工湿地集中净化后进入排水渠进行补充。降水通过雨水花园、下沉式绿地、绿色屋顶等低影响开发设施，沿水系两侧建设的沿河植被缓冲带和分散化的雨水净化设施削减雨水径流污染后进入水系。总体而言，雄安新区将通过污水高标准处理与再生、人工湿地、低影响开发设施、雨水净化装置等措施最大可能地减少上游补水、工业污水、生活污水及地表雨水径流对城区湿地的污染。

基于以上分析，雄安新区城市湿地水质的主要威胁可能来源于以下三个方面。

（1）原生水体功能被严重破坏

雄安新区是用最先进的理念和国际一流的水准打造的城市建设典范。然而，高度的城市化不可避免地使区域原有的自然生态本底和水文特征发生根本性的破坏，继而丧失原有的水质自我净化和生态自我维持功能。

（2）降雨径流面源污染

雄安新区的建设使得土地利用状况发生了很大改变，建筑屋面、道路等不透水面积大大增加，城市地表径流系数明显增大，降雨尤其是暴雨落到地面后会迅速形成径流，将累积在地表的污染物冲刷进入排水管网，由此带来的降雨径流污染与溢流问题将成为影响城市水环境质量的重要原因。

（3）景观水体自净能力差

景观水体多处于城区，或被街区包围，或在住宅小区中，较为封闭，流速较缓，水体置换周期较长，营养物质容易累积，自净能力较差，生态脆弱。

4.5.2　城市湿地水质提升技术集成

本研究总结前人的研究结果，以水质改善为目标，从满足城区湿地水质、水量和水生态三位一体功能的角度出发，提出以"径流污染削减–水体自净功能强化–河道污染物控制"为一体的城市湿地水质保障技术。

(1) 径流面源污染控制技术

1) 梯级阻控的河岸带重建与生态修复技术

降水产生的城市面源污染物来源广泛和空间分布不均匀，而城市因为空间有限，河岸带狭窄、硬质化，植被类型单一，生态环境功能较低，对城市降雨径流削减能力较弱。基于"双重控制理论"，形成城市河道生态滤岸集成技术，透水性的基质从源头上减少径流污染物的产生，自然生态和工程等技术措施可以在径流运移过程中通过沉降、过滤、吸附、吸收、降解等物理化学与生物作用对污染物进行削减，系统自带的"多层渗滤系统和下凹式绿地植被组合"能够显著增加径流水力停留时间并增强径流的下渗。该技术包括直立硬质型和自然型，设计灵活，不破坏原有功能（景观、绿化及交通等），不需要大体积的储水装置，也不需要外动力进行驱动，仅依靠降雨径流以下渗流和水平流的流动方式进行净化，在城市地区有限空间内阻控径流污染方面有较大的优势。

2) 溢流污水/初期雨水面源污染河湖滨带多元梯级生态拦截削减技术

在降雨期间，大量雨水流入排水系统，流量超过管网收集系统设计能力，超出部分以溢流方式直接排放进入水体，对水环境造成巨大冲击。但是城市建成区可利用空间有限、建设用地紧张、无足够空间进行大规模水污染治理工程建设。冯骞等（2006）针对城区湿地排口可能存在初期雨水/污水溢流的情况，充分利用河岸两侧溢流口沿河道方向的空间，采用物理强化–生态处理组合单元，形成以多功能梯级生态护岸为载体的初期雨水/溢流污水截留和深度处理系统。近期有研究在该系统末端添加了"体外净化末端控源"技术，研发新型氮磷吸附、控藻材料，集成"铺面绿化源头减量–生态护坡过程截污–体外净化末端控源"技术，形成以去除颗粒性污染物为主、溶解性污染物为辅的集成技术措施，实现了溢流污水/初期雨水污染的多元生态拦截削减，拓展了生态河岸的功能。

3) 水–陆界面重建与污染拦截技术

生态滤床是在自然湿地结构与功能的基础上通过人工设计的污水处理生态工程技术，利用系统中的基质、水生植物、微生物的物理、化学、生物三重协同作用来实现对污染物的高效降解，以达到净化水质的目的，具有投资少、运行维护费用低、管理简单、景观生态相容性及自然社会效益好等优点，已被广泛应用于处理各类型污水。生态护坡工程则是一项建立在可靠的土壤工程基础上的生物工程，是实现稳定边坡、减少水土流失和改善栖息地生境等功能的集成工程技术，其目的是重建受破坏的河岸生态系统，恢复固坡、截污等生态功能。

可通过生态滤床的工艺改进，将增氧和碳源补充应用到生态滤床中，优化基质组配，提高生态滤床的净化效果；将不同植物配置的生态护坡应用于城市景观河道污染物拦截；根据不同水生湿生植物对水质的净化效果和重建的难易程度，选择合适的植物种类，通过恢复水陆交错植物带促进近岸带的生态系统恢复，拦截入河污染物，净化水质和美化环境。

(2) 水体自净功能强化技术

1) 原生净化系统修复与重建关键技术

雄安新区城市湿地原生净化系统和生态系统受到严重破坏、生态系统不健全。为修复和重建湿地原生的净化功能和生态系统，使湿地能够通过自我调节达到自我维持的状态，利用生态系统原理，结合"斑块–廊道–基底"模式，构建生态河道；在分析外来先锋物种生态安全性的基础上，通过水生植被恢复技术，结合物理化学修复及工程技术措施，优先恢复水体自净功能；采用生物链构造和建群技术，重建受损水生态系统的生物群体及结构，最终实现生态系统整体协调、自我维持和自我演替的良性循环。

2) 缓流景观水体"流态优化–水质模拟–生态"自净功能强化技术

城市景观水体相对封闭，流速较缓，水体置换周期较长，营养物质容易累积。为提高城市缓流水体流速、强化水体复氧，进而改善水体水质、提升水环境质量，田一梅等（1999）依据系统优化、统计分析、流体力学计算等理论方法，提出缓流水体流态优化的设计和运行评价指标，及对不同循环流量、不同进水口流速的设计和运行方法，形成水体流态优化设计新技术。在此基础上，与人工湿地、浮岛等生态净化系统相结合，充分利用其对污染物的吸附、吸收与转化等多种物理化学生态作用，形成缓流水体"流态优化–水质模拟–生态"自净功能强化技术的集成，改善了缓流景观水体水质不稳定、富营养化、藻类过度生长的问题，为生态型居住区复杂景观水体水质的改善提供了技术支持和借鉴，具有很好的理论意义和广阔的应用前景。

3) "水生植物构建–砾间接触氧化–水动力改善"生境调控技术

针对城市水体自净能力不足、生态系统缺损等特征，提升水体生物多样性并强化生物生态净化作用，有效提升水体的自净能力，防止藻类过度繁殖。基于野外调研、种间关联性分析及水质净化和景观功能，优选雄安新区本土湿地植物芦苇、香蒲、莲等形成有助于增强净化作用及城市景观效应的水生植物体系。水中污染物在卵砾石间流动过程中与其表面附着的生物膜接触并被吸附，进而作为生源营养物质被生物膜吸收、分解和转化，在水质得到改善的同时，为水生生物提供产卵和栖息的场所，促进水生生物的生长繁殖，抑制藻类的过度生长。结合喷泉式提水曝气机和潜水推流式曝气机等水动力改善技术，加强上下层水流的交换和对水体的扰动。该技术集成增强了城市景观水体的生态自修复和自净维持能力，采用的方法从生态型到工程型，发挥了各自技术特点。

（3）以复合污染控制为核心的人工湿地净化技术

近年来，新兴污染物的排放和残留，日益成为一个较为突出的环境问题，在城市污水、地表水、饮用水中，频繁检测出持久性有机污染物、环境内分泌干扰物和抗生素抗性基因等。针对水体 COD、氨氮、磷、新兴有毒有害污染物等指标超标的问题，本研究通过微宇宙实验模拟分析不同人工湿地对污染物（COD、TP、TN、NH_4^+-N 和抗生素）的去除规律，通过对系统内部参与污染物转化的功能基因空间分布规律的解析，从微生物角度深入研究去除机制，并根据分析结果对人工湿地结构参数进行了优化。该技术兼顾常规污染物和新型污染物，可与城区生态修复与水质改善工程紧密衔接，确保城市水环境安全。

4.6 城区湿地植物配置方案及景观设计要点

4.6.1 湿地植物筛选指标体系

（1）研究方法

通过大量相关文献阅读与资料整理，葛秀丽（2012）从生态价值、经济价值、社会价值三个方面所构建的指标体系引起我们的关注。以该研究为基础，本研究的二级指标紧密结合一级指标进行设定，将一级指标有序分解为多个可量化的二级指标，并对各个二级指标进行必要释义。在综合考虑不同权重确定方法存在的差异和本节所需实现的研究目标的前提下，我们应用专家调查法以确定不同指标的权重值。

在实际专家调查法展开过程中，本研究采取电话沟通、电子邮件、专家访谈等不同形式对专家意见进行收集。所访谈专家职称均为副高级以上，且熟悉环境科学、生态学、植物学等相关专业。通过调查及对调研数据的汇总、分析，确定出最后的权重赋值。过程中所沿用的计算公式如下：

$$指标权重值 = \sum (专家权重值 \times 专家权重系数 / 专家数) \qquad (4\text{-}31)$$

在研究展开过程中，为了准确、客观地体现指标所指代的特定内涵，我们坚持每个指标评价标准的唯一性，并以此为基础为湿地植被配置构建适当且可信的指标体系。

所构建的评价指标体系分为3个模块，具体如下。

1）生态价值

生产力：强调所配置的植被物在其生长过程中有效利用环境物质生产的生物量。

重要值：物种在自然状态下发育良好群落中的地位，反映其竞争能力。

包容性：物种与其他物种的种间关系，是否能促进更多物种共生。

特殊生态功能：物种所具有的契合配置目标的一项或多项出色的生态功能，如水质净化等。

恢复难易程度：物种自然扩散、成群的能力。

2）经济价值

直接经济产出：是指备选物种在经济价值上的表现或者在生产过程中作为原材料所体现的经济价值。

间接经济产出：是指从生态层面或社会层面观察其价值表现时，所体现的经济价值大小。

3）社会价值

美学价值：所选物种具有一定观赏价值，如作为观赏植物或以盆栽形式应用于园林景观等所体现的社会价值。

文化象征价值：物种在传统文化中所寓涵的价值与意义，如莲、菊、雪松等在中国传统文化中均有不同的文化意涵和价值。

传统习惯：物种选配时充分考虑当地的民情、民俗和习惯来进行物种体系构建。

（2）研究结果

利用专家调查法得到指标体系各指标的权重值，如表4-32所示。

4.6.2 湿地植物配置物种评价

（1）研究方法

雄安新区起步区范围内主要的湿地类型为开放性坑塘和沟渠，人为因素对湿地系统的发展起着主导作用，对湿地水生植物的生长发育、植被类型、种类组成及演替有着直接影响。采用城区湿地植物调研结果难以得到植物群落结构及物种关联性等方面的准确信息。而淀区植物相对受人为因素的影响较小，因此在对城区湿地和淀区湿地的配置过程中，我们均根据2019年9月白洋淀植被调研所获得的28种湿地物种相关信息进行分析。

表4-32　城区湿地植被配置物种评价指标体系及其评价标准

一级指标		二级指标		评价标准
指标名称	权重	指标名称	权重	
生态价值	0.40	生产力	0.08	以样方内物种的生物量作为评价标准
		重要值	0.07	以样方内物种的重要值作为评价标准
		包容性	0.05	以物种与其他物种的种间关系作为评价标准
		特殊生态功能	0.13	以是否具有突出生态功能（保土固沙、水质净化、提供栖息地）作为评价标准
		恢复难易程度	0.07	以能否自然扩散、成群作为评价标准
经济价值	0.17	直接经济产出	0.05	以植物体利用的程度及直接带来的经济利益作为评价标准
		间接经济产出	0.12	以生态价值（如生态旅游、减少水质净化成本）带来的经济利益作为评价标准
社会价值	0.43	美学价值	0.20	以能否作为观赏植物（园林景观）作为评价标准
		文化象征价值	0.13	以该物种是否在传统文化或者文人作品中出现（如莲是传统名花）作为评价标准
		传统习惯	0.10	以当地居民是否有种植该物种的传统习惯作为评价标准

表4-32中各二级指标的赋值规则如下，以样方中某物种的生物量为计算依据，可给出上述湿地植物物种的生产力排序；在重要值指标的计算中，利用公式"重要值=（相对盖度+相对频度）/2"所得结果对植物进行排序；在包容性指标的确定上，结合物种间的种间关系，以SPSS软件为统计工具，对各物种做Spearman相关性分析，进而给出目标物种与其他物种的相关性的总大小；恢复难易程度以植物的相对频度计算结果进行排序。针对其他指标的实际数值，均按照前述所制定的评价标准做相同处理，并随即对权重值进行排序处理。在完成指标赋值排序的基础上，研究采用5分制对各指标值进行打分，并将所打分数与所赋权重相乘，从而依据一级指标框架，对各二级指标按一级指标进行求和，并由此给出关于生态价值、经济价值与社会价值的排序结果。最后，将3个方面的排序值求和从而确定物种总体的排序结果。

（2）研究结果

应用表4-32的评价标准体系对雄安新区城区湿地植物配置备选物种进行评

价并按照总体评价得分大小排序，如表4-33所示。

表4-33　城区湿地配置植被备选物种综合评价

序号	物种名称	生态价值	经济价值	社会价值	综合价值
1	芦苇	1.949	0.850	1.946	4.745
2	莲	1.744	0.850	2.150	4.744
3	狭叶香蒲	1.674	0.680	1.957	4.310
4	美人蕉	0.856	0.680	2.150	3.686
5	睡莲	0.856	0.562	2.150	3.568
6	千屈菜	0.982	0.510	1.699	3.191
7	菰	0.934	0.680	1.613	3.227
8	红蓼	1.386	0.170	1.226	2.782
9	黄花鸢尾	0.910	0.823	0.959	2.692
10	金鱼藻	1.685	0.340	0.634	2.659
11	水鳖	1.237	0.222	1.097	2.556
12	龙须眼子菜	1.460	0.340	0.634	2.434
13	荇菜	0.796	0.340	1.097	2.232
14	花蔺	0.81	0.720	0.749	2.279
15	狸藻	1.043	0.222	0.839	2.104
16	稗	1.064	0.170	0.763	1.998
17	菹草	0.870	0.444	0.634	1.949
18	轮叶黑藻	0.847	0.458	0.634	1.939
19	密穗砖子苗	1.134	0.170	0.634	1.938
20	穗花狐尾藻	0.897	0.340	0.634	1.872
21	马来眼子菜	0.808	0.340	0.634	1.782
22	紫背浮萍	0.502	0.222	1.021	1.745
23	荆三棱	0.926	0.170	0.634	1.730
24	水蓼	0.830	0.450	0.312	1.592
25	大茨藻	0.784	0.170	0.634	1.588
26	槐叶萍	0.603	0.222	0.710	1.535
27	扁杆藨草	0.840	0.450	0.198	1.488
28	五刺金鱼藻	0.700	0.343	0.374	1.418

从表 4-33 中可以看出城区湿地配置植物生态价值排前十位的是芦苇、莲、金鱼藻、狭叶香蒲、龙须眼子菜、红蓼、水鳖、密穗砖子苗、稗、狸藻；经济价值排前十位的是芦苇、莲、黄花鸢尾、花蔺、狭叶香蒲、美人蕉、茭、睡莲、千屈菜、轮叶黑藻；社会价值排前十位的是莲、美人蕉、睡莲、狭叶香蒲、芦苇、千屈菜、茭、红蓼、荇菜、水鳖。从综合价值来看，芦苇、莲和狭叶香蒲排在前三位，这与我们现场调研的结果一致。而且城区湿地美人蕉、千屈菜、红蓼和荇菜这类观赏价值高且富有人文内涵的植物排名比较靠前。

4.6.3　城区湿地植物配置模式初步研究

雄安新区是 2017 年设立的国家级新区，在"五位一体"的总布局下，建设绿色生态宜居新城区既是生态文明建设的根本要求，也是推进雄安新区可持续健康发展的必然选择。城区湿地作为城市重要的生态基础设施，要面向景观美化、休闲游憩、水质净化与城市水文调节等生态服务复合需求，因此在进行城区湿地植物配置时，要以这些植物对生态空间的客观要求为依据，充分利用种间关系，综合考虑景观感受、人文内涵、生态效益。

从表 4-33 不难发现，在城区湿地植物评价框架内，芦苇、莲和狭叶香蒲综合价值排在前三，生态、经济和社会 3 个方面也均位居前列。美人蕉、睡莲、千屈菜、茭和黄花鸢尾在经济价值和社会价值中贡献非常突出，公众接受度高，综合价值得分比较靠前。这 5 种植物在雄安新区湿地物种调研期间检出频度非常低，多为景区或者居民庭院种植，但是通过查阅大量的文献可知，美人蕉、睡莲、茭、千屈菜和黄花鸢尾在河北有较长的种植时间，能够适应当地气候的变化。此外红蓼和金鱼藻的综合价值得分也较高。

城区湿地可以分两种情况进行配置。一种是以综合价值较高的水生植物为核心——芦苇、莲、狭叶香蒲、红蓼和金鱼藻，按照同一种组内的种两两之间尽可能有最大的正相关性原则进行配置。主要核心物种有芦苇、狭叶香蒲、莲、红蓼和金鱼藻，具体配置情况见表 4-34。除红蓼之外，这几种植物配置模式在雄安新区城区多个坑塘治理示范区、本地池塘和沟渠中有应用。另一种是采用社会价值和经济价值贡献相对较高的物种——美人蕉、睡莲、千屈菜、茭和黄花鸢尾（表4-35），与第一种配置方案搭配，结合植物的季相变化，根据湿地生境及功能进行选择和调整（图 4-19）。

城市湿地系统是城市生态系统重要组成部分，也是提供调节服务和文化服务的主要载体，其中的小气候调节、休闲旅游、文化教育和精神需求与人类的生活密切相关。植物是城市湿地的重要组成成分，湿地中植物配置的合理性决定其带来的综合效益。

表 4-34 雄安新区城区湿地植被配置模式一

编号	核心物种	主要价值	配套物种	适应生境
1	芦苇	生态价值、社会价值、经济价值	稗、红蓼、荆三棱	滨岸
2	红蓼	生态价值、社会价值	芦苇、千屈菜	滨岸
3	狭叶香蒲	经济价值、生态价值、社会价值	金鱼藻、龙须眼子菜、穗花狐尾藻、莲	浅水或者季节性积水
4	莲	经济价值、生态价值、社会价值	狸藻、金鱼藻、狭叶香蒲、芦苇	浅水或者季节性积水
5	金鱼藻	生态价值	菹草、狸藻、水鳖、荇菜、莲、狭叶香蒲	1~2m 水深

表 4-35 雄安新区城区湿地植被配置模式二

编号	核心物种	主要价值	适应生境
1	美人蕉	社会价值、经济价值	滨岸
2	黄花鸢尾	社会价值、经济价值	滨岸
3	菰	社会价值、经济价值	浅水或者季节性积水
4	千屈菜	社会价值、经济价值	浅水或者季节性积水
5	睡莲	社会价值、经济价值	<2m 水深

图 4-19　雄安新区常见水生植物配置

　　物种间天然存在的相似生物学特征，对不同生境的相近适应能力与生态位分化表现，是由物种间关联的正相关或正关联属性决定的。与此相对，物种间同样存在负相关或负关联属性，它们表现出与正向属性完全相对的种间关联和影响。观察白洋淀淀区的湿地植物群落，对相同或相似生境条件具有较高适应性的物种间表现出种间关联的正相关关系，以芦苇和稗、莲和香蒲、金鱼藻和菹草等为典型代表；另外，水鳖和轮叶黑藻等为相同生境中生态位分化的典型物种，其分布水体水深均在 1 ~ 2m；当然，相同生境中也存在一些有特定依存关系的物种，像莲和金鱼藻或者狸藻，在莲生长的群落内，水流相对和缓，这样的水体环境对金鱼藻和狸藻的生长与生存有利。表现出负相关关系的物种，多数为对生境条件需求存在明显差异的物种，如莲（水生）和红蓼（湿生）。城区湿地植物配置参考淀区湿地植物的关联性，优先选择具有正相关关系的物种进行配置，尽量规避选择可能存在负相关关联的湿地植物。

根据雄安新区湿地植物调研及综合价值评价的各种排序，芦苇均排名靠前。因此，芦苇作为雄安新区原生物种，其不仅表现出较高的经济价值，在城区湿地景观营造中，也可以做出较为突出的贡献。在现阶段调研所了解的物种中，另外3 种排序中靠前的物种分别为莲、狭叶香蒲和金鱼藻，这完全符合雄安新区本土物种分布和相依存的实际情况。因此，在湿地植物配置方案中，上述 4 种植物将作为主要配置物种加以应用。另外，在考虑生态位分化时，菹草与金鱼藻占据相似的生态位，但需要指出的是，两者在生活史的表现上差异较大，菹草生长繁殖的高峰期为冬春时节，而金鱼藻则繁盛于夏季和秋季，故在考虑季节之间的衔接关系时，可将菹草和金鱼藻进行搭配配置。

4.6.4 城区湿地景观设计要点

2016 年，赵景柱等学者首次提出景感生态学的概念，并将其定义为，以可持续发展为目标，基于生态学的基本原理，从自然要素、物理感知、心理反应、社会经济、过程与风险等相关方面，研究土地利用规划、建设与管理的科学。城市湿地系统服务具有人为主导性，即人在改变和影响生态系统服务的同时，也是生态系统服务的最终受益者。景感生态学的应用能通过保持、改善和增加湿地的生态系统服务来实现人类身心健康受益的目标，从而驱使人们行为和言行的改变，去回馈社会和国家，自觉地共同行动去维护和改善生态系统服务，以保障城区湿地生态系统服务的可持续性，从而达成可持续发展的理念。城市湿地景观是城市滨水自然开放空间中重要的一部分。以多功能、生态护岸为基础的城市滨水地带的规划与改造已成为世界各国景观设计、生态规划的焦点。目前，国内一些城市滨水工程不仅要充分考虑护岸防洪等基本作用，还要兼顾文化传播、景观营造、亲水游憩等多种功能。

（1）季相景观

湿地植物不仅赋予城市河湖景观生命活力和四季轮回，而且能形成丰富多样的层次空间。不同湿地植物在不同季节能营造出不同的景观效果，形成多样化的植物景观空间。通过植物不同的季相变化进行合理配置，能够形成变化多端的植物季相景观，充分展现各阶段植物的景观变化，使人们在四季的变迁中感受时空的变化。此外，通过不同花色形态的湿地植物与亲水设施、文化长廊等的协调配置，赋予湿地景观独特的意境，呈现更为丰富的层次空间。

雄安新区城区湿地滨岸区域选用社会价值和经济价值比较高的美人蕉或者黄花鸢尾为优势种，浅水区选用本土优势种芦苇或者香蒲，深水区选用莲和金鱼藻，另搭配睡莲、千屈菜和红蓼等观赏价值较高的局部特色植物为伴生植物形成水-陆-岸梯级植物配置，不仅可以实现综合价值最大化，还可以产生四季更替的视觉效果：春季万物萌发，各种深深浅浅的绿扮靓了整个城区湿地；春末夏初黄菖蒲叶片翠绿如剑，花色黄艳，花姿秀美；夏季是睡莲、荷花、美人蕉、千屈菜和红蓼的天下，红的、紫的、粉的、黄的，沉水植物也生长繁茂，在水下、水面、岸边展示出清晰的轮廓和强烈的层次；秋季芦花飞扬；冬季叶片落尽，视线变得通透，千姿百态的残荷枝干与清澈的水面倒映成趣，如同一幅幅画家用线条勾画而成的"水墨画"。

此外，立体化的植物配置还能弥补单一植物配置的不足，彼此之间高低与起伏相适应，产生节奏和韵律，并避免布局僵化，营造出和谐、稳定和美丽的园林景观，为人们提供丰富的视觉效果和景观空间层次，使湿地空间更具有韵律和节奏感。除了视觉，芦苇和香蒲等观叶植物在风中摇曳，沙沙作响，夏季荷花绽放，香飘满园，还给人们听觉和嗅觉体会，这种感知能够直接产生心理、生理上的响应，能够更直接地体验到植物景观空间设计的舒适性（表4-36）。

表4-36 雄安新区城区主要湿地景观植物季相观赏特性

序号	植物名称	生活习性	观赏季节	观赏特性
1	芦苇	挺水	春、夏、秋	观叶、观花
2	莲	挺水	夏	观叶、观花
3	香蒲	挺水	夏、秋	观叶、观花
4	黄花鸢尾	湿生	春、夏	观叶、观花
5	美人蕉	湿生	夏、秋	观叶、观花
6	千屈菜	湿生	夏	观花
7	菰	湿生	夏、秋	观叶
8	红蓼	湿生	夏、秋	观花

（2）人文景观

在驳岸带规划设计中，以人为本是一条非常重要的原则。雄安新区地处古代雄州和安州的范围内，在发展过程中形成了独特的文化，并拥有大量历史文化遗产，如以宋辽古地道为载体的宋辽文化，以雄县古乐、芦苇画等为代表的非物质文化等。在抗日战争期间，雄安新区还形成了以"雁翎队"和"小兵张嘎"为代表的红色文化。雄安新区位于白洋淀畔，淀内芦苇资源丰富，夏季荷花满园。对于当地人而言，淀上寒来暑往的季节更迭，日暮晨昏的生活细节，芦雁起舞，荷莲吐翠，都是记忆中最深的印记。

在构建城区湿地景观时，应充分保护和利用这些宝贵的文化，提取白洋淀元素（芦苇、荷花），以艺术的手法再现雄安新区发展过程、红色文化和历史文化，让人从真实的景观中感受时空的穿梭，增加湿地景观的文化内涵，传播雄安精神，延续历史文脉。例如，芦苇在白洋淀被称为"苇"，收割芦苇被称为"打苇"，简约的称呼就像喊自己的孩子那般亲昵。《安州志》载："十年种地，未必五年有秋，所赖以养家者，唯织席耳。"更有孙犁先生的《采蒲台的苇》，亦只称呼一个"苇"字，开篇就讲："我到了白洋淀，第一个印象，是水养活了苇草，人们依靠苇生活。这里到处是苇，人和苇结合得是那么紧。人好像寄生在苇里的鸟儿，整天不停地在苇里穿来穿去。"而莲象征清正、纯洁，是我国民众喜爱的名花，被誉为"花中君子"和美的化身。莲品位高洁，含义隽永，源远流长，在儒家君子人格、佛家佛性与修行、道家修真养性等方面都有着丰富的文化内涵。城区湿地芦苇和莲的应用不仅是白洋淀荷红苇绿景观的延续，还能引起人们的情感共鸣，即所谓的"情景交融"。

（3）亲水驳岸

人具有与生俱来的亲水天性，这一点应当在护岸景观设计之中尤为突出，将其置于设计理念的核心地位，从而满足人们在多重感官层面的水景审美需求。目前，我国大多数城市河湖主要采取硬质驳岸，人们的亲水需求往往难以满足。因此可以结合场地的具体情况，针对性地设计人水互动空间。

1）创造丰富的岸线形式

岸线设计可以呈现不同的滨水格局，对亲水性的影响很大。对于城市湿地而言，直线型和曲线型岸线是城市湿地常见的驳岸线形式，这类岸线将水面与陆地进行明确划分，辅以规则的景观搭配，具有秩序感，并给人平和、稳重、清爽、干净的印象，但是景观效果较单调、缺少灵动感。因此，在对岸线形态进行设计时，可在充分考虑生态性和安全性的前提下，结合人们对湿地景观和亲水的追求，采用自然曲折的形式，拉近人与水体之间的距离。目前，岸线主要有直线型、曲线型、折线型和拟自然岸线型。

直线型岸线亲水景观整齐、有秩序感，并给人清爽、干净的感觉，但是景观效果较单调，缺少灵动，易产生审美疲劳。曲线型岸线模拟天然水体的形态，沿着河湖蜿蜒逶迤，使水体更为流畅；根据凹凸岸的水流特征营造出不同特色的驳岸景观，使亲水景观更加丰富。折线型岸线具有强烈的节奏感，可增强水景与人的连接，有进有退张弛有度，将岸线分割成不同的小亲水空间，丰富了亲水空间的层次。拟自然岸线型模拟自然河/湖岸，营造水陆过渡带，不仅充分保证了岸线的生态功能，还增加了亲水景观的野趣和诗意，适用于水面较开阔和坡度较平缓的区域。

2）立体化驳岸设计

驳岸立体化配置对人们的亲水活动有着重要的影响，其设计要点是在保证安全的基础上，充分考虑水岸高度差和可利用空间，将驳岸与湿地植物景观、水景进行衔接，通过布置亲水阶梯、栈道、步道等，构成多样化的立体空间配置形式，不仅能营造出丰富的滨水景观效果，还能从多个途径促进人与水的互动(图4-20和图4-21)。

图4-20 亲水阶梯

图4-21 慢行步道与栈道

4.7　城区湿地系统构建和功能提升技术

4.7.1　城区湿地系统构建和功能提升技术需求

高度的城市化使雄安新区原有的自然生态本底和水文特征发生根本性的变化，继而面临越来越严重的生态环境压力。为了维持良好的城市环境质量，生态基础设施体系建设、生态安全网络格局构建，成为建设雄安新区需要优先解决的重点问题。作为城市生态系统的重要组成部分，城市湿地不仅为城市生态景观和休闲科普提供重要场所，还是高韧性城市建设的关键载体，在调蓄和净化水体、美化景观、维持生态安全等方面发挥着不可替代的作用。

近年来，城市湿地研究主要体现在城市湿地的生态功能和可持续利用、湿地景观格局变化及城市化影响、湿地生态系统服务功能与价值评估等方面。但是，由于城市社会与经济结构的复杂性，以及城市水环境功能的多样性，到目前为止少有研究对城市湿地系统构建和功能综合进行全方位的提升。

（1）城区湿地水量调控技术

1）雨洪调控

城市化建设，作为高强度人类活动的直观反映，对城市河流的水文过程产生了明显的影响，导致了降水的下渗量减少，汇流时间缩短，径流量和洪峰流量增大，加之受极端气候影响，发生洪涝灾害的风险大增，危害加剧。为缓解水患，改善城市水环境，各国针对实际情况分别提出了多样化的雨洪管理理念和技术，其中最具代表性的包括起源于北美的最佳管理措施（BMPs），以及在此基础上提出的低影响开发（LID）。之后借鉴 BMPs 和 LID 理念，英国推行可持续城市排水系统（SUDS），澳大利亚开展了水敏感性城市设计（WSUD），新西兰集合 LID 和 WSUD 理念发展低影响城市设计与开发（LIUDD）。2013 年，国务院提出开展海绵城市建设（SCC），其核心理念之一是低影响开发（LID）。LID 是一种可持续的雨洪管理方略。其通过合理的场地开发方式，将水文功能创造性地整合到场地设计中，并采用综合性措施从源头上降低开发导致的水文条件的显著变化和雨水径流对生态环境的影响，尽量维持流域自然水文情势，使受纳水体的生态完整性得到最大限度的保护，从而综合解决城市新老水问题。因此与传统的、末端处理的、功能单一的灰色基础设施相比，LID 措施具有多重效益，是一种相对经济有效且具有韧性的适应性措施。

2）生态流量调控

河流作为水生生态系统的重要组成部分，其流量与水位应能满足和维持河流基本结构形态、栖息地、鱼类通道、水生生物生长、景观娱乐与河道外取用水、水热、水沙与水盐平衡等多方面的基本需求。美国渔业协会在研究鱼类产量与河流流量定量关系时，最早提出了河流最小环境流量的概念。随后学者们从生态系统的不同角度，探讨和细化了生态流量的内涵，提出了各种相关概念。目前生态水量计算方法大致可分为水文学法、水力学法、生境模拟法和生态功能设定法四大类。

城市化引发的水文过程改变及水资源高度开发利用，可能导致非汛期城市河道水位和流量无法满足生态水量需求，如何在防洪、供水调度实践的基础上，优化非汛期水利工程调控模式，构建城市河网水系综合调度体系，成为保障城市河流生态需水量、提高水体自净能力、改善河道生态环境质量的重要举措。目前，围绕引水调控改善水体水质和生态环境状况，开展了大量的工程实践及数值模拟研究。现场监测及模型预测结果均表明，通过科学调度水利工程，实现水体联动循环及有序流动，可有效改善区域水环境质量，提高河湖生态水量保障程度，发挥显著的经济效益与环境效益。

（2）城区湿地水质提升技术

近年来，针对城市水环境污染防治的相关研究已经展开。研究主要体现在既有传统生物与生态处理技术工艺提标和低碳运行控制优化、新型污水处理技术与材料研发、生物作用过程解析及新兴污染物防控等方面。而从城市水环境多重功能与人文生态角度出发，城市河湖生态修复与功能提升技术研究主要围绕原位生态体系重构、河道缓冲带低影响开发（LID）及坡岸生态景观立体建设等展开。但是，由于城市水环境边界条件的复杂性特征，生态系统完整性修复、污染整治所需土地的紧缺性、水系网络无序性、水质污染物比例失调特征及单一技术局限性等问题始终是制约城市区域水质改善与技术发展的关键瓶颈。

围绕大气污染物干湿沉降的研究表明，我国北方地区，特别是京津冀地区经济高度发达、人类活动频繁，污染物（营养盐、重金属、有机物）通过大气的干湿沉降作用非常显著，已成为影响水生态环境质量的重要贡献源。另外，城市区域由于自然地表被大量改造为不透水性地面，降雨产流系数增大，雨水对路面污染物质的冲刷作用使得城市地表径流成为影响城市水环境质量的第二大污染源。因此，如何围绕低成本、近生态系统实现雨水净化，进而生态化、安全化地体现出高韧性城市的特点也逐渐成为我国环境领域的重点关注方向。

水环境作为化学污染物的重要归趋，近年来不断被检出含有新兴污染物。我国分别于 2005 年和 2012 年制定了《城市污水再生利用地下水回灌水质》标准与

《城镇污水再生利用技术指南（试行）》，将农药、甲苯类和邻苯二甲酸酯类等列为选择性控制新兴污染物，但对抗生素、雌激素内分泌干扰物等新兴污染物尚未提出控制要求。随着我国城市污水再生利用需求不断增加、用途不断拓展，有效实现新兴污染物在污水处理厂内的高效处理及河道内的有效削减也需要逐渐完善。

高度的城市化不可避免地使区域原有的自然生态本底和水文特征发生根本性的破坏，继而丧失原有的水质自我净化和生态自我维持功能，水环境生态修复技术主要以水生植物修复、河床底质修复、生态护岸修复、岸滨带生态修复等技术为主。其中，砾石技术能为湿地水生生物提供附着生长的空间，提升湿地生物多样性。

(3) 城区湿地植物配置及景观构建技术

植物作为湿地生境创造中最活跃、最关键的因子，是生态系统、景观视觉的基本成分之一，直接影响湿地景观的质量。我国针对城市湿地公园植物景观营造的系统研究起步较晚，植物景观营造大多涵盖在城市湿地公园的规划、设计、管理或在城市湿地保护等方面的研究内，主要针对植物的选种与搭配。之后，对城市绿地植物评价的研究主要侧重于对植物单一特性的研究，如植物观赏性、生态适应性、生态效益等。目前，多采用综合评价法为湿地植物的合理选择和植物群落配置提供科学依据。植物综合评价研究方法主要包括：模糊数学法、灰色关联度分析法、层次分析法，其中层次分析法应用得最为广泛。2016 年赵景柱先生首次提出景感生态学的概念，并将其定义为，以可持续发展为目标，基于生态学的基本原理，从自然要素、物理感知、心理反应、社会经济、过程与风险等相关方面，研究土地利用规划、建设与管理的科学。景感生态学理论落脚点是人的感知与景观环境的互动关系，涉及景观生态学及景观感知理论。植物是城市湿地的重要组成成分，湿地植物配置的合理性和植物种类的丰富性决定其带来的生态效益。目前关于植物配置的研究多结合湿地植物种间关联性、地形和光照等因素，充分考虑不同人群的需求，以及人们的视觉、嗅觉、听觉、触觉多维感知，配置不同种类的植物。同时在湿地范围内通过合理搭配陆生或者湿生乔灌的绿化带，不仅可以营造舒适的植物景观空间，还能产生四季更替的视觉效果。

此外，湿地植物具备水质净化、生态修复与环境美化等多重功能。现阶段对湿地生态系统植物配置的研究根据侧重点不同分为污水净化、生态效应与湿地景观三个方面。三者从自身需求出发，以水生植物为主要研究对象，依据植物本身的形态、特征等进行搭配，实现城市湿地目的功能的提高。然而，如何在确保城市湿地生态功能的同时构建出良好的景观效果，形成多层次、多季节、多色彩的植物群落配置，在当前的研究中依然处于空白，且没有一套较为完整的理论对其进行系统指导。

总而言之，国内外研究现状与发展趋势表明以雄安新区城市为代表的高韧性城市不仅体现了持续性的水循环、城水林田湖特色，还对城市组团功能的完整性有明确的需求。许多学者对城市湿地的理念、各种单项功能的设计及效果已经进行了较为深入的研究，但是由于水文条件和城市建设的复杂性，及人们需求的多样性，城市湿地如何科学合理系统地实现多种功能仍是急需解决的主要问题，这也决定了城市湿地系统构建与功能提升仅依靠单一技术工艺无法彻底实现，水量调控、水质提升、"水-陆-岸" 梯级植物配置及景观构建等多元化技术集成应用及相应的生态基础设施完善是城市湿地系统整体功能得以提升的关键。

4.7.2　城区湿地系统构建和功能提升技术参数

(1) 水量调控技术参数

a. 通过极端降雨情景分析可知，起步区一共存在 4 块积水风险区。起步区水系在 50 年一遇的日降雨情境下溢流水量为 11.32 万 m^3，需要存储的水量为 11.44mm，湖泊蓄存变化容积为 232.42 万 m^3。起步区湖泊的蓄存变化面积为 2.32km²。起步区的调蓄湖泊设置在起步区苑区低洼处，该区域地势低洼，位于水系下游，便于储水，且靠近溢流风险区，便于收集溢流水量。

b. 研究区年生态需水总量为 1.3 亿 m^3 左右，其中，河流丰水年的生态需水总量为 12 985.88 万 m^3，平水年的为 13 112.99 万 m^3，枯水年的为 13 519.57 万 m^3。根据不同水平面对水量进行调控：丰水年的生态补水量为 9889.30 万 m^3，平水年的为 10 016.41 万 m^3，枯水年的为10 422.99 万 m^3。

(2) 水质提升技术

a. 雄安新区城市湿地水质的主要威胁可能来源于以下三个方面：原生水体功能被严重破坏、降雨径流面源污染、景观水体自净能力差。本研究以 "径流污染削减-水体自净功能强化-河道污染物控制" 为一体的城市湿地水质提升技术，被认为是解决城市群水环境综合治理瓶颈问题的主要途径。

b. 本研究研发了复合污染控制为核心的人工湿地净化技术，该人工湿地运行技术参数如下：上行式和下行式垂直潜流与水平流人工湿地，基质填充高度为50cm，自上而下分别为10cm 沙土层、20cm 生物陶粒层和20cm 砾石层、表层土壤层种植芦苇和黄菖蒲，两者种植密度分别为16 株/m² 和12 丛/m²。最佳运行时间 24h。去除率：TN 在 76.3% ~ 83.7%，氨氮在 73.5% ~ 92.4%，COD 在 86.9% ~ 93.6%，TP 在 92.5% ~ 98.5%，抗生素磺胺嘧啶在 80.9% ~ 94.5%。

（3）湿地植物配置技术及景观设计要点

a. 城区湿地配置植物生态价值排前十位的是芦苇、莲、金鱼藻、狭叶香蒲、龙须眼子菜、红蓼、水鳖、密穗砖子苗、稗、狸藻；经济价值排前十位的是芦苇、莲、黄花鸢尾、花蔺、狭叶香蒲、美人蕉、菰、睡莲、千屈菜、轮叶黑藻；社会价值排前十位的是莲、美人蕉、睡莲、狭叶香蒲、芦苇、千屈菜、菰、红蓼、荇菜、水鳖；从综合价值来看，芦苇、莲和狭叶香蒲排在前三位。

b. 61 个样方 20 种物种组成的 190 个种对的 Spearman 秩相关分析结果显示，共有 12 个种对极显著正相关；4 个种对极显著负相关；19 个种对显著正相关；3 个种对显著负相关；152 个种对无显著关联。对相同或相似生境条件具有较高适应性或者特定的依存关系的物种间表现出种间关联的正相关关系，表现出负相关关系的物种，多数为对生境条件需求存在明显差异的物种。

c. 城区湿地可以分两种情况进行配置。一种是以综合价值较高的水生植物为核心——芦苇、莲、狭叶香蒲、红蓼和金鱼藻，按照同一种组内的种两两之间尽可能有最大的正相关性原则进行配置。主要核心物种有芦苇、狭叶香蒲、莲、红蓼和金鱼藻。另一种是采用社会价值和经济价值贡献相对较高的物种——美人蕉、睡莲、千屈菜、菰和黄花鸢尾，与第一种配置方案搭配，结合植物的季相变化，根据湿地生境及功能进行选择和调整。

（4）景观设计要点

a. 季相景观。雄安新区城区湿地滨岸区域选用社会价值和经济价值比较高的美人蕉或者黄花鸢尾为优势种，浅水区选用本土优势种芦苇或者香蒲，深水区选用莲和金鱼藻，另搭配睡莲、千屈菜和红蓼等观赏价值较高的局部特色植物为伴生植物形成水-陆-岸梯级植物配置，不仅可以实现综合价值最大化，还可以产生四季更替的视觉效果。

b. 人文景观。充分保护和利用雄安新区宝贵的文化，提取白洋淀元素（芦苇、荷花），以艺术的手法再现雄安新区发展过程、红色文化和历史文化，让人从真实的景观中感受时空的穿梭，增加湿地景观的文化内涵，传播雄安精神，延续历史文脉。

c. 亲水驳岸。通过创造丰富的岸线形式和立体化的驳岸设计满足人们在多重感官层面的水景审美需求。岸线主要有直线型、曲线型、折线型和拟自然岸线型。驳岸有亲水阶梯、栈道、步道等多样化的立体空间配置形式。

5 雄安新区湿地系统总体格局优化与配置

5.1 雄安新区湿地景观格局变化及驱动因素分析

5.1.1 研究区概况

(1) 研究范围

雄安新区地处北京、天津、保定腹地，距北京、天津均为 105km，距石家庄 155km。雄安新区包括雄县、容城、安新三县行政辖区（含白洋淀水域）及周边部分区域，其中任丘市鄚州镇、苟各庄镇、七间房乡划分到雄县，高阳县龙化乡划分到安新县，土地规划总面积为 1770km²。截至 2020 年，雄安新区常住人口120.54 万人。

河北雄安新区规划纲要提及未来要形成"一主、五辅、多节点"的城乡空间布局。"一主"即起步区，选择容城、安新两县交界区域作为起步区，是雄安新区的主城区。"五辅"即雄县、容城、安新县城及寨里、昝岗 5 个外围组团。本研究选取"一主、五辅"作为城市湿地的研究范围。河流湿地的研究范围以 8条入淀河流、1 条出淀河流和 1 条过境河流的河岸边界为准，淀区内的河道部分划分为淀区湿地，其中 8 条入淀河流分别为白沟引河、萍河、瀑河、漕河、府河、唐河、孝义河、潴龙河，1 条出淀河流为赵王河，1 条过境河流为大清河。淀区湿地的研究范围即白洋淀的湿地范围，综合 1980 年遥感影像及相关文献进行边界确定。

(2) 自然概况及湿地特征

研究区地处中纬度地带，属暖温带季风型大陆性气候，四季分明，年均气温11.7℃，最高月平均气温 26℃，最低月平均气温-4.9℃；年日照 2685h，年平均降水量551.5mm，6~9月占80%。无霜期185天左右。全境西北较高，东南略低，海拔标高7~19m，自然纵坡千分之一左右，为缓倾平原，土层深厚，地形开阔，植被覆盖率很低，境内有多处古河道。西部有冲积洼地平原，东部有华北平原最大的淡水湖泊——白洋淀。白洋淀是大清河水系中重要的蓄水枢纽，在水源供给、水产品供给及调节气候、调蓄洪水、保护生物多样性等方面都发挥了巨大的生态功能（江波等，2017）。然而，近年来由于城镇开发建设、水资源管理不善，白洋淀水域面积大幅萎缩，蓄水量减少、水体富营养化严重、生物多样性遭到破坏（白杨等，2013）。湿地生态功能的修复也因此成为雄安新区的生态建设重点。

5.1.2　数据及研究方法

（1）数据

景观类型采用雄安新区1980年、1990年、2000年、2010年和2017年共5期的土地利用数据，并进行湿地景观和非湿地景观类型划分（表5-1）。土地利用数据解译于Landsat高精度遥感影像（http：//glovis.usgs.gov/），分辨率为30m。湿地类型的划分按照《湿地公约》与陆健健（1996）划分的中国湿地类型，将河渠、湖泊、坑塘、滩地4种土地利用类型纳入湿地范围。其中，根据湿地分类国际标准及我国的湿地分类国家标准，水田应划归为人工湿地。但笔者和研究白洋淀湿地变化的大多数学者观点一致（徐卫华等，2005；王京等，2010；庄长伟等，2011；江波等，2016，2017），认为在白洋淀区域水田主要是作为耕地资源而存在的。白洋淀湿地区域的水田主要是在20世纪90年代后期因当地居民开展围淀造田等人类活动而形成的，人类占主导因素，而且是以牺牲天然湿地为代价的。因此如果将水田划为湿地，未必能很好地反映出白洋淀区域湿地景观类型的实质变化。

表5-1　雄安新区景观类型分类体系

一级分类	二级分类	三级分类
湿地景观	水域	河渠、湖泊、坑塘、滩地
非湿地景观	耕地	水田、旱地
	林地	其他林地
	草地	高覆盖度草地、低覆盖度草地
	居住及建设用地	城镇用地、农村用地、建设用地

雄安新区的经济社会数据来源于《保定市经济统计年鉴》，主要包括总人口、城镇人口、农村人口、GDP、人均 GDP、第一产业生产总值、第二产业生产总值、第三产业生产总值等。气象数据和水文数据来源于中国气象数据网（http://data.cma.cn/）、《中华人民共和国水文年鉴》、《河北省水资源公报》及相关参考文献（董文君，2011；袁勇等，2013；程伍群等，2018），主要包括降水、气温、保定市地下水位、白洋淀水位、白洋淀生态补水量、白洋淀入淀水量等。

（2）研究方法

湿地类型转换矩阵。利用 ArcGIS 对湿地类型内部和湿地与非湿地之间的土地利用类型的转换进行分析。包括 1980～2000 年、2000～2017 年、1980～2017 年 3 个时段。

景观指数分析法。使用 Fragstats4.2 计算研究区景观格局指数，在类型水平上选择最大斑块指数（LPI）、平均斑块面积（MPS）、面积加权平均斑块分维数（FRAC_AM）和聚集度指数（COHESION）4 个指数，在景观水平上选择斑块个数（NP）、斑块密度（PD）、最大斑块指数（LPI）、周长面积分维数（PAFRAC）、聚集度（AI）和香农多样性指数（SHDI）6 个指数。

主成分分析法。主成分分析（PCA）是一种通过降维来简化数据结构，将原来错综复杂的多变量通过线性变换选出主要变量的多元统计分析方法。主成分分析设法将原来众多具有一定相关性的指标，重新组合成一组新的互相无关的综合指标来代替原来的指标。最经典的做法就是选取第一个线性组合，即第一个综合指标，用其方差来表达，方差越大，表示第一主成分包含的信息越多。如果第一主成分不足以表达原来的指标信息，再考虑选取第二个主成分。根据方差贡献率大于 85% 确定主成分个数。依据 SPSS 软件对选取的指标做主成分分析，来探索雄安新区湿地演变驱动力。

5.1.3 结果与分析

（1）规模及结构变化分析

1）景观规模变化

雄安新区境内土地利用类别大多以耕地为主，主力发展农业、种植业，而在白洋淀的有力依托下，经过多年发展，淀区及周边已形成了以旅游业为主导，以养鸭、水产养殖、芦苇制品、羽绒加工、无纺布、塑料包装、制鞋等为特色的产业体系。因此，白洋淀区周边及淀区内部的土地利用情况也发生了较大的变化和调整。通过 1980～2017 年雄安新区湿地面积时空分布可以发现湖泊、河流、滩地等湿地的面积在不断缩小，淀区周边的耕地不断被居住地和城镇用地占据，淀区内部的居住地的面积也在不断增加，湿地面积被侵占。进入 2000 年之后，可以较为明显地发现白洋淀西北和西南区域的湿地逐渐褪去，而在西部增加了规模较大的水田，这主要也是由于当地居民在 20 世纪 90 年代之后逐步开始引用淀区水种植水稻，以获得一定的经济收益。从图 5-1 的展示结果来看，耕地、水域、居住及建设用地是雄安新区的主要土地利用类型，其中耕地面积占比更接近80%，但在 2017 年已经下降到 70% 左右；水域和居住地的面积比例相近，但在2000 年以后，水域面积开始减少，居住地面积增加；2005 年左右，居住及建设用地面积超过水域面积。而从湿地面积和非湿地面积来考虑，统计结果表明，2000 年以后湿地面积减少幅度达到 99.09km^2，非湿地面积增加幅度达到了98.79km^2，增减幅度极为相近。在湿地类型当中，2000 年以后的滩地面积出现较大面积的减小，湖泊和河流湿地面积有一定幅度的提升；在非湿地类型中，属居住及建设用地增加最为显著，2000 年后的人类活动对土地利用的调整起到了主导作用。

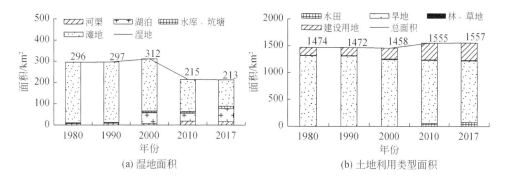

图 5-1 1980～2017 年土地利用类型面积变化

河流湿地、淀区湿地、城区湿地作为雄安新区湿地生态系统的重要组成部分，现分区域对其景观规模和结构进行分析，分析结果如图 5-2 所示。从湿地面积来看，淀区湿地面积最大，河流湿地次之，城区湿地面积最小。河流湿地区域内大多为旱地，主要是由于入淀水量减少，白洋淀 8 条入淀河流仅府河、孝义河和白沟引河常年有水，河道干涸，河滩地逐渐被开垦成为旱地；淀区湿地区域内湿地类型主要为滩地和湖泊，其中在 20 世纪八九十年代滩地面积急剧减小，白洋淀区域内湖泊面积极小，在 2000 年以后湖泊面积增加，但淀区内部的旱地和建设用地的面积也急剧增加,导致整体的湿地面积减少;城区湿地面积减少,多为人工湿地水面或者坑塘,目前雄安新区较大的人工湿地主要为安新县湿地公园和雄县温泉湖公园,未来雄安新区的人工湿地还需进行大量的建设。

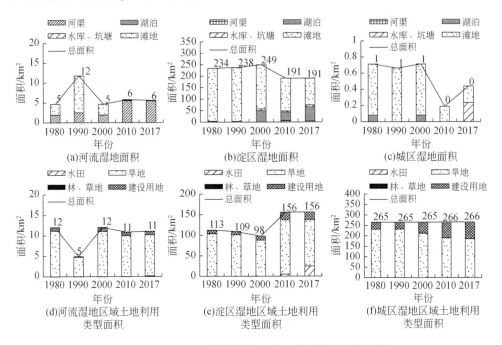

图 5-2　1980~2017 年雄安新区主要湿地类型面积变化

2)景观结构变化

一般来说,湿地景观与非湿地景观之间存在渐变和转换两种类型的变换关系(白军红等,2003a;白军红等,2004a)。由表 5-2 可知,1980~2000 年,非湿地向湿地转换面积为 18.02km²,转换率为 1.22%,主要表现为旱地向湖泊、滩地、坑塘转换;湿地向非湿地的转换面积为 2.27km²,转换率为 0.77%,主要表现为滩地向旱地和农村用地转换;湿地系统内部主要表现为滩地向湖泊和坑塘转换。由表 5-3 可知,2000~2017 年的景观转换情况较为复杂。非湿地向湿地转换面积为 21.45km²,转换率为 1.47%,主要表现为旱地向河渠、坑塘和滩地转换,农村用地向滩地转换;湿地向非湿地的转换面积为 120.48km²,转换率为 38.64%,主要表现为滩地向水田、旱地及农村用地转换;湿地系统内部主要表现为滩地向河渠、湖泊和坑塘转换。耕地增加的原因主要是天然入淀水量减少,水位下降,当地居民将地势较高的滩地开垦为旱地,这些区域主要分布在淀区西北和西南区域。此外对于地势较为低洼的区域,引用淀区的水源进行水田改造,进行水稻种

表 5-2 雄安新区 1980~2000 年景观转移矩阵

2000年 1980年	旱地	其他林地	低覆盖度草地	高覆盖度草地	河渠	湖泊	坑塘	滩地	城镇用地	农村用地	建设用地	合计
旱地	1241.44	6.37				6.94	0.54	10.54	9.32	37.75	2.60	1315.50
其他林地	0.07	4.43										4.50
低覆盖度草地			0.36									0.36
高覆盖度草地				0.16								0.16
河渠					6.91							6.91
湖泊						2.78		0.10				2.88
坑塘							1.34					1.34
滩地	1.83					40.33	7.17	235.13		0.44		284.90
城镇用地									7.81			7.81
农村用地									1.72	137.36		139.08
建设用地									0.42		5.70	6.12
合计	1243.34	10.81	0.36	0.16	6.91	50.05	9.05	245.77	19.26	175.55	8.30	1769.57

表 5-3 雄安新区 2000~2017 年景观转移矩阵

2000年 \ 2017年	水田	旱地	其他林地	河渠	湖泊	坑塘	滩地	城镇用地	农村用地	建设用地	合计
旱地	58.23	1000.21	5.04	8.13	0.83	2.15	6.35	12.49	129.08	20.82	1243.34
其他林地	0.36	4.94	3.65	0.00				0.13	1.57	0.15	10.81
低覆盖度草地	0.14								0.22		0.36
高覆盖度草地		0.09								0.06	0.16
河渠		3.98	0.09	2.46				0.00	0.38		6.91
湖泊		0.55		0.96	30.37	0.00	16.56		1.28	0.34	50.05
坑塘		1.17	0.17	0.48	5.01	1.72		0.50	0.01	9.05
滩地	13.97	85.35	0.03	4.01	29.18	3.33	97.08	0.36	11.76	0.71	245.77
城镇用地		1.95						17.31	0.00		19.26
农村用地	1.54	44.51	0.51	0.75	0.39	0.44	1.73	1.63	119.67	4.37	175.55
建设用地	0.03	4.92	0.12	0.12	0.03	0.47	0.06	0.11	0.16	2.41	8.30
合计	74.27	1147.68	9.31	16.61	61.27	11.39	123.49	32.03	264.63	28.89	1769.57

植。建设用地的增加则是由于淀区旅游经济发展的需要，各淀中村落新建各种基础设施。湖泊面积的增加则主要是因为生态补水措施的实施，据统计在 1981 ~ 2010 年即对白洋淀实施了 26 次应急补水（张赶年等，2013）。由表 5-4 可知，1980 ~ 2017 年，主要表现为湿地向旱地和农村用地转换，湿地向非湿地转换的面积为 111.81 km^2，转换率为 37.7%；非湿地向河流、湖泊、坑塘、滩地转换的面积分别为 9.01 km^2、4.72 km^2、3.04 km^2、11.66 km^2。

表 5-4 雄安新区 1980 ~ 2017 年景观转移矩阵

2017 年 / 1980 年	水田	旱地	其他林地	河渠	湖泊	坑塘	滩地	城镇用地	农村用地	建设用地	合计
旱地	59.37	1025.41	8.02	8.28	4.34	2.41	10.20	20.82	154.10	22.54	1315.50
其他林地	0.36	2.38	0.81						0.80	0.15	4.50
低覆盖度草地	0.14								0.22		0.36
高覆盖度草地		0.09								0.06	0.16
河渠		3.98	0.09	2.46					0.00	0.38	6.91
湖泊		0.11			1.14		1.34		0.29		2.88
坑塘		0.28		0.10	0.00	0.56	0.03		0.37		1.34
滩地	12.87	78.93	0.03	5.03	55.41	7.80	110.45	0.36	13.00	1.03	284.90
城镇用地		0.14						7.67			7.81
农村用地	1.53	33.02	0.37	0.73	0.35	0.44	1.44	2.66	95.31	3.22	139.08
建设用地		3.33			0.03	0.19	0.02	0.51	0.16	1.88	6.12
合计	74.27	1147.68	9.31	16.61	61.27	11.39	123.49	32.03	264.63	28.89	1769.57

（2）景观格局指数变化分析

1）空间粒度效应分析

景观格局分析具有明显的尺度效应，一般以空间幅度和空间粒度来表达。其中粒度效应主要是由于格网化的地图中，拼块边缘总是大于实际的边缘，因此栅格版本在计算边缘参数时，会产生误差，这种误差依赖于网格的分辨率。不同景观格局指数对粒度效应的反应敏感度不同，主要可分为两种类型：一种是对粒度效应反应不敏感的类型，如景观多样性与均匀性；另一种是对粒度效应反应敏感的类型，如景观边缘密度、平均分维数。不同研究区对景观格局指数的敏感度也会存在区别。以下选取 6 个景观水平指数，从尺度对本身数值的影响对多年系列变化趋势的影响进行景观格局指数计算的最佳粒度选取。

从图 5-3 中可以看出，斑块数量、平均斑块面积及最大斑块指数对粒度的变化较为敏感，周长–面积分维数、聚集度及香农多样性指数对粒度的变化敏感度较小。景观指数随粒度变化的第一尺度域可用来确定粒度大小，分析景观格局粒度的适宜取值范围，通常由第一个尺度转折点确定（赵文武等，2003）。在粒度选择时，应该既能保证计算的质量、体现景观的总体特征，又不使计算过程中的工作量过大，因此应该选择第一尺度域内中等偏大的粒度作为适宜的粒度。观察图5-3可以发现，第一尺度域主要集中在 30～120m，其中最大斑块指数在粒度为120m 时突变效果明显。此外还可以发现，空间粒度大小对雄安新区多年系列的景观格局指数演变趋势影响不大，不同年份的景观格局指数随粒度变化的变化趋

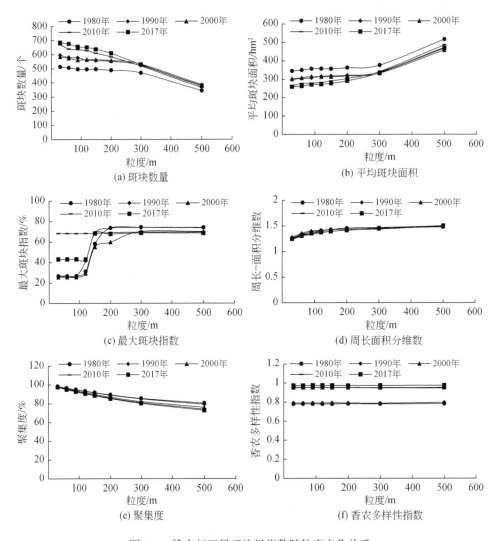

图5-3　雄安新区景观格局指数随粒度变化关系

势基本一致。考虑到雄安新区面积不大，计算量较小，且范围内存在小尺度的坑塘等景观，为了避免斑块这一类面积较小景观空间信息的损失，采用30m作为雄安新区景观的最优粒度进行景观格局指数分析。

2）类型尺度湿地景观格局分析

最大斑块指数是描述景观优势度的简易方法，通过比较后可以发现，滩地的最大斑块指数明显超过其他类型，说明滩地是雄安新区最大的湿地优势景观类型。但滩地的景观优势度呈现些微的降低趋势，其他湿地类型的景观优势度有些微的提高。滩地的平均斑块面积同样也是湿地景观类型中最大的，但近年已从1980年的35.61km²减小至8.82km²，说明滩地斑块趋于分散。各湿地类型的分维数指数均在1.00~1.20，变化不大，景观斑块的形状复杂程度相似，其中，坑塘的形状复杂程度最低，河渠的形状复杂程度最高。2000年之前，坑塘和湖泊的景观结合度较小，说明破碎化程度较大。2000年之后，坑塘和湖泊的景观结合度增大，破碎化程度有所缓解（图5-4）。

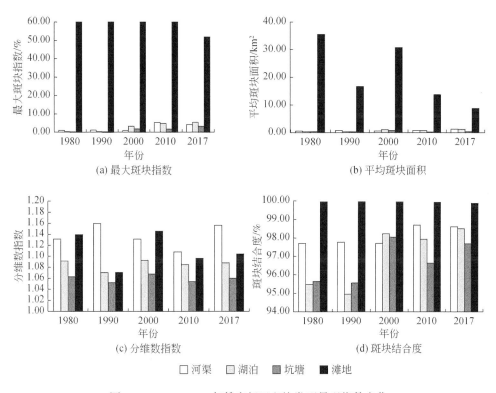

图5-4　1980~2017年雄安新区斑块类型景观指数变化

3) 景观尺度湿地景观格局分析

斑块数量越多，斑块密度越大，意味着景观破碎度越高。由图 5-5 可见，1980～2017 年，湿地斑块数量和斑块密度均整体呈现逐渐增大的趋势，2017 年相对 1980 年斑块数量由 32 个增加到 109 个，增加速率达到了 20 个/10a，斑块密度则从 0.11 个/100hm² 增加到 0.51 个/100hm²，增加速率达到了 0.1 个/(100hm²·10a)。斑块数量和斑块密度的增大均说明湿地的景观破碎度在增大，但也可以注意到 2010～2017 年，两者均出现减小，主要是由于生态环境保护政策的实施和保护力度的增大，使得景观破碎度得到了有效控制。从最大斑块指数来看，1980 年达到最大值 86.94%，此后开始下降，表明景观类型开始趋于均匀。周长-面积分维数变化不大，在 1.20 左右波动，表明斑块形状不太复杂。斑块聚合度在 1980～2017 年呈现下降的变化趋势，表明同类景观连通性在逐渐下降。香农多样性指数呈现增加趋势，说明各景观类型所占比例趋于均衡化，景观异质性增加。由于景观分类体系的不同会造成景观格局指数结果的差异，以上分析结果仅适用于本书中的湿地景观分类体系。

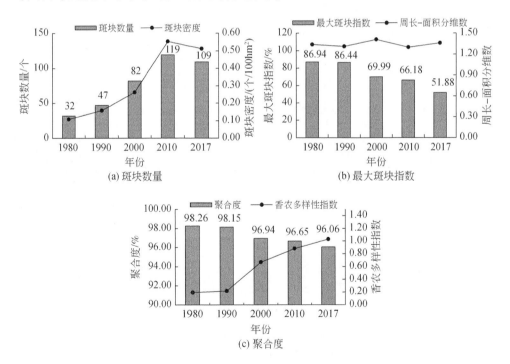

图 5-5 1980～2017 年雄安新区湿地在景观尺度的景观指数变化

(3) 驱动因素分析

从水量平衡角度出发，讨论白洋淀湿地变化成因。白洋淀湿地水量补给包括本地降水和径流流入，水量损失包括蒸散发、地表径流流出和渗漏。其中降水主要受气候的自然变异影响，径流流入既受上游降水的影响，也受上游工农业及城镇生活用水及水利工程蓄水的影响，还有生态补水的影响。而蒸散发主要是受气温的影响，地表径流流出由枣林庄枢纽控制，同时会受到淀区周边生活生产用水的影响，渗漏主要受地下水位的影响。本次研究景观格局演变驱动主要考虑气象因素、水文因素和经济社会因素。气象数据和水文数据来源于中国气象数据网（http://data.cma.cn/）、《中华人民共和国水文年鉴》、《河北省水资源公报》等，主要包括降水、气温、保定市地下水位、白洋淀水位、白洋淀生态补水量、白洋淀入淀水量等。经济社会数据采用雄安新区口径进行统计，数据来源于《保定市经济统计年鉴》，主要包括总人口、城镇人口、农村人口、GDP、人均GDP、第一产业生产总值、第二产业生产总值、第三产业生产总值等。主成分分析（PCA）是一种通过降维来简化数据结构，将原来错综复杂的多变量通过线性变换选出主要变量的多元统计分析方法。主成分分析设法将原来众多具有一定相关性的指标，重新组合成一组新的互相无关的综合指标来代替原来的指标。最经典的做法就是选取第一个线性组合，即第一个综合指标，用方差来表达，方差越大，表示第一主成分包含的信息越多。如果第一主成分不足以表达原来指标信息，再考虑选取第二个主成分。根据方差贡献率大于85%确定主成分个数。依据SPSS软件对选取的指标做主成分分析，来探索白洋淀湿地演变驱动力。

1）降水量和气温

降水和气温是影响湿地生境景观格局的主要气象因素，其中降水是湿地的重要水源补给，气温升高直接影响水面和植被的蒸散发，从而影响湿地的面积大小。从前面的分析结果可以看出，2000年是白洋淀湿地生境变化的关键时间点，因此分时段进行驱动因素分析。1980~2000年为P1时段，2000~2017年为P2时段。图5-6显示了降水量和年平均温度的变化，可以看出，与P1时段相比，P2时段少一些降水丰富的年份，但平均年降水量基本上是相同的，表明当地降水对白洋淀湿地变化的影响很小。P2时段的年平均气温大于P1时段，说明P2时段的蒸发量增加，这在一定程度上会减少湿地面积。

2）水文过程

《保定市水资源公报》和《中华人民共和国水文年鉴》的统计数据显示，保定市的平均地下水位埋深一直呈现增大趋势，在2017年时已达到25m左右，这种条件下无法以地下水的形式给予白洋淀湿地水量补给。此外，受入淀水量减少

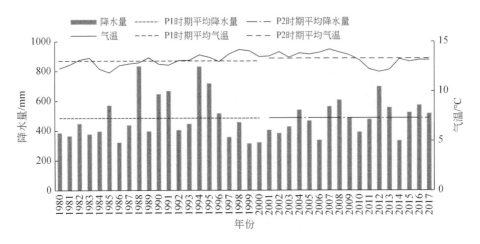

图 5-6 雄安新区年降水量及年平均气温变化

的影响，白洋淀水位也呈现下降的趋势（图 5-7）。自 20 世纪八九十年代以来水利部、河北省先后开展了若干次生态补水，主要涉及上游水库补水、引黄济淀等，成为缓解白洋淀水位下降、减少生态空间萎缩和修复生态系统功能的重要措施。在进行生态补水时也需注意白洋淀年内的水文节律变化，生态补水过程不能单纯地进行择机补水，同时还得考虑白洋淀动植物生境对水位的需求，应注意调控生态补水过程契合白洋淀水文节律变化需求。从历年的生态补水情况来看（图 5-8 和图 5-9），主要集中在 1~6 月，其中，3~4 月的生态补水量最大。但是根据历史的水位变化过程来看，8~10 月对水量的需求更大一些，相反该时间段的生态补水量较少。

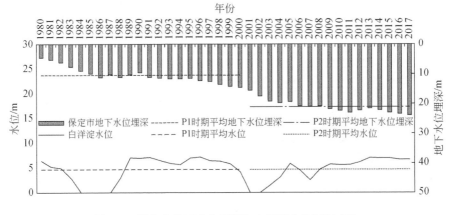

图 5-7 保定市地下水位埋深与白洋淀水位逐年变化

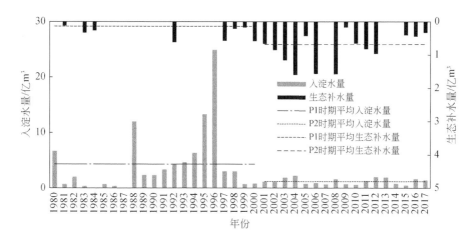

图 5-8 白洋淀入淀水量及生态补水量逐年变化

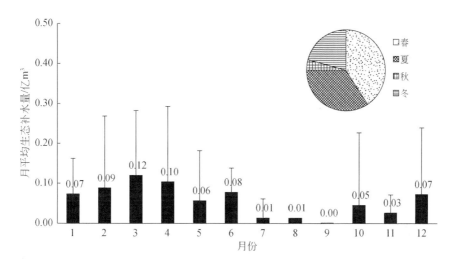

图 5-9 白洋淀生态补水月过程分布

3）社会经济因素

地区人口和经济发展水平是表征人类活动对生态环境干扰程度的重要指标。从人口变化来看（图 5-10），2000 年之前人口增长速度较快，2000 年之后人口增长速度较缓。从城镇人口和农村人口的比例变化来看，城镇人口占比不断增加，该趋势在 2000 年之后显著扩大。以上两种变化趋势均会使得生活用水量增加，再加上 GDP 的显著提高（图 5-11），表明工业和农业的用水增加，均会使得地区湿地面积减少。进入 20 世纪以来人口和 GDP 均进入快速发展时期，人类活动加剧会给白洋淀的生态环境带来负面影响。

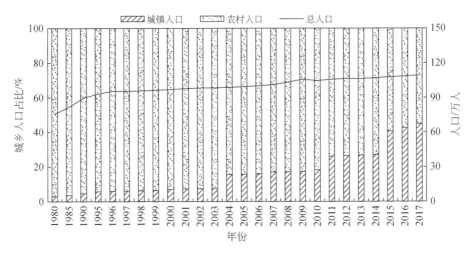

图 5-10　雄安新区 1980～2017 年人口变化

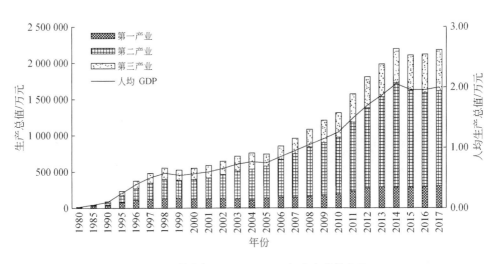

图 5-11　雄安新区 1980～2017 年生产总值变化

4）主成分分析

湿地景观演变是自然和人类活动等因素综合作用的结果，本节选取了相关的 14 个驱动因子，选取 1980～2017 年的数据作为分析样本。为了方便数据显示，以 X_1，X_2，…，X_{14} 分别代表各因子，即 X_1，降水量（mm）；X_2，气温（℃）；

X_3，保定市地下水位（m）；X_4，白洋淀水位（m）；X_5，入淀水量（亿 m³）；X_6，生态补水量（亿 m³）；X_7，雄安新区生产总值（万元）；X_8，第一产业产值（万元）；X_9，第二产业产值（万元）；X_{10}，第三产业产值（万元）；X_{11}，人均 GDP（万元）；X_{12}，总人口（万人）；X_{13}，城镇人口（万人）；X_{14}，农村人口（万人）。

利用统计分析软件 SPSS 对白洋淀驱动力因子进行主成分分析，得到湿地变化驱动力因子相关关系矩阵。从表 5-5 中可以看出，影响白洋淀湿地面积变化的各因子之间存在较强的相关性，如 X_3 与 $X_7\sim X_{12}$，X_7 与 $X_8\sim X_{13}$，X_9 与 $X_{10}\sim X_{11}$，X_{10} 与 $X_{11}\sim X_{13}$，X_{11} 与 $X_{12}\sim X_{13}$ 等相关性均在 0.850 以上，如果直接利用这些因子分析湿地面积及景观变化驱动机制，将会有很大部分的信息重叠，增加分析难度，因此有必要对驱动因子进行主成分分析，选取其中包含大部分信息的几个主成分。

表 5-5 湿地变化驱动力因子相关关系矩阵

因子	X_1	X_2	X_3	X_4	X_5	X_6	X_7	X_8	X_9	X_{10}	X_{11}	X_{12}	X_{13}	X_{14}
X_1	1.00	-0.36	0.06	0.18	0.24	-0.10	0.11	0.06	0.12	0.09	0.09	0.07	0.22	-0.27
X_2	-0.36	1.00	0.11	-0.18	-0.11	0.27	-0.17	-0.11	-0.19	-0.15	-0.15	0.17	-0.19	0.45
X_3	0.06	0.11	1.00	0.07	-0.42	0.39	0.86	0.86	0.85	0.87	0.87	0.94	0.80	-0.38
X_4	0.18	-0.18	0.07	1.00	0.30	-0.34	0.35	0.36	0.36	0.32	0.34	0.24	0.38	-0.36
X_5	0.24	-0.11	-0.42	0.30	1.00	-0.29	-0.33	-0.33	-0.33	-0.33	-0.34	-0.29	-0.29	0.18
X_6	-0.10	0.27	0.39	-0.34	-0.29	1.00	0.08	0.09	0.07	0.11	0.10	0.27	0.06	0.15
X_7	0.11	-0.17	0.86	0.35	-0.33	0.08	1.00	0.98	1.00	0.99	1.00	0.87	0.94	-0.67
X_8	0.06	-0.11	0.86	0.36	-0.33	0.09	0.98	1.00	0.97	0.98	0.98	0.91	0.90	-0.57
X_9	0.12	-0.19	0.85	0.36	-0.33	0.07	1.00	0.97	1.00	0.98	1.00	0.85	0.94	-0.68
X_{10}	0.09	-0.15	0.87	0.32	-0.33	0.11	0.99	0.98	0.98	1.00	0.99	0.88	0.95	-0.66
X_{11}	0.09	-0.15	0.87	0.34	-0.34	0.10	1.00	0.98	1.00	0.99	1.00	0.88	0.94	-0.65
X_{12}	0.07	0.17	0.94	0.24	-0.29	0.27	0.87	0.91	0.85	0.88	0.88	1.00	0.78	-0.31
X_{13}	0.22	-0.19	0.80	0.38	-0.29	0.06	0.94	0.90	0.94	0.95	0.94	0.78	1.00	-0.83
X_{14}	-0.27	0.45	-0.38	-0.36	0.18	0.15	-0.67	-0.57	-0.68	-0.66	-0.65	-0.31	-0.83	1.00

表 5-6 为各主成分的特征值和贡献率，贡献率越大，说明该主成分所包含的原始变量信息越强。目前第一主成分解释了总变量的 58.21%，第二主成分解释了总变量的 16.15%，第三主成分解释了总变量的 10.93%。主成分载荷反映了原始变量与主成分之间的相关关系，它代表了在主成分中各原始变量的权重，载

荷绝对值越大，表明对应的变量与该主成分关系越密切。分析发现在初始主成分载荷矩阵中，各因子差异不明显，载荷反映信息过多，本节为了更好地解释主成分，采用方差最大旋转的方法对初始载荷矩阵进行旋转，得到旋转后的主成分载荷矩阵。

表5-6 特征值和主成分贡献率

主成分	特征值	贡献率/%	累积贡献率/%	主成分	特征值	贡献率/%	累积贡献率/%
1	8.149	58.21	58.21	8	0.068	0.484	99.555
2	2.26	16.145	74.354	9	0.042	0.303	99.858
3	1.11	10.929	85.284	10	0.012	0.085	99.943
4	0.965	3.894	89.178	11	0.008	0.057	99.999
5	0.536	3.826	93.003	12	9.85×10^{-5}	0.001	100
6	0.477	3.407	96.41	13	1.61×10^{-9}	1.15×10^{-8}	100
7	0.372	2.661	99.071	14	7.82×10^{-17}	5.58×10^{-16}	100

从表5-7中可以看出，X_{11}（人均GDP）、X_7（GDP）、X_8（第一产业产值）、X_{10}（第三产业产值）、X_9（第二产业产值）、X_{12}（总人口）、X_{13}（城镇人口）、X_3（保定市地下水位）在第一主成分上载荷较大，这些因子均反映了经济社会的发展情况，其中X_3（保定市地下水位）直接受人工地下水取用的影响，因此，第一主成分可以认为是经济社会发展的代表；X_2（气温）、X_{14}（农村人口）和X_1（降水）在第二主成分上载荷较大，这些因子主要反映了气象条件的影响；X_4（白洋淀水位）、X_5（入淀水量）和X_6（生态补水量）在第三主成分上载荷较大，这些因子主要反映了水文过程的影响。以上分析说明，雄安新区湿地景观变化的主导因素可概括为社会经济发展、气象和水文过程，其中社会经济发展是最主要的因素（表5-8）。

综合上述分析可以得出如下结论：①雄安新区湿地景观中，2000年以后的滩地面积出现较大面积的减小，湖泊和河流湿地面积有一定幅度的提升。淀区湿地面积最大，河流湿地次之，城市湿地面积最小。河流湿地区域内大多为旱地，淀区湿地区域内湿地类型主要为滩地和湖泊，城区湿地多为人工湿地水面或者坑塘。②雄安新区景观格局指数分析的最优粒度可选为30m。滩地是雄安新区最大的湿地优势景观类型，滩地的景观优势度呈现些微的降低趋势，且斑块趋于分散。坑塘的形状复杂程度最低，河渠的形状复杂程度最高。2000年之后，坑塘和湖泊的景观结合度增大，破碎化程度有所缓解。湿地斑块数量和斑块密度均整体呈现逐渐增大的趋势，增加速率分别达到了20个/10a和0.1个/(100hm² · 10a)。

表5-7　旋转后主成分载荷矩阵

变量	第一主成分	第二主成分	第三主成分	变量	第一主成分	第二主成分	第三主成分
X_{11}	0.983	−0.141	−0.032	X_3	0.908	0.127	−0.28
X_7	0.979	−0.168	−0.022	X_2	−0.007	0.875	−0.074
X_8	0.979	−0.062	0.017	X_{14}	−0.586	0.655	−0.044
X_{10}	0.978	−0.147	−0.044	X_1	0.058	−0.561	0.173
X_9	0.97	−0.193	−0.021	X_4	0.377	−0.11	0.78
X_{12}	0.935	0.223	−0.054	X_5	−0.319	−0.001	0.735
X_{13}	0.927	−0.297	−0.003	X_6	0.15	0.33	−0.632

表5-8　主成分系数表

变量	第一主成分	第二主成分	第三主成分	变量	第一主成分	第二主成分	第三主成分
X_1	−0.035	−0.316	−0.002	X_8	0.134	0.059	0.061
X_2	0.079	0.545	0.143	X_9	0.118	−0.034	0.005
X_3	0.123	0.108	−0.104	X_{10}	0.122	−0.01	0
X_4	0.093	0.139	0.532	X_{11}	0.124	−0.002	0.01
X_5	0.002	0.131	0.481	X_{12}	0.151	0.222	0.073
X_6	0.013	0.087	−0.348	X_{13}	0.103	−0.101	−0.008
X_7	0.121	−0.018	0.011	X_{14}	−0.023	0.354	0.077

同类景观连通性逐渐下降，但香农多样性指数呈现增加趋势，说明各景观类型所占比例趋于均衡化，景观异质性增加。③雄安新区湿地景观变化的主导因素可概括为社会经济发展、气象和水文过程，累积贡献率为85.28%，其中社会经济发展是最主要的因素，贡献率为58.21%。

5.2　河流湿地生态空间优化

5.2.1　现状分析

以雄安新区为研究对象，采用历史文献法、湿地野外实地调查、高分辨率遥感影像处理等方法对雄安新区河流湿地现状及存在的问题进行分析。

（1）数据来源

A. 断面选取

每条河流选取 5 个具有代表性的典型断面，分别是河流与淀区边界交界处的断面，河流与雄安新区边界交界处的断面，断面宽度最宽、最窄的断面及断面结构变化幅度较大的断面（表 5-9）。

表 5-9　河流湿地实地测量断面位置表

序号	河流名称	断面编号	经度/°E	纬度/°N
1	白沟引河	1	116.016	38.984
		2	116.025	39.072
		3	116.022	39.095
2	萍河	1	115.804	38.963
		2	115.788	38.991
		3	115.767	39.038
		4	115.756	39.041
3	瀑河	1	115.729	38.923
		2	115.752	38.914
		3	115.755	38.914
		4	115.756	38.914
4	漕河	1	115.783	38.897
		2	115.775	38.898
		3	115.766	38.893
		4	115.755	38.890
		5	115.751	38.888
5	府河	1	115.756	38.880
		2	115.771	38.886
		3	115.777	38.889
		4	115.780	38.890
		5	115.785	38.891

序号	河流名称	断面编号	经度/°E	纬度/°N
6	唐河	1	115.841	38.806
		2	115.783	38.807
		3	115.738	38.791
		4	115.656	38.790
		5	115.653	38.790
7	孝义河	1	115.837	38.746
		2	115.841	38.755
		3	115.843	38.758
		4	115.845	38.758
		5	115.848	38.762
8	潴龙河	1	115.898	38.699
		2	115.893	38.712
		3	115.900	38.722
		4	115.899	38.729
		5	115.893	38.740

B. 测量方法

采用图帕斯 200X 激光测高测距仪、手持声呐测深仪等设备对有水河流及干涸河流断面进行测量，设定目镜位置为测量的起始点位坐标原点 o，向另一侧河岸的水平方向为 x 轴的正方向，垂直于水平方向向上为 y 轴的正方向，建立直角坐标系。首先根据所测断面结构，选取具有代表性的点位作为控制点，把所站的位置作为第一个测量点，测量点记为 a1，a2，a3，…，调整测距仪分别测得目镜位置到各测量点的水平方向距离 HD、垂直方向距离 VD、目镜到测量点之间的直线距离 SD、目镜与测量点之间的直线与水平方向的夹角 α，由于 y 轴正方向为垂直水平方向向上，因此 $y = -VD$。最后，根据测量得到的断面各控制点的 HD、VD、SD 及所建立的直角坐标系，将各控制点的长度、深度等位置信息整理为坐标的形式，并对坐标系进行一定的转换，使河流左岸的控制点坐标对应在直角坐标系的左侧位置（图 5-12）。

河流的生态功能一般概括分为栖息地功能、通道功能、过滤功能、屏障功能、源功能和汇功能 6 项功能。为了实现上述功能，一般健康的河流湿地断面结

点	SD/m	VD/m	HD/m	倾角/(°)	h/m
o-a1	—				
o-a2	—	—	—	—	
o-a3	—	—	—	—	
o-a4	—	—	—	—	—
o-a5	—	—	—	—	—
o-a6	—	—	—	—	—
o-a7	—	—	—	—	—
o-a8	—	—	—	—	—
o-a9	—	—	—	—	—
o-a10	—	—	—	—	—
o-a11	—	—	—	—	—

点	x	y
a1	x1	y1
a2	x2	y2
a3	x3	y3
a4	x4	y4
a5	x5	y5
a6	x6	y6
a7	x7	y7
a8	x8	y8
a9	x9	y9
a10	x10	y10
a11	x11	y11

图 5-12　漕河断面 5 测量结果

构是从交通路向河道方向，有灌木隔离屏障带、乔木林草混合带、铅丝石笼等护堤护岸工程带、河道内湿地和河槽等空间结构。根据调研情况，河道近期堤岸结构虽然不尽合理，但是植被覆盖度较高，为此，将河流湿地生态空间划分为河道岸坡、河道内湿地和河槽 3 种生态空间类型。

（2）结果分析及主要问题

结合文献资料、高分辨率影像结果和湿地实地调查结果，对白沟引河、萍河、瀑河、漕河、府河、唐河、孝义河、潴龙河 8 条入淀河流现状进行分析。从实地调查来看（表 5-10），白沟引河，雄安新区内河长 14.09km，流经面积 304hm²，河流常年有水，由于多年调蓄洪水，泥沙淤积严重，且护坡冲刷侵蚀严重；萍河，雄安新区内河长 10.29km，流经面积 143hm²，由于上游兴建水库，河流来水不足，河道干涸断流，部分河段河床被非法掏挖，使得河槽变深，存在较为严重的水安全问题；瀑河，雄安新区内河长 3.73km，流经面积 13hm²，其左岸岸坡较陡，右岸人类侵占现象严重，使得河道的过流能力严重不足，且无法达到防洪标准；漕河，雄安新区内河长 3.28km，流经面积 8hm²，经汇入府河入淀，河道右岸农田侵占严重，两岸没有河滩地，防洪能力严重不足；府河，雄安新区内河长 2.92km，流经面积 13hm²，其来水主要为保定市污水处理厂尾水，水质受到轻微污染，两岸边坡宽度相对较窄，堤防防洪能力不足；唐河，雄安新区内河长 17.11km，流经面积 297hm²，河道干涸断流，河道内植被生长茂盛，农作物种植侵占河道，过流能力和防洪能力严重不足；孝义河，雄安新区内河长 2.49km，流经面积 16hm²，其左岸河岸宽于右岸，右岸边坡宽度严重不足，堤防结构破坏严重，过流能力和防洪能力严重不足；潴龙河，雄安新区内河长 3.75km，流经面积 31hm²，其河道干涸断流，河床沉降，河道两岸侵占严重，河道防洪能力严重不足。

表5-10 白洋淀入淀河流基本情况

河流	河长/km	面积/hm²	蜿蜒度	比降
白沟引河	14.09	304	1.09	0.009
萍河	10.29	143	1.05	0.009
瀑河	3.73	13	1.06	0.004
漕河	3.28	8	1.04	0.008
府河	2.92	13	1.02	0.001
唐河	17.11	297	1.01	0.001
孝义河	2.49	16	1.09	0.002
潴龙河	3.75	31	1.08	0.001

根据广泛应用的 Rosgen 分类标准对蜿蜒度进行分类：$S=1$ 为顺直河段；$S<1.2$ 为低度蜿蜒，$S=1.2\sim1.4$ 为中度蜿蜒，$S>1.4$ 为高度蜿蜒。雄安新区所有河流均为低度蜿蜒河流。

野外实地测量共观测到白沟引河、瀑河、漕河、府河、孝义河 5 条河的断面，根据图 5-13，测量的每条河流的 5 个断面选取白沟引河断面 3、瀑河断面 4、漕河断面 5、府河断面 4 和孝义河断面 2，断面图如图 5-13 所示，其中，点状线为测量河道断面结构，三角线代表野外测量调研时的水面线。

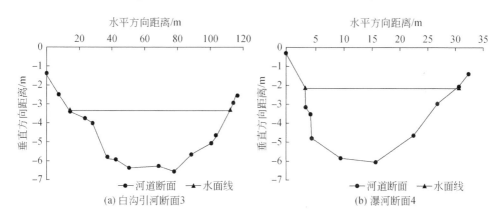

(a) 白沟引河断面3　　　　　(b) 瀑河断面4

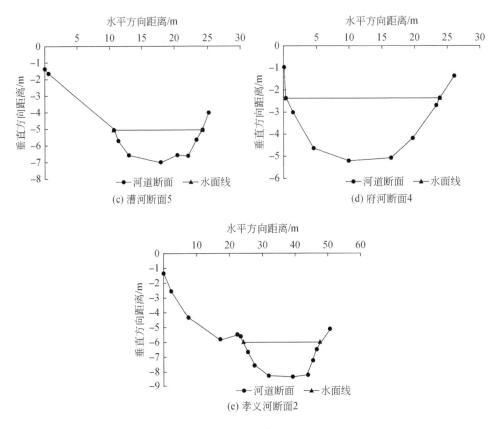

图 5-13　5 条入淀河流断面信息

　　根据野外实地调查和测量发现，白沟引河河流湿地面积最大，为 304hm²，边坡面积 130hm²，河槽面积 174hm²，漕河河流湿地面积最小，仅有 8hm²（表 5-11）。

表 5-11　雄安新区入淀河流湿地结构　　　　　（单位：hm²）

河流	河流湿地结构类型			
	河道岸坡	河道内湿地	河槽	合计
唐河	125	68	104	297
潴龙河	8	2	21	31
孝义河	5	5	6	16
漕河	3	0	5	8

河流	河流湿地结构类型			
	河道岸坡	河道内湿地	河槽	合计
瀑河	3	0	10	13
府河	4	2	7	13
白沟引河	130	0	174	304
合计	278	77	327	682

5.2.2 优化目标与情景设置

根据前文研究成果，入淀河流分别定义为流动的河、绿色的河、蓝色的河，其中，绿色的河段距离农村居民点及特色小镇 1km 以内的河段为蓝色的河段；流动的河是指河道内水体能够流动，流量达到生态基流与环境流量要求的河；蓝色的河是指能够维持河流（段）常年保持一定的水面，水质达到景观水体要求的河流（段）；绿色的河指的是不能保障河道内常年有水，但需要进行河道疏浚与景观整治的河流，要求实现河道通畅整洁并恢复合理的断面结构。

优化目标是提升整个河流湿地的生态功能，形成健康稳定的河道断面结构。河流湿地生态功能主要受到底泥等类源污染、河道行洪能力降低、高生态服务功能类型占比偏低等问题的制约，为此，采用"清淤–河道内湿地营造"技术对河流湿地生态空间进行优化，具体的情景设置为清淤深度 50cm，平水年滩地淹水深度大于 20cm 的时间不少于 10 天，淹水深度大于 100cm 的时间不超过 3 天。

5.2.3 优化方法与结果

（1）优化方法

为优化河流湿地生态空间格局，提升河流湿地生态空间功能，从河流湿地断面入手，修复河流湿地河道断面控制结构，采用的河流湿地生态空间优化与功能提升方法如下所述。

首先，确定现状河流的空间结构，并对所述现状河流的空间结构进行分析，得到不同河流结构所占的面积比例；之后根据所述不同河流结构所占的面积比例、断面形状、河流过流能力和历史实测的径流系列分析现状河流的行洪能力；然后以土方平衡原理、行洪能力及滩地淹水时长与深度为计算依据，利用二分法进行分析，分别确定河道开挖的位置、开挖的深度、垂向清淤空间及清淤体积，对河道进行清淤，以此优化河滩湿地；最后，分析优化前后河道空间结构面积、占比情况及生态空间改变量，并对河道生态空间优化方案进行评价，完成河流湿地的生态空间优化与功能提升。

河道行洪能力 Q 的计算公式为

$$Q = AC \, (RJ)^{\frac{1}{2}} \tag{5-1}$$

$$C = \frac{1}{n} R^{\frac{1}{6}} \tag{5-2}$$

$$R = \frac{A}{\chi} \tag{5-3}$$

式中，A 为河道过水断面面积；谢才系数用 C 表示；n 为糙率，河道糙率 n 取值为 0.045；R 为水力半径；χ 为湿周；J 为河道比降。

（2）优化结果

以流动的河和蓝色的河优化目标为导向，依据挖方量和填方量相等、优化前后行洪能力不降低、提升河流生态功能的原则，针对横向和垂向两个方向，优化雄安新区河流湿地生态空间格局，优化后河道内湿地生态空间面积增加了12.99%，河槽面积降低，但为河流湿地生态空间提升提供了较好的恢复条件（表5-12）。

表5-12　优化后河流湿地结构　　　　　（单位：hm²）

河流	河流湿地结构类型			
	河道岸坡	河道内湿地	河槽	合计
唐河	125	68	104	297
潴龙河	8	2	21	31
孝义河	5	7	4	16
漕河	3	2	3	8
瀑河	3	4	6	13
府河	4	4	5	13
白沟引河	130	0	174	304
合计	278	87	317	682

5.3 淀区生态空间优化

5.3.1 现状分析

（1）现状土地利用情况

根据白洋淀 2017 年遥感影像解译数据可知，白洋淀内主要土地利用类型为旱地、湖泊和滩地，其中，旱地和水田主要分布在淀区西北部和南部区域，农村居民地等建设用地散落分布在淀区内部。其中耕地和建设用地总面积达到了 125.61km²，面积占比为 40%，表明白洋淀区人类活动较为剧烈，人类侵占自然生态空间现象较为严重（图 5-14）。

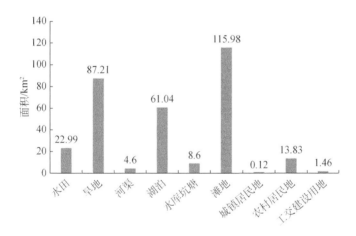

图 5-14　白洋淀现状土地利用面积分布

（2）现状水位过程变化情况

根据白洋淀十方院水位站 2017 年水位监测数据，得到现状年内水位变化情况如图 5-15 所示。由图可知，白洋淀年内水位过程表现出"增大—减小—增大"的变化趋势，水位在 7 月达到最低值 6.26m。该变化与自然的水文"汛期"特征存在一定的差别，即冬季水位较高，而在汛期的 7 月、8 月水位则较低，这主要与白洋淀天然入淀水量较少，而生态补水又多是在冬季进行有关。

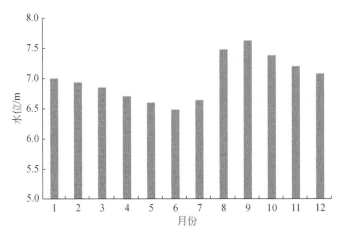

图 5-15　白洋淀现状年水位过程变化

(3) 现状生态空间划分及分布

　　白洋淀的生态空间格局主要受人类活动和水位共同调控，依据淀区典型的动植物对水深的特定生境需求，结合年内水位过程和地形测量数据进行生态空间类型划分。其中人类活动空间主要划分为建设用地和耕地，考虑到水面波动及自然因素引起的干湿交替，年内最大月平均水位以上区域划分为陆生空间，设定水位以上2.0m为分界值，年内最小月平均水位以下区域划分为水生空间，设定水位以下1.5m为分界值，年内最大月平均水位与最小月平均水位之间的区域划分为湿生空间。具体分类体系及主要生境见表5-13。

表 5-13　白洋淀生态空间类型划分

水面高度/m	生态空间类型		主要生境
	一级	二级	
—	人类活动空间	建设用地	—
—		耕地	旱地主要种植玉米和小麦，水田为水稻
>2	陆生空间	1	该区域高度为最大月过程水位2m以上，主要土地利用类型为滩地。植物主要为乔木、灌丛等陆生植被。该空间主要生存动物为刺猬、草兔等爬行动物。主要生存鸟类有麻雀、灰翅浮鸥、大杜鹃等
(0, 2]		2	该区域高度为最大月过程水位2m以内，主要土地利用类型为滩地。主要植物为乔木、灌丛、旱生芦苇、荻等，旱地主要种植玉米和小麦。该空间主要生存动物为草兔、赤狐等。主要生存鸟类有麻雀、大苇莺等，还有部分以旱地为生境的候鸟，如大鸨等

续表

水面高度/m	生态空间类型		主要生境
	一级	二级	
最小月平均至最大月平均	湿生空间	—	该区域高度为月最大水位和最小水位之间，主要土地利用类型为滩地，表现为沙滩、沼泽的特征，面临季节性水淹。主要植物为芦苇、香蒲、荆三棱等湿地植被。主要生境为芦苇沼泽，生长伴有香蒲、稗、密穗砖子苗等植物，是秧鸡、鹤类、䴙䴘类、鹭类、雁鸭类等鸟类的觅食场所，也可以作为部分鹭类的营巢地
(-1.5，0]	水生空间	1	该区域水深为月最小水位以下1.5m以内，主要土地利用类型为湖泊，水深较浅，但常年处于淹水区。主要生长有挺水、浮叶、漂浮、沉水植物。其中荷花主要分布在水深1m左右的范围，1m以上的水深区域分布有金鱼藻、龙须眼子菜、狸藻、穗花狐尾藻、轮叶黑藻、水鳖、荇菜等植物。同时可作为鲤鱼、鲫鱼、鲂鱼、鲶鱼、乌鳢等主要鱼类的生长空间和部分雁鸭类、潜水鸟类的营巢区
<-1.5		2	该区域水深为月最小水位以下1.5m以下，主要土地利用类型为湖泊，一般位于远离水岸的水域中心区。该区域优势植物类型以沉水植物为主，此外尚存在少量漂浮植物和浮叶植物。水域生长有草鱼、鳊鱼等生长水深较大的鱼类，是潜水鸟类、鸥类觅食的主要场所，也是部分雁鸭类休息游泳的场所

　　根据以上分类体系，得到2017年现状年生态空间高程划分区间（表5-14），最终得到现状的生态空间分布情况（表5-15）。由表5-15可知现状年2017年自然生态空间主要以水生空间-1、水生空间-2为主，湿生空间相对较少，人类活动空间则以耕地为主。

表5-14　现状年生态空间高程划分区间

土地利用类型	水生空间-2	水生空间-1	湿生空间	陆生空间-2	陆生空间-1	耕地	建设用地
高程区间	≤4.76	(4.76，6.26]	(6.26，6.96]	(6.96，8.96]	>8.96	—	—

表5-15　2017年土地利用和水位条件下生态空间类型构成

（单位：km²）

土地利用类型	水生空间-2	水生空间-1	湿生空间	陆生空间-2	陆生空间-1	耕地	建设用地
河渠	1.49	2.80	0.18	0.11	0.02	—	—

续表

土地利用 类型	水生 空间-2	水生 空间-1	湿生空间	陆生 空间-2	陆生 空间-1	耕地	建设用地
湖泊	38.15	18.86	2.67	1.25	0.11	—	—
坑塘	4.56	3.03	0.55	0.39	0.07	—	—
滩地	25.97	54.68	23.04	11.43	0.86	—	—
合计	70.17	79.37	26.45	13.18	1.07	110.20	15.42

5.3.2 优化目标与情景设置

（1）优化目标

在雄安新区规划背景下，综合考虑淀区的主要生态服务功能需求，本研究主要从提升生境质量指数和碳储存功能的角度进行淀区生态空间优化。

（2）情景设置

健康生态水位过程设置：参考《河北雄安新区规划纲要》，年平均水位设置为 7m，水位过程设置参照 5.3.1 节，健康生态水位过程具体设置如图 5-16 所示。

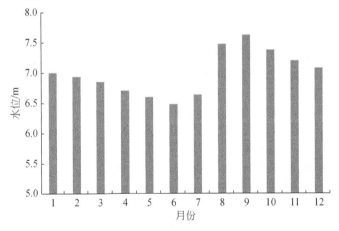

图 5-16　健康生态水位过程

土地利用设置：参考《河北雄安新区规划纲要》和《白洋淀生态环境治理和保护规划（2018—2035 年)》，在 2035 年将淀区内耕地全部恢复为滩地，除圈头乡保留以外，其他农村居民地等建设用地全部搬迁或破除，并在原地址进行林草地改造。

综合健康水位过程和土地利用设置，确认以下两种优化情景。

情景 1：2017 年土地利用情景+健康生态水位过程。

情景 2：2035 年未来土地利用情景+健康生态水位过程。

由此确定的生态空间类型分布及其土地利用类型组成如表 5-16 和表 5-17 所示。

表 5-16　情景 1 条件下生态空间类型构成　（单位：km²）

土地利用类型	水生空间-2	水生空间-1	湿生空间	陆生空间-2	陆生空间-1	耕地	建设用地
高程区间	≤4.99	(4.99, 6.49]	(6.49, 7.63]	(7.63, 9.63]	>9.63	—	—
河渠	1.74	2.61	0.20	0.04	0.02	—	—
湖泊	42.70	15.28	2.59	0.40	0.07	—	—
水库和坑塘	5.29	2.51	0.61	0.15	0.04	—	—
滩地	34.67	52.82	25.15	2.90	0.45	—	—
合计	84.40	73.21	28.56	3.49	0.58	110.2	15.42

表 5-17　情景 2 条件下生态空间类型构成　（单位：km²）

土地利用类型	水生空间-2	水生空间-1	湿生空间	陆生空间-2	陆生空间-1	耕地	建设用地
高程区间	≤4.99	(4.99, 6.49]	(6.49, 7.63]	(7.63, 9.63]	>9.63	—	—
河渠	1.74	2.60	0.20	0.04	0.02	—	—
湖泊	42.68	15.26	2.59	0.40	0.07	—	—
林草地	1.70	1.64	2.88	6.86	1.17	—	—
水库和坑塘	5.29	2.50	0.61	0.15	0.04	—	—
滩地	43.85	117.22	57.03	7.11	0.82	—	—
合计	95.26	139.23	63.31	14.56	2.13	0.00	1.15

5.3.3　优化效果分析

（1）生境质量指数

在 InVEST 模型中，生境质量取决于生境损失和破碎威胁的接近度与强度。

通过结合景观类型敏感性和外界威胁强度，得到生境质量的分布，并根据生境质量的优劣，评估生物多样性维持状况。本次采用 InVEST 模型中的生境质量模块进行生境质量指数计算。白洋淀没有典型的本地旗舰物种，所以以鸟类为指示性物种进行生境质量指数计算和评价。白洋淀典型鸟类包括青头潜鸭、白鹭、骨顶鸡、黑水鸡、灰鹤、白鹤、小天鹅，主要在芦苇台田、浅滩区和浅水区进行休息与觅食。以此为依据，最终确认以耕地和建设用地为威胁源，并确定鸟类的生境适宜度及对威胁源的敏感度进行参数设置，如表 5-18 和表 5-19 所示。

表 5-18　白洋淀湿地威胁因子

威胁因子	最大胁迫距离/km	权重	退化类型
耕地	3	0.7	直线型
建设用地	5	1	指数型

表 5-19　各景观类型对生态威胁源的敏感度

景观类型	生境适宜度	耕地威胁源敏感度	建设用地威胁源敏感度
水生空间-2	0	0	0
水生空间-1	0.4	0.1	0.1
湿生空间	0.7	0.2	0.3
陆生空间-2	1	0.5	0.6
陆生空间-1	0.7	0.6	0.9
耕地	0.3	0.8	1
建设用地	0.3	0	0.5

最终得到现状平均生境质量指数为 0.48，优化情景 1 平均生境质量指数为 0.47，优化情景 2 平均生境质量指数为 0.66。从生境质量指数区间组成来看（表 5-20），优化情景 2 中的区间 0.6~0.8 和区间 0.8~1.0 比例相对于现状情景提升明显，优化情景 1 变化不大。综合以上结果，优化情景 2 相对于现状情景，其整体生境质量有了较大程度的提升，这其中健康生态水位的设置对整体生态空间的结构影响不大，耕地和建设用地等人工活动空间的调整对白洋淀区内的生境质量提升存在重要的作用。具体分析健康水位过程来看，现状年的水位已达到较高水平，而此次分析的生境质量指数指标无法全面反映水位年内过程变化所带来的影响，故无法从结果上体现出来。

表5-20　各情景下生境质量指数区间构成

情景	参数	0~0.2	0.2~0.4	0.4~0.6	0.6~0.8	0.8~1.0
现状	面积/hm^2	26.65	181.69	2.75	91.40	13.73
	比例/%	8.43	57.46	0.87	28.90	4.34
情景1	面积/hm^2	28.11	195.27	1.29	77.23	14.32
	比例/%	8.89	61.75	0.41	24.42	4.53
情景2	面积/hm^2	1.53	92.99	4.48	153.88	63.33
	比例/%	0.49	29.41	1.42	48.66	20.03

（2）碳储存量

InVEST模型的碳储存模块（carbon storage and sequestration）是通过四大碳库相加计算区域碳储量，共包括植被的地上碳部分、地下碳部分、土壤碳部分和枯落物碳部分，植被地上碳部分包括地表上所有存活植被的碳储量，植被地下碳部分包括植物活根的碳储量，枯落物碳包括植被枯落物的碳储量，土壤碳是指土壤中的有机碳储量。区域碳储总量主要由各个碳库的平均碳密度乘以各自对应的面积计算，然后进行累加。通过整合雄安新区和白洋淀景观类型碳密度相关研究成果，得到研究区景观类型的碳密度分布情况（表5-21）。由于本次研究主要针对生态空间分类进行，通过ArcGIS叠置分析，得到优化前后的各生态空间景观类型组成，由此加权确定优化前和优化后的生态空间类型碳密度分布情况（表5-22~表5-24）。模型分析结果表明，现状年平均碳储存密度为17.35t/hm^2。情景1平均碳储存密度为17.26t/hm^2，整体变化不大。情景2平均碳储存密度为22.66t/hm^2，研究区碳储存量从现状54.83万t增长到71.61万t，增幅为30.61%。

表5-21　白洋淀土地利用类型碳密度分布　　　　（单位：t/hm^2）

土地利用类型	地上部分	地下部分	土壤部分	枯落物部分	总和
河渠	0.34	1.21	8.64	0.00	10.19
湖泊	0.34	1.21	8.64	0.00	10.20
林草地	3.53	1.73	9.35	0.00	14.61
水库和坑塘	0.34	1.21	8.64	0.00	10.20
滩地	6.25	3.81	17.12	0.18	27.36
耕地	1.81	0.18	11.56	0.00	13.55
建设用地	0.04	0.69	2.88	0.00	3.61

表 5-22　现状条件下生态空间类型碳密度分布　（单位：t/hm²）

生态空间类型	地上部分	地下部分	土壤部分	枯落物部分	总和
水生空间-2	2.53	2.17	11.78	0.07	16.54
水生空间-1	4.41	3.00	14.48	0.13	22.02
湿生空间	5.49	3.48	16.03	0.16	25.15
陆生空间-2	5.46	3.47	16.00	0.16	25.08
陆生空间-1	5.11	3.31	15.49	0.15	24.06
耕地	1.81	0.18	11.56	0.00	13.55
建设用地	0.04	0.69	2.88	0.00	3.61

表 5-23　情景 1 条件下生态空间类型碳密度分布　（单位：t/hm²）

生态空间类型	地上部分	地下部分	土壤部分	枯落物部分	总和
水生空间-2	2.77	2.28	12.12	0.08	17.24
水生空间-1	4.60	3.09	14.76	0.13	22.58
湿生空间	5.51	3.39	15.32	0.16	24.39
陆生空间-2	5.26	3.37	15.70	0.15	24.48
陆生空间-1	4.92	3.23	15.21	0.14	23.50
耕地	1.81	0.18	11.56	0.00	13.55
建设用地	0.04	0.69	2.88	0.00	3.61

表 5-24　情景 2 条件下生态空间类型碳密度分布　（单位：t/hm²）

生态空间类型	地上部分	地下部分	土壤部分	枯落物部分	总和
水生空间-2	3.12	2.42	12.56	0.08	18.17
水生空间-1	5.35	3.41	15.79	0.15	24.70
湿生空间	5.81	3.58	16.31	0.17	25.86
陆生空间-2	4.73	2.72	13.12	0.09	20.66
陆生空间-1	4.39	2.50	12.32	0.07	19.28
建设用地	0.04	0.69	2.88	0.00	3.61

综合上述分析，白洋淀淀区现状条件下耕地和居民地等建设用地面积较大，人类活动空间大量侵占自然生态空间，占比达到 40%。本研究通过动植物生境

和水位变化过程划定生态空间，提出了基于健康生态水位构建和土地利用调整情景的生态空间优化方案。研究结果表明：通过退出耕地和建设用地，可使得淀区生态空间构成得到显著优化，生境栖息功能和碳储存功能显著提升，其中，生境质量指数由 0.48 提升到 0.66，碳储存总量由 54.83 万 t 增长到 71.61 万 t。

5.4 城区生态空间优化

5.4.1 现状分析

以雄安新区起步区为研究对象，基于 2017 年 Landsat 遥感影像，应用 ArcGIS 软件，以野外考察为辅助进行数据对照，分析各种景观类型的影像特征，建立研究区域的解译标志。利用目视解译分类精度较高的特点，对研究区不同土地利用类型进行目视提取，最终将起步区划分为水域、建筑用地、林草地、耕地和裸地五大类，其中水域包括沟渠、长年有水坑塘、旱期无水坑塘。

研究采用景观格局指数法完成雄安新区起步区景观格局的定量分析。景观格局指数是一种可以高度反映景观格局信息的指数，能够显著地反映出景观格局的组成结构和空间构建。景观格局特征从斑块水平、类型水平和景观水平 3 个层次进行分析。斑块的形状、大小、数量及空间分布不仅对景观生态过程的有序进行具有重要影响，而且对景观的生态功能的有效研究具有重要意义。采用 Fragstats 4.2 软件完成景观格局指数的计算。Fragstats 软件是由美国俄勒冈州立大学森林科学系研发的专门计量景观格局指数的一款功能强大的软件，其中包含了核心面积指数、形状类别指数、多样性指数和聚集度指数等在内的六大类别 71 个指数。研究采用 GRID 格式的斑块类型覆盖图来完成。

选取 11 个景观格局指数进行计算，其中类型水平上选择斑块类型面积（CA）、面积百分比（PLAND）、斑块密度（PD）、最大斑块指数（LPI）、景观形状指数（LSI）、分离度指数（DIVISION）和聚集度指数（AI）；景观水平上选择聚集度指数（AI）、香农多样性指数（SHDI）、香农均匀度指数（SHEI）、辛普森均匀度指数（SIEI）和辛普森多样性指数（SIDI）。

从表 5-25 可以看出，五大斑块类型中，耕地和建筑用地是研究区中的优势景观，其 CA 值和 PLAND 值相对较大。水域和建筑用地的斑块密度（PD）值相近，表明其破碎化程度相近，且二者 PD 值较大，表明其破碎化程度最高；裸地和林草地的 PD 值更近，这符合研究区中林草地多分布在村镇等建筑用地周边的特征；耕地的斑块密度最小，是因为耕地分布较为聚集。耕地的最大斑块指数表明其在整个景观中占据优势主导地位，水域、裸地和林草地的 LPI 值都较小。水域的形状指数最大，林草地的形状指数最小；除耕地分布较为紧密，其余土地利用类型空间结构较为松散且复杂，连通性差。聚集度指数表明耕地和建筑用地的聚合程度较高，其余土地利用类型聚合程度较低且相近。

表 5-25　雄安新区起步区不同土地分区类型指数

类型	CA	PLAND	PD	LPI	LSI	DIVISION	AI
耕地	14 625.81	75.291 8	0.150 4	67.902 4	14.708 7	0.537 6	98.861 3
林草地	69.79	0.359 3	0.409 7	0.069 7	13.041 9	1	85.309 4
水域	289.02	1.487 9	1.576 4	0.496 9	35.348 1	1	79.588
建筑用地	3 935.64	20.260 2	1.467 5	3.760 6	21.334 9	0.996 5	96.739 2
裸地	505.25	2.600 9	0.891 9	0.271 9	21.218 8	1	90.929 8

聚集度指数（AI）可用来表示景观的连通性。香农多样性指数（SHDI）是度量景观格局组分构成的重要指数，反映景观的异质性，强调稀有斑块对景观信息的贡献度。辛普森多样性指数（SIDI）则是用于表明景观斑块的丰富度和均匀度，强调斑块的均匀分布程度。香农均匀度指数（SHEI）与香农多样性指数相关，辛普森均匀度指数（SIEI）与辛普森多样性指数相关。将景观层次上的 5 个指数分为两类，第一类指数为景观异质性指数，包括香农多样性指数、香农均匀度指数、辛普森均匀度指数和辛普森多样性指数；第二类指数为斑块集合度指数。

对表 5-26 进行分析，聚集度指数（AI）较大，说明景观中不同类型的景观斑块分布聚集程度较高，景观中斑块间彼此连通程度较高。从景观异质性指数指标看，景观多样性指数较小，表明研究区景观斑块分布均衡程度较低。

表 5-26　雄安新区起步区不同土地分区景观指数

AI	SHDI	SIDI	SHEI	SIEI
97.8896	0.7149	0.3912	0.4442	0.4889

整体而言，耕地和建筑用地在研究区中占主导地位，聚集度指数较高，同种斑块间聚合程度较高；耕地空间结构较为紧密，连通性较好。水域、林地草和裸地的最大斑块指数较小，聚集度指数较低，形状指数较小，在研究区中聚合程度低，空间结构松散，连通性较差。研究区景观中不同类型斑块的聚集程度较高，且景观分布不均衡。

利用 ArcGIS 的分析工具，从雄安新区起步区土地利用类型图中提取水域部分。将提取出的水域图转换成栅格图，分辨率为 10m×10m。将栅格图添加到 Fragstats 4.2 软件中进行景观格局指数计算，得到以下结果。

从表 5-27 可以看出，沟渠的 CA 值、PLAND 值和 LPI 值均最大，表明沟渠在研究区整体湿地中占据主导地位。从景观形状指数（LSI）看，沟渠多沿公路、耕地分布，结构较人工挖掘的形状较复杂的坑塘而言较为紧密，且连通性较坑塘较好。3 种湿地类型的分离度指数（DIVISION）相近，三者的空间结构十分离散，一方面沟渠在整个研究区内分布间隔较大，另一方面坑塘多分布在村庄周边，其分离度与村庄相关。从聚集度指数看，坑塘的聚合程度较沟渠高。

表 5-27　雄安新区起步区不同湿地类型指数

湿地类型	CA	PLAND	PD	LPI	LSI	DIVISION	AI
沟渠	181.25	57.4831	36.472	36.8494	35.6852	0.8612	73.9717
有水坑塘	118.88	37.7026	37.1063	2.3818	12.8995	0.9963	88.9375
无水坑塘	15.18	4.8143	8.2459	1.0973	5.8718	0.9998	87.1535

从表 5-28 看，研究区湿地整体的聚集度指数处于中等水平，表明整体的景观连通性一般。湿地的香农多样性指数（SHDI）和香农均匀度指数（SHEI）分别为 0.8321、0.7574，景观多样性及均匀程度一般。

表 5-28　雄安新区起步区湿地景观指数

AI	SHDI	SIDI	SHEI	SIEI
80.2488	0.8321	0.5251	0.7574	0.7877

整体来说，沟渠是研究区湿地的主要类型，其形状指数较坑塘高，空间结构较坑塘紧密，连通性较坑塘高。坑塘的聚集度指数较高，形状指数较小，其聚合程度高，空间结构松散，连通性差。研究区湿地分布较为均衡。

5.4.2　城区湿地生态空间格局变化分析

（1）城区湿地生态空间格局水系的确定

根据起步区的排水防涝格局和各项确定指标，结合上文研究结果，对研究区水系进行规划。把规划图中已经标明的河流范围划为一、二级河流，其中环城水系规划为一级河流，以保证起步区的水源充足。除此之外，根据起步区规划，将起步区内五组团之间的间隔河流及直接与泵站相连的河流都规划为一级河流，起步区内其余已规划用于承担景观作用的河流划为二级河流，主要分布在起步区南部，其中大溵古淀附近的水系分布更密集。这些河流在承担防洪排涝作用的同时，也承担着居民亲水的需求。

对于三级河流的规划，设定起步区的三级河流的水系密度为 0.5，规划长度大约为 99km，单位河网面积为 0.005，河流具体位置根据实际情况进行分配。根据规划，一、二、三级河流的宽度分别控制在 60m、20~30m 和 5~20m（表 5-29）。

表 5-29　各级河流的估计长度

河流等级	河宽/m	河长/km			河流面积/km²			面积/km²		
		起步区	城区	苑区	起步区	城区	苑区	起步区	城区	苑区
一级	60	113.49	60.06	53.43	6.81	3.60	3.21			
二级	30	115.35	72.47	42.88	3.46	2.17	1.29	193.27	127.09	66.18
三级	15	98.86	88.35	10.51	1.49	1.33	0.16			
合计	—	327.70	220.88	106.82	11.76	7.10	4.66	—	—	—

根据现有规划和资料，计算起步区河网的结构系数（表 5-30）。

表 5-30　起步区水系结构参数

参数		起步区	城区	苑区
河网密度（D_R）		1.66	1.74	1.61
水面率（W_P）/%		6.08	5.59	7.03
河网发育系数（K_W）	K_1	1.03	1.21	0.80
	K_2	0.872	1.47	0.20
面积长度比（R_{AL}）		0.04	0.03	0.04

河网发育系数可表示河流对径流的调节作用。起步区河网发育系数相差不大，表明各级河流发育相对平均，基本不存在河网主干化趋势，对径流的调节作用有利。为保证起步区的水系结构安排合理，查阅《城市水系规划规范》（GB 50513—2009）2016 年修订版，雄安新区的适宜水面率应在 3%~8%。规划的水面率为 4.9%~6.2%，属于合理范围。

《河北雄安新区起步区控制性规划》中对三级河流的规划要求为，紧邻城市建设用地或城市道路，水面宽度控制在 10~20m。考虑到研究区北部主要为建设用地，地面不透水性较高，遇到短时强降雨时，可能存在无法将雨水及时排走的情况，因此三级河流主要分布在起步区北部。根据起步区骨干道路规划图，对三级河流进行规划。

（2）城区湿地生态空间格局规划分析

雄安新区起步区 2035 年土地利用分布情况主要依据起步区控制性规划图进行划分，分为建筑用地、林草地、河流及湖泊，其中，河流进一步分为一级、二级和三级。至 2035 年，起步区总面积达到 198km²。其中，城市建筑用地占 98km²，其余为林草地和河流湖泊。河流分级标准参考平原河网划分标准进行，选择河流宽度作为分级指标。一级河流，河宽大于 40m；二级河流，河宽 20 ~ 40m；三级河流，河宽 0 ~ 20m。各级河流的均宽分别取 60m、30m 和 15m。各级河流的长度和面积见表 5-31。

表 5-31　河流相关参数

河流等级	河流均宽/m	河流长度/km	河流面积/km²
一级	60	113.48	6.81
二级	30	116.57	3.50
三级	15	98.86	1.48
合计	—	328.91	11.79

一级河流和二级河流既有行洪排涝的作用，又承担着城市居民的亲水需求，具有一定的景观功能。河流断面设计为复式断面，下部为矩形深槽，上部为梯形浅滩。一般常水位下，河流流量稳定，河水在深槽中流动；在遇到洪水期或短时强降雨时，河道流量增大，此时水流可以上升至河滩，深槽浅滩共同承担洪水的运输。三级河流依靠道路而建，主要为防洪排涝通道，河流断面设计为简单的矩形断面，以达到快速排走雨水的效果。三级河流规划为季节性河流，在干旱期可呈现为无水状态。

研究采用景观格局指数法完成雄安新区起步区景观格局的定量分析。计算方法和选用指数同现状城市湿地分析。

从表 5-32 可以看出，五大斑块类型中，建筑用地和林草地是研究区中的优势景观，其 CA 值和 PLAND 值相对较大，且破碎化程度相近；河流的形状系数明显大于林草地、建筑用地和湖泊，说明形状较为复杂，其中三级河流的形状复杂性最高；建筑用地、林草地和湖泊的聚合程度较高，一级河流、二级河流和三级河流聚合程度依次递减。

对表 5-33 进行分析，聚集度指数（AI）为 97.7332，说明景观中不同类型的景观斑块分布聚集程度较高。从景观异质性指数指标看，景观多样性较为丰富，但均匀度不够。

表5-32　雄安新区起步区不同土地分区类型指数

类型	CA	PLAND	PD	LPI	LSI	DIVISION	AI
一级河流	659.78	3.396 4	0.041 2	2.357 2	26.025 3	0.999 4	90.213 9
二级河流	334.82	1.723 6	0.092 7	0.314 6	34.718 6	1	81.469 4
三级河流	142.01	0.731	0.324 3	0.027 6	42.255 2	1	64.989 5
湖泊	236.83	1.219 1	0.025 7	0.423 7	3.081 2	1	98.637 9
林草地	8 001.1	41.187 8	0.772 2	2.803 5	17.655 7	0.995 3	98.135 9
建筑用地	10 051.34	51.742	0.658 9	2.154 2	12.139 1	0.996	98.887 3

表5-33　雄安新区起步区不同土地分区景观指数

AI	SHDI	SIDI	SHEI	SIEI
97.7332	0.9808	0.561	0.5474	0.6732

整体而言，建筑用地和林草地在研究区中占主导地位，聚集度指数较高，同种斑块间聚合程度较高；三级河流形状指数较高，空间结构较为紧密。二级河流和三级河流的最大斑块指数较小，聚集度指数较低，在研究区中聚合程度低，空间结构松散，连通性较差。

利用 ArcGIS 分析工具，从雄安新区起步区土地利用类型图中提取水域部分。将提取出的水域图转换成栅格图，分辨率为 10m×10m。将栅格图添加到 Fragstats 4.2 软件中进行景观格局指数计算。

从表5-34 可以看出，一级河流的 CA 值、PLAND 值和 LPI 值均最大，表明一级河流在研究区整体湿地中占据主导地位。从景观形状指数看，三级河流形状较复杂，但连通性较差。

表5-34　雄安新区起步区不同湿地类型指数

湿地类型	CA	PLAND	PD	LPI	LSI	DIVISION	AI
一级河流	659.78	48.0385	0.5825	33.3396	26.0253	0.8837	90.2139
二级河流	334.82	24.3782	1.3106	4.4501	34.7186	0.993	81.4694
三级河流	142.01	10.3397	4.587	0.3903	42.2552	0.9998	64.9895
湖泊	236.83	17.2436	0.364	5.9923	3.0812	0.9921	98.6379

从表5-35 看，研究区湿地整体的聚集度指数（AI）达到86.9266，湿地连通性较强。同时香农多样性指数（SHDI）和香农均匀度指数（SHEI）分别为1.234、0.8902，说明湿地多样性和均衡程度均较高。

表 5-35　雄安新区起步区湿地景观指数

AI	SHDI	SIDI	SHEI	SIEI
86.9266	1.234	0.6694	0.8902	0.8925

整体来说，一级河流是研究区湿地主要类型，聚集度最高，其形状指数较二级河流和三级河流低。整体湿地景观聚合程度高，分布较为均衡。

（3）城区湿地生态空间格局优化分析

土地利用景观格局分析表明，现状主要以耕地、建筑用地和裸地为主，未来规划以建筑用地和林草地为主，湿地面积显著提升；未来建筑用地优势度增加，破碎度和形状系数减弱，连通性增强；从整体景观来看，未来规划湿地景观异质性、丰富度和均匀度均增强（表 5-36）。

表 5-36　土地利用整体景观格局指数对比

阶段	AI	SHDI	SIDI	SHEI	SIEI
起步区现状	97.8896	0.7149	0.3912	0.4442	0.4889
起步区规划	97.7332	0.9808	0.561	0.5474	0.6732

湿地景观格局分析表明，现状主要湿地类型为沟渠和有水坑塘，未来规划主要湿地类型为一级河流和二级河流；现状有水坑塘的破碎度最大，沟渠作为主要优势景观，形状也较为复杂，连通性最弱；未来规划一级河流破碎度和形状指数均较低，连通性较高。从整体景观来看，未来规划湿地景观连通性提高，景观多样性和均匀度增强（表 5-37）。

表 5-37　湿地整体景观格局指数对比

阶段	AI	SHDI	SIDI	SHEI	SIEI
起步区现状	80.2488	0.8321	0.5251	0.7574	0.7877
起步区规划	86.9266	1.234	0.6694	0.8902	0.8925

5.4.3　结果与讨论

雄安新区湿地格局优化主要从河流湿地生态空间格局、淀区湿地生态空间格局、城区湿地生态空间格局三方面进行优化。

河流湿地生态空间格局优化方面，河流湿地类型整体结构面积优化前后没有变化，河道岸坡类型优化没有变化，河道内湿地孝义河、漕河、府河均增加 2hm²，瀑河增加 4hm²，河道内湿地总增加 12.99%，而河槽仅缩减 3.06%，但仍符合河流的防洪行洪能力。

淀区湿地生态空间格局优化方面，白洋淀淀区现状条件下耕地和居民地等建设用地面积较大，人类活动空间大量侵占自然生态空间，占比达到 40%。本研究通过动植物生境和水位变化过程划定生态空间，提出了基于健康生态水位构建和土地利用调整情景的生态空间优化方案。研究结果表明：通过退出耕地和建设用地，可使得淀区生态空间构成得到显著优化，生境栖息功能和碳储存功能显著提升，其中生境质量指数由 0.48 提升到 0.66，碳储存总量由 54.83 万 t 增长到 71.61 万 t。

城区湿地生态空间格局优化方面，景观水平上选取聚集度指数（AI）、香农多样性指数（SHDI）、辛普森多样性指数（SIDI）、香农均匀度指数（SHEI）、辛普森均匀度指数（SIEI）5 个指数。起步区土地利用格局从耕地、建筑用地和裸地为主过渡到以建筑用地和林草地为主，湿地面积显著提升；起步区的湿地景观格局聚集度指数较现状增加 8.32%，连通性明显提升。反映景观的异质性和稀有斑块对景观信息的贡献度的香农多样性指数（SHDI）和香农均匀度指数（SHEI）方面，起步区土地利用格局上，起步区规划香农多样性指数和香农均匀度指数分别增加 37.19% 和 23.23%，未来建筑用地优势度增加，破碎度和形状系数减弱，连通性增强；起步区湿地景观格局上，湿地景观格局从沟渠、有水坑塘向一级河流和二级河流转变，起步区规划较现状香农多样性指数和香农均匀度指数分别增加 48.30% 和 17.53%，连通性明显增加。表明景观斑块的丰富度和均匀度、强调斑块的均匀分布程度的辛普森多样性指数（SIDI）和辛普森均匀度指数（SIEI）方面，土地利用格局上，起步区规划较现状来看，辛普森多样性指数和辛普森均匀度指数分别增加 43.4% 和 37.7%，未来规划景观异质性、丰富度和均匀度均增强；湿地景观格局上，起步区规划较现状来看，辛普森多样性指数和辛普森均匀度指数分别增加 27.48% 和 13.3%，未来规划湿地景观连通性提高，景观多样性和均匀度增强。

5.5 雄安新区湿地生态需水与水量保障方案

5.5.1 河淀城湿地生态需水耦合过程分析

（1）河流生态需水分析

综合考虑河道生态基流和生态耗水量，对雄安新区河流湿地进行逐河、逐月生态需水计算汇总，现状年（2017年）计算结果见表5-38，规划情景年的计算结果见表5-39。

表5-38　2017年雄安新区河流湿地的生态需水总量分析

（单位：万 m³）

时间	蒸散消耗量	渗漏消耗量	生态换水量	生态基流量		总需水量	
				最小	适宜	最小	适宜
1 月	11.6	37.1	0.0	116.1	230.4	164.8	279.1
2 月	24.0	34.7	0.0	74.0	146.5	132.8	205.2
3 月	50.0	37.1	0.0	93.7	186.1	180.8	273.2
4 月	78.8	35.9	0.0	147.7	219.4	262.4	334.1
5 月	129.2	37.1	0.0	312.7	465.3	479.1	631.7
6 月	123.4	35.9	0.0	415.7	620.0	575.0	779.3
7 月	79.0	37.1	0.0	2 088.0	3 116.8	2 204.2	3 232.9
8 月	58.7	37.1	0.0	7 744.1	11 560.7	7 840.0	11 656.5
9 月	62.8	35.9	0.0	2 052.1	3 060.9	2 150.8	3 159.6
10 月	24.2	37.1	0.0	455.1	904.8	516.4	966.1
11 月	22.5	35.9	0.0	251.8	500.8	310.2	558.6
12 月	16.1	37.1	0.0	173.4	344.9	226.6	398.0
汇总	680.2	438.3	0.0	13 924.4	21 355.8	15 042.9	22 474.3

1）现状年生态需水计算

根据表5-38可知，现状年河流湿地的最小生态需水量为15 042.9万 m³/a，适宜生态需水量为22 474.3万 m³/a。其中，河流湿地蒸散消耗水量为680.2万 m³/a，渗漏消耗量为438.3万 m³/a；生态换水量为0；维持河流生态功能及生境的最小生态基流量为13 924.4万 m³/a，适宜生态基流量为21 355.8万 m³/a。从年内变化来看，不同月份生态需水量差异较大。受汛期（7~9月）河流湿地生态基流量增加的影响，汛期河流湿地生态需水量较大，占全年生态需水量的80%左右。

2）规划情景年生态需水计算

根据表5-39可知，未来情景下（2035年），受到蓝色的河生态换水量和流动的河生态基流量的影响，不同水平年雄安新区河流湿地生态需水量差异不大，丰、平、枯水年最小生态需水量分别为15 349.6万 m³/a、15 520.7万 m³/a、15 568.4万 m³/a；适宜生态需水量为22 781.2万 m³/a、22 952.3万 m³/a、23 000万 m³/a。

表5-39 规划情景年（2035年）雄安新区河流湿地的生态需水总量分析

（单位：万 m³）

时间	蒸散消耗量			渗漏消耗量	生态换水量	生态基流量		生态需水量					
	丰水年	平水年	枯水年			最小	适宜	丰水年		平水年		枯水年	
								最小	适宜	最小	适宜	最小	适宜
1月	7.3	11.5	9.8	68.5	118.2	116.1	230.4	234.3	348.6	234.3	348.6	234.3	348.6
2月	15.7	24.4	21.5	63.4	118.2	74	146.5	192.2	264.7	192.2	264.7	192.2	264.7
3月	28.4	63.9	70.1	68.5	118.2	93.7	186.1	211.9	304.3	226.1	318.5	232.3	324.7
4月	40.8	89.3	81.5	66.3	118.2	147.7	219.4	265.9	337.6	303.3	375	295.5	367.2
5月	56.5	96	94.3	68.5	118.2	312.7	465.3	437.7	590.3	477.2	629.8	475.5	628.1
6月	40	94.1	126.6	66.3	118.2	415.7	620	533.9	738.2	576.1	780.4	608.6	812.9
7月	24.7	61.1	78.2	68.5	118.2	2 088.0	3 116.8	2 206.2	3 235	2 217.6	3 246.4	2 234.7	3 263.5
8月	27.9	68.9	64.8	68.5	118.2	7 744.1	11 560.7	7 862.3	11 678.9	7 881.5	11 698.1	7 877.4	11 694
9月	28.1	59.1	64.6	66.3	118.2	2 052.1	3 060.9	2 170.3	3 179.1	2 177.5	3 186.3	2 183	3 191.8
10月	23.9	23.6	47.5	68.5	118.2	455.1	904.8	573.3	1 023	573.3	1 023	573.3	1 023
11月	8.1	15.7	39	66.3	118.2	251.8	500.2	370	618.4	370	618.4	370	618.4
12月	3.6	8.3	15.7	68.5	118.2	173.4	344.9	291.6	463.1	291.6	463.1	291.6	463.1
汇总	304.9	616	713.7	808.3	1 418.4	13 924.4	21 355.8	15 349.6	22 781.2	15 520.7	22 952.3	15 568.4	23 000

其中，丰、平、枯水年河流湿地蒸散消耗水量分别为 304.9 万 m^3/a、616.0 万 m^3/a、713.7 万 m^3/a；渗漏消耗量为 808.3 万 m^3/a；生态换水量为 1418.4 万 m^3/a；维持河流生态功能及生境的最小生态基流量为 13 924.4 万 m^3/a，适宜生态基流量为 21 355.8 万 m^3/a。从年内变化来看，不同月份生态需水量差异较大。受汛期（7~9 月）河流湿地生态基流量增加的影响，汛期河流湿地生态需水量较大，占全年生态需水量的 80% 左右。

（2）淀区生态需水分析

1）计算参数的选取

水面蒸发量主要根据史各庄站逐日水面蒸散发量确定；植被蒸腾量主要采用单作物系数法给不同景观类型、不同生长期的植物赋值作物系数 K_c，根据雄安新区植物结构来看，芦苇占据主导地位，粮食作物多为冬小麦–夏玉米的作物种植结构，不同月份的作物系数根据 FAO-56 推荐的标准作物系数计算，具体见表 5-40。

表 5-40　白洋淀各类湿地结构对应的作物系数

白洋淀结构	1 月	2 月	3 月	4 月	5 月	6 月	7 月	8 月	9 月	10 月	11 月	12 月
旱地	0.3	0.3	0.3	1	1	1	1.15	1.15	1.15	0.5	0.5	0.5
水田	1.05	1.05	1.05	1.2	1.2	1.2	1.2	1.2	1.2	0.8	0.8	0.8
芦苇地	0.7	0.7	0.7	0.9	1.2	1.2	1.2	1.2	1.2	0.7	0.7	0.7
林草地	0.2	0.2	0.2	0.9	0.9	0.9	1.2	1.2	1.2	0.7	0.7	0.2

渗漏量的计算中，根据前人的研究成果，白洋淀地下水水力坡度取值 0.002，渗透系数通常受到土壤类型、河流形态、河道水位与地下水位差、地质条件等多种因素影响，多采用经验公式法、河道渗漏现场试验及动态模拟等方法进行确定。根据雄安新区土地利用情况，参考毛昶熙（2009）主编的《堤防工程手册》中土壤渗透系数的取值情况确定渗透系数，具体取值见表 5-41。

表 5-41　白洋淀各类湿地结构对应的渗透系数

白洋淀结构	渗透系数/(m/d)
旱地	0.500
芦苇地	0.500
水田	0.001

由于缺乏白洋淀垂向渗漏相关试验及研究成果，采用折算系数法对白洋淀的

侧向渗漏进行估算，折算系数取 20%。

白洋淀蓄水量根据水位–库容曲线进行计算。白洋淀土壤储水量计算中，土壤容重 γ 取值为 1.25g/cm^3；湿地水位变化深度为水位变化差值；根据崔保山（2017）的研究成果，白洋淀淹没土壤百分比含水率的取值为 50%~60%，非淹没土壤的取值为 30%~50%，本节淹没土壤和非淹没土壤取值分别为 50% 和 30%。

2）典型年的选取

生态需水量与研究区降水和蒸散发密切相关。近年来，受气候变化的影响雄安新区降水年际变化较大，导致不同水平年区域生态需水也不尽相同。以保定和雄县两个国家站点 1961~2017 年 57 年的水文资料，采用泰森多边形法进行计算作为雄安新区年降水量代表值进行频率分析，绘制年降水量频率曲线（P-Ⅲ型分布曲线）（图 5-17），选定丰水年（25%）、平水年（50%）和枯水年（75%）3 个代表年。

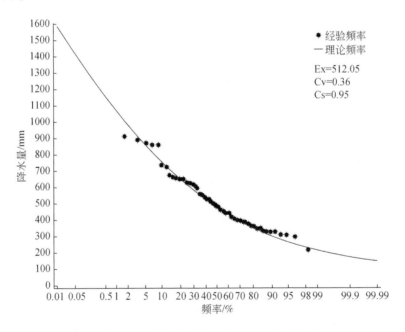

图 5-17　雄安新区降水频率 P-Ⅲ曲线图

其中各个参数含义为，样本均值 Ex=512.05；变差系数 Cv=0.36；偏态系数 Cs=0.95；倍比系数 Cs/Cv=2.64。

从年降水频率曲线确定频率所对应的降水量，即为不同频率水平年设计值。雄安新区降水丰水年（$P=25\%$）、平水年（$P=50\%$）和枯水年（$P=75\%$）分别对应降水量为 615.6mm、483.3mm 和 377.3mm。根据雄安新区多年降水数据资料，结合降水频率，选取 2012 年为丰水年（$P=25\%$）代表年、2016 年为平水年（$P=50\%$）代表年和 2006 年为枯水年（$P=75\%$）代表年。

3）淀区湿地生态保护目标的确定

生态保护目标的确定应以生态文明建设、经济社会规划及生态系统完整可持续的要求为基础。为了保护和修复雄安新区湿地，满足高标准高要求的雄安新区建设发展要求，基于白洋淀湿地历史演变发展、现状生态本底条件和雄安新区未来发展规划，确定雄安新区现状情景和未来发展阶段（至 2035 年）的湿地生态保护目标。

湖泊湿地生态保护目标的确定是确定待保护的湿地结构、状态及湿地面积的重要前提。《河北雄安新区规划纲要》和《白洋淀环境综合整治与生态修复规划（2017—2035 年）》中明确提出白洋淀要"实施生态修复，恢复淀泊水面""合理调控淀泊生态水文过程"，因此湖泊湿地的生态保护目标主要如下。

a. 保障湖泊湿地水量需求。在满足湖泊湿地消耗水量的基础之上，维持正常的蓄存水量，以保障湖泊湿地功能的正常发挥。

b. 修复并维持良好的湖泊湿地水文环境。恢复湿地的相对理想的水文条件和水文过程。

以白洋淀年内水位变化作为水文变化目标，以 2017 年白洋淀湿地结构类型和白洋淀水位–面积–库容曲线为基础，结合《河北雄安新区规划纲要》和《白洋淀环境综合整治与生态修复规划（2017—2035 年）》中白洋淀的发展规划，确定规划情景 7m 水位条件下白洋淀湿地结构类型，以此作为白洋淀湿地生态需水计算的基础。2017 年和规划情景年的白洋淀湿地结构类型包括淀区内的居民建筑用地、旱地、水田、林草地、芦苇地和开阔水体，其面积分布及面积统计如表 5-42 所示。

表 5-42　白洋淀不同湿地结构类型面积情况　　　　（单位：km²）

时间	居民建筑用地	旱地	水田	林草地	芦苇地	开阔水体
现状年	15.51	48.92	23.00	0.00	120.02	108.91
规划情景年	0.91	9.49	0.00	14.61	45.85	246.04

4）现状年生态需水计算

根据白洋淀生态需水的相关计算公式对白洋淀蒸散消耗量、渗漏消耗量等生态消耗水量和考虑白洋淀自身的水量调节确定的生态蓄变量进行计算。白洋淀生态耗水量、白洋淀生态蓄变量计算结果分别见表 5-43 和表 5-44。

表 5-43　现状年白洋淀生态耗水量计算结果　（单位：万 m³）

月份	蒸散消耗量	渗漏消耗量	生态耗水量
1	432.5	567.5	1 000.1
2	895.9	535.2	1 431.1
3	1 654.9	576.7	2 231.6
4	3 211.8	561.5	3 773.4
5	5 525.9	523.3	6 049.3
6	4 840.1	475.1	5 315.2
7	2 986.5	476.0	3 462.5
8	2 322.7	491.0	2 813.7
9	2 451.1	483.2	2 934.2
10	826.3	513.3	1 339.6
11	845.9	512.0	1 357.9
12	602.7	537.8	1 140.5
合计	26 596.3	6 252.7	32 849.0

表 5-44　现状年白洋淀生态蓄变量计算结果

月份	水位/m	白洋淀蓄水量/万 m³	土壤储水量/万 m³	蓄变水量/万 m³
1	6.90	4 320.4	39.4	4 359.7
2	6.93	665.1	0.7	665.8
3	6.96	669.5	0.7	670.2
4	6.86	−2 214.5	−8.3	−2 222.7
5	6.60	−5 526.6	−68.9	−5 595.5
6	6.37	−4 610.8	−53.1	−4 663.9
7	6.26	−2 112.9	−13.3	−2 126.2
8	6.37	2 112.9	13.3	2 126.2
9	6.43	1 177.6	3.9	1 181.5
10	6.53	2 002.2	9.9	2 012.1
11	6.64	2 259.5	11.8	2 271.3
12	6.70	1 257.6	3.8	1 261.4

　　根据白洋淀生态耗水量的计算结果可知，现状年（2017 年）白洋淀生态耗水量为 32 849.0 万 m³/a，其中，蒸散消耗量为 26 596.3 万 m³/a，白洋淀的渗漏

消耗量为6252.7万 m^3/a；根据白洋淀生态蓄变量可知，白洋淀蓄水量和土壤储水量主要受到白洋淀年内水位变化的影响，计算白洋淀蓄存变化量有正负之分，其中，正值表示满足白洋淀水位所需补充水量，负值表示释放水量，其中4~7月需要进行水量释放。综合来看，2017年现状年白洋淀生态需水量为32 788.9万 m^3/a。

5）规划情景生态需水计算

以规划情景7m水位条件下白洋淀湿地结构类型作为白洋淀湿地生态需水计算的基础，得到白洋淀生态耗水量计算结果、白洋淀生态蓄变量，计算结果分别见表5-45和表5-46。

根据白洋淀生态耗水量的计算结果（表5-45）可知，不同水平年的白洋淀生态耗水量分别为33 147.77万 m^3/a、33 914.65万 m^3/a 和38 873.63万 m^3/a，其中丰水年、平水年和枯水年的蒸散消耗量为24 420.9万 m^3/a、25 187.8万 m^3/a 和30 146.8万 m^3/a；白洋淀的渗漏消耗量为4 795.7万 m^3/a；根据白洋淀生态蓄变量（表5-46）可知，白洋淀蓄水量和土壤储水量主要受到白洋淀年内水位变化的影响，计算白洋淀蓄存变化量有正负之分，其中正值表示满足白洋淀水位所需补充水量，负值表示释放水量，其中7~9月需要进行水量补给。综合来看，丰水年生态需水量为40 113.8万 m^3/a，平水年生态需水量为41 602.1万 m^3/a，枯水年生态需水量为45 066.0万 m^3/a。

表5-45 规划情景白洋淀生态耗水量计算结果 （单位：万 m^3）

月份	蒸散消耗量			渗漏消耗量	生态耗水量		
	丰水年	平水年	枯水年		丰水年	平水年	枯水年
1	420.7	418.0	363.3	444.5	874.24	871.55	816.85
2	816.8	843.6	717.0	420.0	1 255.24	1 282.00	1 155.48
3	1 522.1	2 006.6	2 183.9	453.6	1 922.36	2 406.85	2 584.13
4	3 286.1	3 577.4	3 237.1	438.4	3 642.11	3 933.45	3 593.17
5	5 314.5	4 959.3	4 865.1	400.3	5 667.42	5 312.22	5 217.98
6	3 922.6	4 258.0	5 984.3	356.0	4 290.49	4 625.88	6 352.21
7	2 636.6	2 610.6	3 457.6	352.9	3 000.70	2 974.70	3 821.72
8	2 200.3	2 605.8	2 995.5	367.9	2 590.59	2 996.05	3 385.80
9	1 951.6	2 304.5	3 062.5	364.1	2 344.53	2 697.44	3 455.38
10	1 509.4	865.3	1 742.3	390.3	1 924.13	1 280.00	2 157.00
11	550.3	438.4	1 029.4	392.9	5 346.00	5 234.10	5 825.05
12	290.0	300.4	508.9	414.7	289.97	300.44	508.86
合计	24 420.9	25 187.8	30 146.8	4 795.7	33 147.77	33 914.65	38 873.63

表 5-46　规划情景白洋淀生态蓄变量计算结果

月份	水位/m	白洋淀蓄水量/万 m³	土壤储水量/万 m³	蓄变水量/万 m³
1	7.01	-1 596.8	9.5	-1 587.3
2	6.94	-1 572.6	1.5	-1 571.1
3	6.86	-1 767.6	2.0	-1 765.6
4	6.71	-3 229.2	-15.2	-3 244.3
5	6.60	-2 297.5	-29.3	-2 326.8
6	6.49	-2 237.7	-23.9	-2 261.6
7	6.63	2 858.4	-14.6	2 843.8
8	7.48	19 431.4	67.8	19 499.2
9	7.63	3 799.3	2.8	3 802.0
10	7.38	-6 270.4	8.5	-6 261.9
11	7.20	-4 323.7	10.8	-4 312.9
12	7.08	-2 793.6	4.7	-2 788.9

（3）城区生态需水分析

根据城区水系生态需水量计算的方法，具体公式参看 4.3.4 节内容，对城区内河流和湖泊生态需水量进行计算。

1）现状年生态需水

现状城区湿地内河流面积约为 11.76km²，湖泊面积约为 2.32km²，根据上述计算方法，求得研究区每天的生态基流量为 45.99 万 m³，生态基流量 Q_{at} 为 9289.73 万 m³，根据起步区蒸散发量为 1023.16 万 m³，渗漏消耗量为 240.54 万 m³，耗水总量为 1263.70 万 m³，综合计算的现状城市生态需水总量为 10 553.43 万 m³。补水水源主要来源于再生水、安各庄水库、西大洋水库、王快水库、岳城水库和南水北调等补水。

2）规划情景生态需水计算

根据河道生态换水量计算公式，换水系数 U_h 取 2，即一年进行两次换水，计算得到规划年起步区河道生态换水量一级、二级、三级河流分别为 4086 万 m³、1400 万 m³、296 万 m³，雄安新区起步区生态换水量为 5782 万 m³。

结合雄安新区起步区典型水平年分析，对丰水年（25%）、平水年（50%）和枯水年（75%）3 个代表年，采用白洋淀的植物蒸散数据，对研究区丰、平、枯水年的植物蒸散消耗进行估算。丰水年植物蒸散需水量为 1780.74 万 m³，平水年为 1708.22 万 m³，枯水年为 2110.16 万 m³。

计算采用雄安新区起步区河道均为规则的矩形河道，实际蒸发系数（实际蒸发系数为蒸发系数与降水量的差值）查阅水文年鉴，由研究区周边的水文站获取。计算可知，雄安新区起步区丰、平、枯水年的水面蒸散消耗分别为 921.92 万 m³、1123.18 万 m³ 和 1127.84 万 m³。

针对雄安新区蒸散量、渗漏量、生态换水量、生态基流量，对研究区的河流生态需水总量进行汇总，其中 4~8 月的生态需水量较其他月份更高，丰水年和平水年的生态需水量峰值都出现在 5 月，而枯水年的则出现在 6 月。起步区年生态需水总量为 13 000 万 m³ 左右，其中城区湿地丰水年的生态需水总量为 12 985.88 万 m³，平水年的为 13 112.99 万 m³，这两个水平年下的生态需水总量相差不大。枯水年的生态需水总量为 13 519.57 万 m³，是三类水平年中最多的。丰、枯水年的总需水量相差 533.69 万 m³。

（4）河淀城耦合需水分析

为探究规划情景雄安新区需水量，基于河流湿地生态需水分析、淀区湿地生态需水分析、城区湿地生态需水分析，通过河流湿地、淀区湿地、城区湿地需水耦合，以水量平衡原理为基础，采用公式计算河淀城耦合需水量，公式如下：

$$W_{雄安新区} = W_{河流湿地} + W_{淀区湿地} + W_{城区湿地} - W_{河淀重复量} - W_{河城重复量} - W_{淀城重复量} \quad (5-4)$$

式中，$W_{雄安新区}$ 为雄安新区内河流湿地、淀区湿地、城区湿地耦合需水量（万 m³）；$W_{河流湿地}$ 为河流湿地生态需水量（万 m³）；$W_{淀区湿地}$ 为淀区湿地生态需水量（万 m³）；$W_{城区湿地}$ 为城区湿地生态需水量（万 m³）；$W_{河淀重复量}$ 为河流湿地与淀区湿地重复的生态需水量（万 m³）；$W_{河城重复量}$ 为河流湿地和城区湿地重复的生态需水量（万 m³）；$W_{淀城重复量}$ 为淀区湿地和城区湿地的重复生态需水量（万 m³）。

在规划情景下，雄安新区内河流湿地、淀区湿地、城区湿地耦合需水量在丰水年的最小和适宜生态需水量分别为 49 291.33 万 m³ 和 49 717.82 万 m³，平水年的最小和适宜生态需水量分别为 50 383.42 万 m³ 和 50 809.61 万 m³，枯水年的最小和适宜生态需水量分别为 54 518.73 万 m³ 和 54 968.82 万 m³，较河流湿地、淀区湿地、城区湿地单一生态需水量均有大幅度提升（表 5-47）。

表 5-47　规划情景雄安新区内河流湿地、淀区湿地、城区湿地耦合需水量

（单位：万 m³）

月份	丰水年		平水年		枯水年	
	最小	适宜	最小	适宜	最小	适宜
1	444.09	558.39	447.93	562.23	439.14	553.44

月份	丰水年		平水年		枯水年	
	最小	适宜	最小	适宜	最小	适宜
2	452.53	525.03	465.21	537.71	446.96	519.46
3	1 341.62	1 341.62	1 407.68	1 407.68	1 513.51	1 513.51
4	1 460.80	1 460.80	1 530.44	1 530.44	1 455.03	1 455.03
5	4 237.27	4 237.27	3 890.68	3 890.68	3 776.73	3 776.73
6	2 759.70	2 759.70	3 191.73	3 191.73	5 115.21	5 115.21
7	6 408.61	6 408.61	6 424.54	6 424.54	7 321.91	7 321.91
8	22 604.33	22 604.33	23 102.49	23 102.49	23 484.43	23 484.43
9	6 628.83	6 628.83	7 053.35	7 053.35	7 890.23	7 890.23
10	1 314.66	1 382.86	1 235.96	1 303.86	1 341.05	1 432.85
11	1 158.19	1 158.19	1 146.15	1 146.15	1 214.83	1 214.83
12	480.70	652.20	487.26	658.76	519.70	691.20
合计	49 291.33	49 717.82	50 383.42	50 809.61	54 518.73	54 968.82

5.5.2 水量保障方案

根据雄安新区河流湿地、淀区湿地、城区湿地生态需水量，计算雄安新区规划情景不同保证率下的水量保障方案，遵循原则如下，城区湿地方面，优先使用新城再生水，其次使用南拒马河引水，然后使用南水北调中线、东线补水；河流湿地方面，考虑优先顺序为寨里再生水、上游水库调水、南水北调中线、南水北调东线；淀区湿地方面，优先考虑城区湿地和河流湿地来水，其次考虑起步区（城区湿地剩余）、安新、容城的再生水，然后是上游水库调水，引黄入冀补淀、南水北调中线、南水北调东线补水。城区湿地丰水年、平水年、枯水年需水量分别约为 12 984.89 万 m^3、13 113.01 万 m^3、13 519.60 万 m^3，新城再生水可供水量约为 5 783.1 万 m^3，南拒马河在丰水年、平水年、枯水年分别补水约 8 195.55 万 m^3、8 318.19 万 m^3、8 722.18 万 m^3。

河流湿地丰水年最小和适宜生态水量分别为 16 455.90 万 m^3 和 23 887.50 万 m^3，平水年最小和适宜生态水量分别为 16 766.80 万 m^3 和 24 198.40 万 m^3，枯水年最小和适宜生态水量分别为 16 864.50 万 m³ 和 24 296.10 万 m³，寨里再生水可供水 865.86 万 m³，水库丰水年最小和适宜供水水量分别为 15 590.04 万 m³ 和 23 021.64 万 m³，平水年最小和适宜供水水量分别为 15 900.94 万 m³ 和 23 332.54 万 m³，枯水年最小和适宜供水水量分别为 15 998.64 万 m³ 和 23 430.24 万 m³。根据白洋淀流域水库总供水能力为 47 300 万 m³，水库剩余可供水量丰水年最小和适宜水量分别为 31 709.96 万 m³ 和 24 278.36 万 m³，平水年最小和适宜水量分别为 31 399.06 万 m³ 和 23 967.46 万 m³，枯水年最小和适宜水量分别为 31 301.36 万 m³ 和 23 869.76 万 m³。

淀区湿地丰水年、平水年、枯水年生态需水量分别为 40 113.70 万 m³、41 602.10 万 m³、45 065.9 万 m³，城区湿地入淀水量为 9 289.73 万 m³，河流入淀水量在最小生态基流情况为 13 924.40 万 m³，在适宜生态基流情况下为 21 356 万 m³，淀区再生水可用水量为 1731.72 万 m³。实际水库供水量丰水年最小和适宜水量分别为 20 916.43 万 m³、14 705.33 万 m³，平水年最小和适宜水量分别为 21 629.03 万 m³、15 417.93 万 m³，枯水年最小和适宜水量分别为 25 255.83 万 m³、19 044.73 万 m³。总体来说，雄安新区内河流湿地、淀区湿地、城区湿地，通过南拒马河供水、上游水库生态供水和使用再生水补水，可满足未来规划情景雄安新区内河流湿地、淀区湿地、城区湿地生态需水。

6 | 总结与展望

本研究围绕雄安新区湿地修复建设和生态功能提升技术需求，根据湿地特点分为河流湿地、淀区湿地和城区湿地 3 种类型，从生境要素调控和生态空间格局调控两个层面开展技术研发与组合研发探索，形成了河流湿地生态系统修复和保护技术体系、淀区湿地生态系统修复和保护技术体系、城区湿地系统构建和功能提升技术体系、雄安新区湿地生态系统总体布局优化与配置 4 套技术方案。

(1) 河流湿地生态系统修复和保护技术体系

通过雄安新区现状河流湿地河岸带植被、河岸带土壤、河流水质、河流底泥等生态状况调查，分析了生态恢复限制因素，并结合雄安新区规划建设需求，提出了提升补水能力、改善河岸带稳定性、提升治污能力和建设防洪堤坝等雄安新区河流生态修复建议；围绕河流湿地修复确立了流动的河和蓝色的河的生态功能恢复目标并提出了绿色的河和有水河段的生态修复技术体系。根据生态恢复目标，计算规划情景丰、平、枯情景下的河流湿地最小生态需水量分别为 15 349.6 万 m^3/a、15 520.7 万 m^3/a、15 568.4 万 m^3/a，适宜生态需水量分别为 22 781.2 万 m^3/a、22 952.3 万 m^3/a、23 000 万 m^3/a，并进行了用水保障分析。根据生态修复技术体系，从技术原理与应用条件、现状分析与应用情景、应用效益 3 个方面提出"清淤–河道内湿地营造技术"、"石笼护岸–草灌护坡技术"和"水生群落结构重构技术"，并开展了河流湿地优化健康评估和相关示范应用。

(2) 淀区湿地生态系统修复和保护技术体系

在白洋淀湿地景观格局演变及驱动因素分析、水体污染状况分析和水文过程变化分析的基础上，提出了淀区湿地生态空间格局优化技术、湖泊湿地健康生态水文节律识别与重构技术及淀泊水动力优化技术。其中淀区湿地生态空间格局优化技术选取淀区典型区域，选取鸟类为典型保护物种，通过破堤改造、兴建鸟岛的情景设置，可显著提升该区域的景观和水文连通性、营造多样化生境、提高生境质量和生态系统稳定性。健康生态水文节律识别与重构技术通过结合生态水位系数法和生态因子比尺法，重构了淀区未来规划情景的健康水文节律。淀泊水动力优化技术通过地形改造情景、洪水情景、水文节律情景、补水优化情景的设置，探索得出补水优化情景对水动力条件改善显著，地形改造情景中的清淤设置有利于减少污染内源释放；通过白洋淀湿地群落结构调查，明晰了湿地植物物种组成和群落组成，提出了以芦苇、莲、香蒲和金鱼藻植被为主的白洋淀湿地植物立体化配置技术；针对白洋淀芦苇综合利用，在进行芦苇生境及空间分布分析的基础上，划分生态功能分区，设立不同收割情景模式，综合提出芦苇利用模式及对策；考虑淀区水文连通不畅、生境类型单一、生物多样性不足和水动力条件较差等生态问题，开展了"微地形营造技术"、"立体化植被配置技术"和"水动力调控技术"共三项示范应用。

(3) 城区湿地系统构建和功能提升技术体系

通过对城区湿地分布、水体水质、水生动植物等开展现状调查，明晰了城区湿地存在面积小、连通性差、水体污染严重和水生植物种类单一等问题，同时基于景观格局分析，采用"压力–状态–响应"模型对雄安城区湿地进行了生态健康评价；通过对新型现代化城市水系结构的分析构建雄安新区水系，并在分析溢流风险的基础上，确定起步区内调蓄湖泊的规模和位置，完善水系结构，提出城区湿地水量调控技术；通过建立起步区水系水动力–水质耦合模型，模拟不同降水情景下起步区河流的污染情况，分析不同河段、不同污染物的污染情况；并根据上下游关系，对起步区进行了水质风险区识别及划分，针对污染物出现位置的不同，设置对应的污染物消减措施，制定了一套较为完整的起步区水污染物消减体系；针对城区湿地现存问题，提出了城区湿地水质提升技术和湿地植被配置方案。其中城区湿地水质提升技术提出"径流污染削减–水体自净功能强化–河道污染物控制"为一体的城市湿地水质保障技术，并开展了相关净化试验。城区湿地植被配置考虑小气候调节、休闲娱乐等功能，提出了以美人蕉、黄花鸢尾、千屈菜等为核心物种的方案；综合考虑城市湿地系统可能受到的干扰和冲击因素，主要对透水基面+草坡护岸组合技术、砾间接触氧化技术与城区湿地植被配置技术进行示范应用。

(4) 雄安新区湿地生态系统总体布局优化与配置

通过分析雄安新区范围内河流、淀区、城区三种不同类型湿地的规模、结构等变化特征，明晰了影响雄安新区湿地演变的主要驱动因素；针对河流、淀区、城区湿地生态空间现状问题，结合雄安新区建设发展需求，提出了基于多目标修复的生态空间优化技术方案。其中河流湿地生态空间优化技术依据挖方量和填方量相等、优化前后行洪能力不降低、河流生态功能提升的原则，在横向和垂向两个方向扩增了河道内湿地面积。淀区湿地生态空间优化技术通过退出耕地和建设用地情景设置，使得淀区生态空间构成得到显著优化，生境栖息功能和碳储存功能显著提升。城区湿地生态空间优化技术通过构建起步区合理水系，使得城区湿地的景观连通性、景观多样性和均匀度均得到加强。结合雄安新区规划中对湿地系统生态服务功能的需求，提出了提高水资源利用效率的"河流-淀区-城区"湿地生态需水耦合计算方法，最终提出湿地系统格局优化配置和水量保障技术方案。其中生态需水耦合计算结果表明规划情景下，雄安新区内河流湿地、淀区湿地、城区湿地在丰、平、枯情景下的最小生态需水量分别为 49 291.33 万 m^3、50 383.42 万 m^3、54 518.73 万 m^3，适宜生态需水量分别为 49 717.82 万 m^3、50 809.61 万 m^3、54 968.82 万 m^3。水量保障方案主要考虑南拒马河供水、上游水库生态供水和使用再生水补水。

本书系统梳理与形成了雄安新区湿地修复建设和生态功能提升技术体系，开展了基于生境构建技术和景观格局优化的研究，并以此为基础厘清了新时期雄安新区生态需水，提出了生态需水保障方案，以期为雄安新区建设提供决策支撑。

参 考 文 献

白军红, 邓伟, 严登华, 等. 2003a. 霍林河流域湿地土地利用/土地覆被变化的转换过程 [J].
    水土保持学报, 17 (3): 112-114, 158.

白军红, 邓伟, 张勇, 等. 2003b. 扎龙自然保护区湿地生物生境安全保护 [J]. 西北林学院
    学报, 18 (3): 6-9.

白军红, 欧阳华, 邓伟, 等. 2004a. 霍林河流域湿地土地利用/土地覆被类型的渐变过程 [J].
    水土保持学报, 18 (1): 172-174.

白军红, 欧阳华, 徐惠风, 等. 2004b. 青藏高原湿地研究进展 [J]. 地理科学进展, 23 (4):
    1-9.

白军红, 房静思, 黄来斌, 等. 2013. 白洋淀湖沼湿地系统景观格局演变及驱动力分析 [J].
    地理研究, 32 (9): 1634-1644.

白杨, 郑华, 庄长伟, 等. 2013. 白洋淀流域生态系统服务评估及其调控 [J]. 生态学报,
    33 (3): 711-717.

陈利项, 傅伯杰, 徐建英, 等. 2003. 基于"源-汇"生态过程的景观格局识别方法——景观
    空间负荷对比指数 [J]. 生态学报, 23 (11): 2406-2413.

陈歆, 靳甜甜, 苏辉东, 等. 2019. 拉萨河河流健康评价指标体系构建及应用 [J]. 生态学
    报, 39 (3): 799-809.

陈仲新, 张新时. 2000. 中国生态系统效益的价值 [J]. 科学通报, 45 (1): 17-22.

程伍群, 薄秋宇, 孙童. 2018. 白洋淀环境生态变迁及其对雄安新区建设的影响 [J]. 林业与
    生态科学, 33 (2): 113-120.

崔保山. 2006. 湿地学 [M]. 北京: 北京师范大学出版社.

崔保山. 2017. 白洋淀沼泽化驱动机制与调控模式 [M]. 北京: 科学出版社.

崔保山, 杨志峰. 2002. 湿地生态环境需水量研究 [J]. 环境科学学报, 22 (2): 219-224.

董文君. 2011. 基于生态需水和生态水权分析的白洋淀湿地补水研究 [D]. 南京: 南京信息
    工程大学硕士学位论文.

董哲仁. 2003. 生态水工学的理论框架 [J]. 水利学报, 34 (1): 1-6.

冯骞, 薛朝霞, 汪翔. 2006. 计算流体力学在水处理反应器优化设计运行中的应用 [J]. 水
    资源保护, (2): 11-15.

凤蔚, 祁晓凡, 李海涛, 等. 2017. 雄安新区地下水水位与降水及北太平洋指数的小波分析 [J].
    水文地质工程地质, 44 (6): 8.

傅伯杰, 陈利顶, 马克明, 等. 2001. 景观生态学原理及应用 [M]. 北京: 科学出版社.

傅伯杰, 赵文武, 陈利顶. 2006. 地理-生态过程研究的进展与展望 [J]. 地理学报,

61 (11)：1123-1131.

高超，朱继业，窦贻俭，等. 2004. 基于非点源污染控制的景观格局优化方法与原则 [J]. 生态学报，24 (1)：110-113.

葛秀丽. 2012. 南四湖湿地恢复过程中植被及种子库特征研究 [D]. 济南：山东大学博士学位论文.

顾晋饴，陈融旭，王弯弯，等. 2019. 中国南北方城市河流生态修复技术差异性特征 [J]. 环境工程，37 (10)：67-72.

韩春华. 2018. 沙颍河流域河流健康评价与水资源优化配置研究 [D]. 郑州：郑州大学硕士学位论文.

何福力，胡彩虹，王民，等. 2015. SWMM 模型在城市排水系统规划建设中的应用 [J]. 水电能源科学，33 (6)：48-53.

江波，肖洋，马文勇，等. 2016. 1974—2011 年白洋淀土地覆盖时空变化特征 [J]. 湿地科学与管理，12 (1)：38-42.

江波，陈媛媛，肖洋，等. 2017. 白洋淀湿地生态系统最终服务价值评估 [J]. 生态学报，37 (8)：2497-2505.

金妍，车越，杨凯. 2013. 基于最小累积阻力模型的江南水乡河网分区保护研究 [J]. 长江流域资源与环境，22 (1)：8-14.

李博. 2010. 白洋淀湿地典型植被芦苇生长特性与生态服务功能研究 [D]. 保定：河北大学硕士学位论文.

李焕利，刘超，陆建松，等. 2015. 人工浮床技术在污染水体生态修复中的研究 [J]. 环境科学与管理，40 (1)：114-116.

李纪宏，刘雪华. 2006. 基于最小费用距离模型的自然保护区功能分区 [J]. 自然资源学报，21 (2)：217-224.

李建国，李贵宝，王殿武，等. 2005. 白洋淀湿地生态系统服务功能与价值估算的研究 [J]. 南水北调与水利科技，3 (3)：18-21.

李瑾璞. 2020. 基于 InVEST 模型的土地利用变化与生态系统碳储量研究 [D]. 保定：河北农业大学硕士学位论文.

李瑾璞，于秀波，夏少霞，等. 2020. 白洋淀湿地区土壤有机碳密度及储量的空间分布特征 [J]. 生态学报，40 (24)：8928-8935.

李丽娟，郑红星. 2000. 海滦河流域河流系统生态需水量计算 [J]. 地理学报，55 (4)：495-500.

李谦，戴靓，朱青，等. 2014. 基于最小阻力模型的土地整治中生态连通性变化及其优化研究 [J]. 地理科学，34 (6)：733-739.

李秀珍，肖笃宁，胡远满，等. 2001. 辽河三角洲湿地景观格局对养分去除功能影响的模拟 [J]. 地理学报，56 (1)：35-46.

刘佩佩，白军红，王婷婷，等. 2013. 白洋淀优势植物群落生物量及其影响因子 [J]. 湿地科学，11 (4)：482-487.

刘树坤. 1999. 21 世纪中国大水利建设探讨 [J]. 中国水利，(9)：16-17.

刘玉红，张卫国．2008．基于 GIS 的土壤侵蚀研究系统框架的设计［J］．安徽农业科学，36：3463-3464，3481．

陆健健．1996．中国滨海湿地的分类［J］．环境导报，(1)：1-2．

吕金霞，蒋卫国，王文杰，等．2019．基于移动窗口法雄安新区湿地景观演变及其与人为干扰间的关系［J］．国土资源遥感，31 (2)：140-148．

栾建国，陈文祥．2004．河流生态系统的典型特征和服务功能［J］．人民长江，35 (9)：41-43．

毛昶熙．2009．堤防工程手册［M］．北京：中国水利水电出版社．

牛志明．2001．生态用水理论及其在水土保持生态环境建设中的现实意义［J］．资源环境，(7)：8-11．

曲艺，栾晓峰．2010．基于最小费用距离模型的东北虎核心栖息地确定与空缺分析［J］．生态学杂志，(9)：1866-1874．

汤奇成．1991．塔里木盆地水资源合理利用及控制措施分析［J］．干旱区资源与环境，5 (3)：26-33．

田一梅，单金林，陈浙良，等．1999．水处理系统优化运行［J］．中国给水排水，15 (5)：5-9．

汪川．2018．基于 SWMM 模型的齐鲁高新区海绵城市规划研究［J］．内蒙古科技与经济，(8)：3．

王晖文．2010．河北省河流生态健康评价及修复技术研究［D］．保定：河北农业大学硕士学位论文．

王京，卢善龙，吴炳方，等．2010．近 40 年来白洋淀湿地土地覆被变化分析［J］．地球信息科学学报，12 (2)：292-300．

王炬光．2016．基于底栖动物的海河流域河流生态健康评价及 9 种田螺系统发育研究［D］．武汉：华中农业大学博士学位论文．

王硕，胡振，刘紫君．2020．耐冷氨氧化功能菌群强化人工湿地低温脱氮［J］．中国环境科学，40 (2)：460-464．

魏春风．2018．松花江干流河流健康评价研究［D］．长春：中国科学院大学 (中国科学院东北地理与农业生态研究所) 博士学位论文．

吴建寨，赵桂慎，刘俊国，等．2011．生态修复目标导向的河流生态功能分区初探［J］．环境科学学报，31 (9)：1843-1850．

谢高地，张彩霞，张昌顺，等．2015．中国生态系统服务的价值［J］．资源科学，37 (9)：1740-1746．

邢奕，钱大益，应高祥．2007．应用耐冷菌株改善寒冷地区冬季人工湿地系统生物脱氮效果［J］．北京科技大学学报，(S2)：53-57．

徐菲，王永刚，张楠，等．2014．河流生态修复相关研究进展［J］．生态环境学报，(3)：515-520．

徐慧珺．2021．基于 SWMM 模型的城市雨洪模拟建模方法研究［J］．水利规划与设计，(9)：44-49．

徐卫华, 欧阳志云, van Duren I, 等. 2005. 白洋淀地区近 16 年芦苇湿地面积变化与水位的关系 [J]. 水土保持学报, 19 (4): 181-184, 189.

许珍, 陈进, 殷大聪. 2016. 河流生态功能退化原因及修复措施分析 [J]. 人民珠江, 7 (6): 16-19.

严登华, 何岩, 王浩, 等. 2005. 生态水文过程对水环境影响研究述评 [J]. 水科学进展, 16 (5): 747-752.

颜雄, 魏贤亮, 魏千贺, 等. 2017. 湖泊湿地保护与修复研究进展 [J]. 山东农业科学, 49 (5): 151-158.

杨薇, 孙立鑫, 王烜, 等. 2020. 生态补水驱动下白洋淀生态系统服务演变趋势 [J]. 农业环境科学学报, 39 (5): 1077-1084.

杨志峰, 崔保山, 黄国和, 等. 2006. 黄淮海地区湿地水生态过程、水环境效应及生态安全调控 [J]. 地球科学进展, 21 (11): 1119-1126.

姚志刚, 谢淑云, 鲍征宇. 2006. 湿地生态地球化学研究进展 [J]. 环境污染与防治, 28 (2): 121-124.

尹澄清, 兰智文, 晏维金. 1995. 白洋淀水陆交错带对陆源营养物质的截留作用初步研究 [J]. 应用生态学报, 6 (1): 76-80.

尹发能, 王学雷. 2010. 基于最小累计阻力模型的四湖流域景观生态规划研究 [J]. 华中农业大学学报, 29 (2): 231-235.

尹健梅, 程伍群, 严磊, 等. 2009. 白洋淀湿地水文水资源变化趋势分析 [J]. 水资源保护, 25 (1): 52-54, 58.

袁勇, 严登华, 王浩, 等. 2013. 白洋淀湿地入淀水量演变归因分析 [J]. 水利水电技术, 44 (12): 1-4, 23.

张赶年, 曹学章, 毛陶金. 2013. 白洋淀湿地补水的生态效益评估 [J]. 生态与农村环境学报, 29 (5): 605-611.

张猛, 秦建新. 2014. 洞庭湖湿地生态系统评价 [J]. 科技视界, (3): 250-252.

张素珍, 王金斗, 李贵宝. 2006. 安新县白洋淀湿地生态系统服务功能评价 [J]. 中国水土保持, (7): 12-14.

赵海波. 2020. 基于河道生态需水量计算方法的研究 [J]. 黑龙江水利科技, 48 (11): 57-60.

赵然杭, 彭霪, 王好芳, 等. 2018. 基于改进年内展布计算法的河道内基本生态需水量研究 [J]. 南水北调与水利科技, 16 (4): 114-119.

赵文武, 傅伯杰, 陈利顶. 2003. 景观指数的粒度变化效应 [J]. 第四纪研究, (3): 326-333.

赵彦伟, 杨志峰. 2005. 城市河流生态系统健康评价初探 [J]. 水科学进展, 16 (3): 349-355.

赵玉灵, 杨金中, 聂洪峰, 等. 2006. 近 30 年来白洋淀水域与苇地的遥感调查与监测 [C]. 太原: 遥感科技论坛暨中国遥感应用协会年会, 中国遥感应用协会.

庄长伟, 欧阳志云, 徐卫华, 等. 2011. 近 33 年白洋淀景观动态变化 [J]. 生态学报, 31 (3): 839-848.

Adriaensen F, Chardon J P, de Blust G, et al. 2003. The application of 'least-cost' modeling as a functional landscape model [J]. Landscape and Urban Plan, 64: 233-247.

Bao R, Alonso A, Delgado C, et al. 2007. Identification of the main driving mechanisms in the evolution of a small coastal wet land (Traba, Galicia, NW Spain) since its origin 5700 cal yr BP [J]. Palaeogeography, Palaeoclimatology, Palaeoecology, 247: 296-312.

Becker J F, Endreny T A, Robinson J D. 2013. Natural channel design impacts on reach-scale transient storage [J]. Ecological Engineering, 57 (13): 380-392.

Bernhardt E S, Palmer M A, Allan J D, et al. 2005. Synthesizing U. S. river restoration efforts [J]. Science, 308: 636-637.

Costanza R, d'Arge R, de Groot R, et al. 1997. The value of the world's ecosystem services and natural capital [J]. Nature, 387 (6630): 253-260.

Daily G C. 1997. Nature's Services: Societal Dependence on Natural Ecosystems [M]. Washington D. C. : Island Press.

Forman R. 2003. Road Ecology: Science and Solution [M]. Washington D. C. : Island Press.

Froelich P N. 1988. Kinetic control of dissolved phosphate in natural rivers and estuaries: a primer on the phosphate buffer mechanism [J]. Limnology and Oceanography, 33 (4): 649-668.

Hall L S, Krausman P R, Morrison M L. 1997. The habitat concept and a plea for standard terminology [J]. Wildlife Society Bulletin, 25 (1): 173-182.

Jaehnig S C, Lorenz A W, Hering D, et al. 2011. River restoration success: a question of perception [J]. Ecological Applications, 21 (6): 2007-2015.

Jiang P H, Liang C L, Li M C, et al. 2014. Analysis of landscape fragmentation processes and driving forces in wetlands in arid areas: a case study of the middle reaches of the Heihe River, China [J]. Ecological Indicators, 46: 240-252.

Karr J R, Chu E W. 2000. Sustaining living rivers [J]. Hydrobiologia, 422-423: 1-14.

Kendall S B. 1975. Variations of two temporal parameters in observing response procedures [J]. Animal Learning & Behavior, 3 (3): 179-185.

King J M, Louw D. 1998. Instream flow assessment for regulated rivers in South Africa using the building block methodology [J]. Aquat Ecosyst Health Manag, (1): 109-124.

King J M, Oorgens A H M, Holland J. 1995. In search for ecologically meaningful low flows in Western Cape streams [R]. Cape Town: The Seventh South African National Hydrological Symposium.

Knaapen J P, Scheffer M, Harms B. 1992. Estimating habitat isolation in landscape planning [J]. Landscape and Urban Plan, (23): 1-16.

Kong W, Sun O J, Xu W, et al. 2009. Changes in vegetation and landscape patterns with altered river water-flow in arid West China [J]. Journal of Arid Environments, 73 (3): 306-313.

Kurth A M, Schirme R M. 2014. Thirty years of riverrestoration in Switzerland: implemented measures and lessons learned [J]. Environmental Earth Sciences, 72 (6): 2065-2079.

Longa J, Waller E R M P, Stupples P. 2006. Driving mechanisms of coastal change: peat compaction and the destruction of late Holocene coastal wet lands [J]. Marine Geology, 225: 63-84.

Mann H B. 1945. On a test for randomness based on signs of differences [J]. The Annals of Mathematical Statistics, 16 (2): 193-199.

Mao D, Luo L, Wang Z, et al. 2018. Conversions between natural wetlands and farmland in China: a multiscale geospatial analysis [J]. Science of the Total Environment, 634: 550-560.

McKinney M L. 2002. Urbanization, biodiversity, and conversation [J]. BioScience, 52: 883-890.

Mitsch W J. 2012. What is ecological engineering? [J]. Ecological Engineering, 45: 5-12.

Mitsch W J, Jrgrnsense S E. 1989. Ecological Engineering: An Introduction to Eco- Technology [M]. New York: Wiley.

Naiman R J. 2013. Socio- ecological complexity and therestoration of river ecosystems [J]. Inland Waters, 3 (4): 391-410.

Narayanan R, Larson D T, Bishop A B, et al. 1983. An economic evaluation of benefits and costs of maintaining instream flows [R]. Utah Water Research Laboratory, Water Resources Planning Series WRL/P-83/04. 48. Logan: Utah Water Research Laboratory.

Nelleman C, Kullered L, Vistnes I, et al. 2001. GLOBIO: Global Methodology for Mapping Human Impacts on the Biosphere: the Arctic 2050 Scenario and Global Application [M]. Nairobi: UNEP-DEWA.

Orth D J, Maughan O E. 1998. Evaluation of the incremental methodology for recommending instream flows for fishes [J]. Trans and Fish Soc, 111 (4): 413-445.

Palmer M A, Bernhardt E S, Allan J D, et al. 2005. Standards for ecologically successful river restoration [J]. Journal of Applied Ecology, 42 (2): 208-217.

Petts G E. 1996. Water allocation to protect river ecosystems [J]. Regulated Rivers: Research & Management, 12: 353-365.

Redfield A C, Ketchum B H, Richards F A. 1963. The influence of organismson the composition of sea-water [J]. Sea, 2: 26-77.

Reich P, Lake P S. 2015. Extreme hydrological events and theecological restoration of flowing waters [J]. Freshwater Biology, 60 (12): 2639-2652.

Shan B, Yin C, Li G. 2002. Transport and retention of phosphorus pollutants in the landscape with a traditional, muhipend system [J]. Water, Air, & Soil Pollution, 139: 15-34.

Song C, Ke L, Pan H, et al. 2018. Long- term surface water changes and driving cause in Xiong'an, China: from dense Landsat time series images and synthetic analysis [J]. Science Bulletin, 63 (11): 708-716.

Tsai C F, Wiley M L. 1983. Instream Flow Requirements for Fish and Fisheries in Maryland. Water Resources Research Center Completion Report [M]. Baltimore: University of Maryland.

Veldkamp A, Lambin E F. 2001. Predicting land- use change [J]. Agriculture, Ecosystems and Environment, 85: 1-6.

Wang W Q, Peng S Z, Yang T, et al. 2011a. Spatial and temporal characteristics of reference evapotranspiration trends in the Haihe River Basin, China [J]. Journal of Hydrologic Engineering,

16 (3): 239-252.

Wang Z M, Ni H, Luo L, et al. 2011b. Shrinkage and fragmentation of marshes in the West Songnen Plain, China, from 1954 to 2008 and its possible causes [J]. International Journal of Applied Earth Observation & Geoinformation, 13 (3): 477-486.

Wang Z M, Song K S, Ma W H, et al. 2011c. Loss and fragmentation of marshes in the Sanjiang Plain, Northeast China, 1954-2005 [J]. Wetlands, 31: 945-954.